饱和层状粘弹性体系力学

张　斌　李彦阳　郭　巍　著

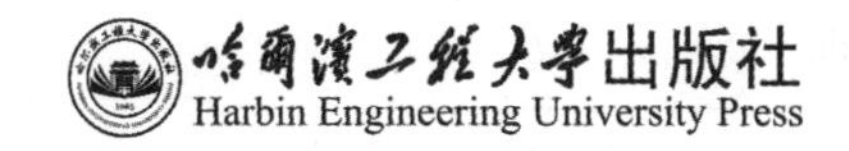

内容简介

本书系统地阐述了饱和层状粘弹性体系的求解方法。全书共9章,分为3篇:第一篇(第1~3章)为基础知识,介绍了积分变换和粘弹性基本理论,以及沥青路面的水损害现状;第二篇(第4~8章)为轴对称层状粘弹性体系的求解,将饱和沥青路面假设为轴对称粘弹性体系,详细介绍了积分变换法、刚度矩阵法和传递矩阵法的求解过程,并考虑了表面排水条件和层间接触条件的影响;第三篇(第9章)为直角坐标系下空间饱和层状粘弹性体系的求解,详细介绍了积分变换法和传递矩阵法求解直角坐标系下饱和层状粘弹性体系的过程。

本书可作为高等院校道路工程、岩土工程等相关专业的研究生教材,也可作为从事道路工程设计、教学和科研等人员的参考书。

图书在版编目(CIP)数据

饱和层状粘弹性体系力学/张斌,李彦阳,郭巍著
.—哈尔滨:哈尔滨工程大学出版社,2023.6
ISBN 978-7-5661-4096-8

Ⅰ.①饱… Ⅱ.①张… ②李… ③郭… Ⅲ.①层状体系-粘弹性-弹性力学 Ⅳ.①O343

中国国家版本馆CIP数据核字(2023)第154622号

饱和层状粘弹性体系力学
BAOHE CENGZHUANG NIANTANXING TIXI LIXUE

选题策划 姜　珊
责任编辑 姜　珊
封面设计 李海波

出版发行 哈尔滨工程大学出版社
社　　址 哈尔滨市南岗区南通大街145号
邮政编码 150001
发行电话 0451-82519328
传　　真 0451-82519699
经　　销 新华书店
印　　刷 哈尔滨午阳印刷有限公司
开　　本 787 mm×1 092 mm　1/16
印　　张 14.25
字　　数 349千字
版　　次 2023年6月第1版
印　　次 2023年6月第1次印刷
定　　价 59.00元
http://www.hrbeupress.com
E-mail:heupress@hrbeu.edu.cn

前　言

沥青路面在使用早期会出现唧浆、网裂、龟裂、松散、坑洞、辙槽和冻融循环破坏等水损害现象,水损害现象具有普遍性和严重性,已经成为破坏我国公路沥青路面最主要的早期因素之一。水损害现象的出现会导致沥青路面产生严重的变形和损坏,降低行车舒适性和安全性,缩短沥青路面的使用寿命,增加维修成本,造成巨大的经济损失。

水损害是指沥青路面在孔隙水或冻融循环的作用下,由于行车荷载的作用,进入沥青路面孔隙中的水不断产生动水压力或反复循环的真空负压抽吸,水分逐渐渗入沥青与集料的界面上,使沥青粘附性降低并逐渐丧失粘结力,沥青膜从集料表面剥落(剥离),沥青混合料掉粒、松散,继而导致沥青路面产生坑槽、推挤变形等。对于沥青路面水损害的研究,要考虑沥青路面和孔隙水的耦合作用,本书假设沥青路面为层状粘弹性体系且处于饱和状态,即沥青路面的孔隙中充满了孔隙水,这时的饱和沥青路面是由固体相和液体相组成的两相体系。当饱和沥青路面受到行车荷载作用时,也有类似于饱和土体的固结现象出现,所以为了研究孔隙水对沥青路面造成的影响,须找出沥青路面水损害的破坏机理。许多从事道路工程研究的学者将 Biot 固结理论逐渐应用到道路工程中,不仅具有一定的理论价值,而且具有一定的实践意义。

Biot 固结理论是 Biot 在 1941 年提出的,能够正确反映土中孔隙水压力消散和土骨架变形这两者的相互关系,被称为较完善的“真固结理论”。在推导该理论时,假设有一均质、各向同性的饱和土单元体,受外力作用,满足平衡方程,同时土单元体内水量的变化率在数值上等于土体积的变化率。根据达西定律建立了渗流连续方程,这些方程均包含应力和应变对坐标和时间的偏导数,必须使用数学物理方程进行求解。对于饱和层状粘弹性体系的数学物理方程,经常采用积分变换法、刚度矩阵法和传递矩阵法等进行求解,从而得到应力、应变和位移等参量的解析解。

积分变换法是指通过适当的积分变换将偏微分方程转换为常微分方程,从而使求解问题在很大程度上得到简化,求出积分空间中方程的解,逐次进行积分逆变换,就可得到原偏微分方程的解。在柱坐标系下,经常利用拉普拉斯(Laplace)变换对时间 t 进行变换,利用亨格尔(Hankel)变换对坐标 r 进行变换,对于坐标 θ 则采用三角级数展开的方法。首先,通过以上的积分变换将平衡方程和渗流连续方程简化为关于坐标 z 的常微分方程,从而求得积分空间中的解。其次,逐次进行积分逆变换,得到应力、应变和位移等参量的解析解;在直角坐标系下,利用 Laplace 变换对时间 t 进行变换,利用二重傅里叶(Fourier)变换对坐标 x、y 进行变换,通过以上的积分变换将平衡方程和渗流连续方程简化为关于坐标 z 的常微分方程进行求解,可以得到积分空间中的解。最后,逐次进行积分逆变换,得到应力、应变和位移等参量的解析解。

刚度矩阵法源于有限元法，将刚度矩阵法应用到饱和层状粘弹性体系中时，在求解过程中将一层视为一个单元，通过单元分析，建立单元刚度方程，从而得到单元刚度矩阵，单元刚度矩阵表示层间接触面上应力与位移之间的关系。在整体分析中，利用层间接触条件，建立整体刚度方程，未知量为层间接触面上的位移。整体刚度矩阵是通过单元刚度矩阵按照一定的规则进行集成而得到的。在数学上，整体刚度方程是一个非齐次线性方程组，通过求解可得到各层间接触面上的位移，再将位移代入单元刚度方程中，从而得到各层间接触面的应力。

传递矩阵法主要根据平衡方程、渗流连续方程和物理方程等建立传递矩阵。传递矩阵表示初始状态向量与任意深度的状态向量之间的关系。初始状态向量可以根据粘弹性体系的材料参数和边界条件确定，利用传递矩阵可得到积分空间中任意深度状态向量的解，通过积分逆变换，求出应力、应变和位移的解。

本书共 9 章，分为 3 篇。

第一篇为基础知识，包括第 1~3 章。第 1 章为积分变换，简介在后续章节中推导公式时要使用的积分变换，包括 Laplace 变换、Hankel 变换和 Fourier 变换，并介绍了积分逆变换的数值解法。第 2 章为粘弹性理论，简单叙述了粘弹性力学的基本理论，包括粘弹性体的基本模型、本构关系。第 3 章为沥青路面的水损害，介绍了水损害的定义和形式、水损害破坏机理的理论研究现状、评价方法和提高沥青混合料水稳性的方法。

第二篇为轴对称层状粘弹性体系的求解，包括第 4~8 章。第 4 章为饱和层状粘弹性体系的求解，对饱和沥青路面进行了基本假设，列出了平衡方程、渗流连续方程、几何方程和物理方程等基本方程，对车辆作用在沥青路面上的行车荷载进行了简化，利用积分变换法求解了平衡方程和渗流连续方程，得到饱和层状粘弹性体系的一般解，代入边界条件求出饱和半空间体的解析解。第 5 章为饱和轴对称双层粘弹性体系，利用边界条件和层间接触条件，建立了关于系数($A_1 \sim A_4$、$B_1 \sim B_4$)的线性方程组，使用克拉默法求解系数，将系数的解代入解析解中，逐次进行积分逆变换，可以得到应力、应变和位移的解析解。第 6 章为饱和轴对称多层粘弹性体系，利用边界条件和层间接触条件，建立了积分空间中关于第 1 层系数的线性方程组，使用克拉默法求解第 1 层的系数，再利用层间接触条件求解其他层的系数，逐次进行积分逆变换，可以得到应力、应变和位移的解析解。第 7 章为刚度矩阵法，利用积分变换法求解应力、应变和位移的解析解，将每一层视为一个单元，表示任意一层上下层间接触面的应力与位移之间的关系，即单元刚度方程，利用层间接触条件将单元刚度方程联立得到整体刚度方程，在整体刚度方程中，未知量是各层间接触面的位移，通过求解可得位移的解析解，再代入单元刚度方程中可得层间接触面上应力的解析解，利用层间接触面的位移和应力的解可以求出系数的表达式，从而求出任意深度的应力、应变和位移的解析解。第 8 章为传递矩阵法，基于 Laplace 空间中的平衡方程、渗流连续方程和物理方程，建立由应力、应变和位移组成的状态向量表达的矩阵偏微分方程，对坐标 r 进行 Hankel 变换，使矩阵偏微分方程变成关于坐标 z 的矩阵常微分方程。求解矩阵常微分方程可以建立任意深度的状态向量与初始状态向量之间的关系式。求解初始状态向量后，对其进行 Laplace 逆变换和 Hankel 逆变换，就可得到应力、应变和位移的一般表达式。

第三篇为直角坐标系下空间饱和层状粘弹性体系的求解，包括第 9 章。第 9 章为直角坐标系下饱和粘弹性体系，假设轮胎与沥青路面的接触面为矩形，根据直角坐标系下的平衡方程、渗流连续方程和物理方程，利用积分变换导出传递矩阵，表示了任意深度状态向量与初始状态向量之间的关系，初始状态向量可以根据粘弹性体系的材料参数和边界条件确定，从而可以求解积分空间中的状态向量的解，再通过积分逆变换，求出应力、应变和位移的解析解。

本书由黑龙江八一农垦大学的张斌老师负责第 3 章、第 4 章和第 5 章内容的撰写，共计 12 万字；黑龙江八一农垦大学的李彦阳老师负责第 1 章、第 6 章和第 7 章内容的撰写，共计 11 万字；黑龙江八一农垦大学的郭巍老师负责第 2 章、第 8 章和第 9 章内容的撰写，共计 11 万字。本书的出版得到黑龙江八一农垦大学学成引进人才科研启动计划（编号：XYB2014-06）、黑龙江八一农垦大学“三纵”科研支持计划项目（编号：ZRCPY202225）、大庆市指导性科技计划项目（编号：zd-2016-117）、黑龙江八一农垦大学学成引进人才科研启动计划（编号：S2006-1）的大力支持，在此深表感谢。

由于著者水平有限，且本书所涉及的粘弹性理论和数学知识非常复杂，因此对于本书中存在的不足之处望读者批评指正。

著　者

2023 年 3 月

目　　录

第一篇　基础知识

第二篇　轴对称层状粘弹性体系的求解

第一篇
基础知识

第 1 章　积 分 变 换

对于力学问题，常常使用平衡方程来建立力与力之间的关系，方程中经常会包含关于坐标或时间的偏导数，使平衡方程变得更加复杂。为了得到力、位移和应变的解析解，经常会用到积分变换。在数学物理方法中，积分变换法是指通过一次或多次的积分变换将偏微分方程转化为常微分方程，或者将常微分方程转化为代数方程，从而使求解过程得到简化，得到微分方程在积分空间中的解。然后，逐次进行积分逆变换，最终得到原微分方程的解。

设 $K(\alpha,x)$ 是变量 α、x 的函数，则称

$$\bar{f}(\alpha)=\int_a^b f(x)K(\alpha,x)\mathrm{d}x$$

为函数 $f(x)$ 的积分变换式。

式中，$\bar{f}(\alpha)$ 为像函数；$f(x)$ 为像原函数；$K(\alpha,x)$ 为积分核；a 为积分的上限；b 为积分的下限。

若积分的上下限均为有限值，则称 $\bar{f}(\alpha)$ 为函数 $f(x)$ 的有限积分变换。若在积分的上下限中至少有一个为无穷大，则称 $\bar{f}(\alpha)$ 为函数 $f(x)$ 的无穷积分变换。

根据积分核的不同，常见的无穷积分变换有梅林（Mellin）积分变换、傅里叶（Fourier）积分变换（Fourier 变换、Fourier 正弦变换和 Fourier 余弦变换）、拉普拉斯（Laplace）积分变换和亨格尔（Hankel）积分变换。

1.1　Laplace 变换

1.1.1　Laplace 变换的定义

Laplace 变换存在定理：若函数 $f(t)$ 存在并满足下列条件：

（1）当 $t<0$ 时，$f(t)=0$；

（2）当 $t\geqslant 0$ 时，$f(t)$ 及 $f'(t)$ 在任何有限区间上至多只有有限个第一类间断点［因此，$f(t)$ 在任意有限区间上可积］；

（3）当 $t\to+\infty$ 时，存在常数 $M>0$ 及 $c>0$，使得

$$|f(t)|\leqslant M\mathrm{e}^{ct}\quad(t>0)$$

成立。称 $f(t)$ 的增大是指数级的，并把 c 称为 $f(t)$ 的增长指数。

那么，积分

$$\int_0^{+\infty}f(t)\mathrm{e}^{-pt}\mathrm{d}t$$

在 $\mathrm{Re}(s)>c$ 上绝对收敛,且在区域 $\mathrm{Re}(s)\geqslant c_0>c$ 上一致收敛。式中,p 为复参变量。

Laplace 变换的定义:设实函数 $f(t)$ 在 $t\geqslant 0$ 上有定义,且积分 $F(p)=\int_0^{+\infty}f(t)\mathrm{e}^{-pt}\mathrm{d}t$ 对复平面上某一范围 p 收敛,则由这个积分所确定的函数

$$F(p)=\int_0^{+\infty}f(t)\mathrm{e}^{-pt}\mathrm{d}t \tag{1.1.1}$$

称为函数 $f(t)$ 的 Laplace 变换,简称拉氏变换,记为

$$F(p)=L[f(t)] \tag{1.1.2}$$

称为 $f(t)$ 的像函数。

1.1.2 Laplace 逆变换

Laplace 逆变换的定义:若 $f(t)$ 满足式 $F(p)=\int_0^{+\infty}f(t)\mathrm{e}^{-pt}\mathrm{d}t$,则 $f(t)$ 称为 $F(p)$ 的 Laplace 逆变换,简称拉氏逆变换(或称为原函数),记为

$$f(t)=L^{-1}[F(p)]$$

若 $f(t)$ 满足拉氏变换存在定理的条件,$F(p)$ 是它的像函数,则当 $t>0$ 时,在 $f(t)$ 的每一个连续点处都有式(1.1.3)成立:

$$f(t)=\frac{1}{2\pi\mathrm{i}}\int_{\beta-\mathrm{i}\infty}^{\beta+\mathrm{i}\infty}F(p)\mathrm{e}^{pt}\mathrm{d}p \tag{1.1.3}$$

1.1.3 Laplace 变换的性质

在利用 Laplace 变换求解微分方程时,要用到 Laplace 变换的性质,这样有助于将复杂的问题简单化。下面讨论的函数满足拉氏变换存在的条件。

性质 1　线性性质

设 α、β 为任意常数,且 $L[f_1(t)]=F_1(p)$,$L[f_2(t)]=F_2(p)$,则有

$$L[\alpha f_1(t)+\beta f_2(t)]=\alpha L[f_1(t)]+\beta L[f_2(t)]$$

$$L^{-1}[\alpha F_1(p)+\beta F_2(p)]=\alpha L^{-1}[F_1(p)]+\beta L^{-1}[F_2(p)]$$

性质 2　微分性质

若 $L[f(t)]=F(p)$,则有

$$L[f'(t)]=pF(p)-f(0)$$

$$L[f''(t)]=p^2F(p)-pf(0)-f'(0)$$

$$\cdots\cdots$$

$$L[f^{(n)}(t)]=p^nF(p)-p^{n-1}f(0)-p^{n-2}f'(0)-p^{n-3}f''(0)-\cdots-f^{n-1}(0)$$

特别地,当初值 $f(0)=f'(0)=f''(0)=\cdots=f^{(n-1)}(0)=0$ 时,有

$$L[f'(t)]=pF(p)$$

$$L[f''(t)]=p^2F(p)$$

$$\cdots\cdots$$

$$L[f^{(n)}(t)]=p^nF(p)$$

性质 3　像函数的微分性质

设 $L[f(t)]=F(p)$，则有

$$F'(p)=L[-tf(t)]$$

一般地，有

$$F^{(n)}(p)=L[(-t)^n f(t)]$$

性质 4　积分性质

若 $L[f(t)]=F(p)$，则有

$$L\left[\int_0^t f(\tau)\mathrm{d}\tau\right]=\frac{1}{p}L[f(t)]=\frac{1}{p}F(p)$$

性质 5　像函数的积分性质

$$\int_p^\infty F(p')\mathrm{d}p'=L\left[\frac{f(t)}{t}\right]$$

性质 6　位移性质

设 $L[f(t)]=F(p)$，则有

$$L[\mathrm{e}^{at}f(t)]=F(p-a)\quad \mathrm{Re}(p-a)>c$$

式中，c 为 $f(t)$ 的增长指数。

性质 7　延迟性质

设 τ 为非负实数，$L[f(t)]=F(p)$，且当 $t<0$ 时，$f(t)=0$，则

$$L[f(t-\tau)]=\mathrm{e}^{-p\tau}F(p)=\mathrm{e}^{-p\tau}L[f(t)]$$

$$L^{-1}[\mathrm{e}^{-p\tau}F(p)]=f(t-\tau)$$

性质 8　相似性质

设 $L[f(t)]=F(p)$，则有

$$L[f(at)]=\frac{1}{a}F\left(\frac{p}{a}\right)\quad (a>0)$$

性质 9　卷积定理

设 $f_1(t)$ 和 $f_2(t)$ 为已知函数，则积分

$$\int_0^t f_1(\tau)f_2(t-\tau)\mathrm{d}\tau$$

称为函数 $f_1(t)$ 和 $f_2(t)$ 的卷积，记为

$$f_1(t)*f_2(t)=\int_0^t f_1(\tau)f_2(t-\tau)\mathrm{d}\tau$$

同理，卷积还可表示为

$$f_1(t)*f_2(t)=\int_0^t f_2(\tau)f_1(t-\tau)\mathrm{d}\tau$$

设函数 $f_1(t)$ 和 $f_2(t)$ 的 Laplace 变换分别为

$$F_1(p)=L[f_1(t)]$$

$$F_2(p)=L[f_2(t)]$$

则可得卷积的 Laplace 变换：

$$L[f_1(t)*f_2(t)]=L[f_2(t)*f_1(t)]=L[f_1(t)]\cdot L[f_2(t)]=F_1(p)F_2(p)$$

将其进行 Laplace 逆变换可得

$$L^{-1}[F_1(p)F_2(p)]=f_1(t)*f_2(t)=f_2(t)*f_1(t)$$

性质 10　Stieltjes 卷积

设函数$f_1(t)$在区间$[0,\infty)$上连续,且当$t<0$时,有$f_1(t)=0$。$f_2(t)$是定义在区间$(-\infty,\infty)$上的函数,且当$t\to-\infty$时,$f_2(t)\to 0$,则 Stieltjes 卷积定义为

$$f_1(t)*\mathrm{d}f_2(t)=\int_{\tau=-\infty}^{t}f_1(t-\tau)\mathrm{d}f_2(\tau)$$

若$f_1(t)$和$f_2(t)$都是区间$[0,\infty)$上的连续函数,且当$t<0$时,也有$f_2(t)=0$,则上式可表示为

$$f_1(t)*\mathrm{d}f_2(t)=f_1(t)f_2(0)+\int_0^t f_1(t-\tau)\frac{\mathrm{d}f_2(\tau)}{\mathrm{d}\tau}\mathrm{d}\tau$$

并且有

$$L[f_1(t)*\mathrm{d}f_2(t)]=pF_1(p)F_2(p)$$

式中,$F_1(p)=L[f_1(t)]$;$F_2(p)=L[f_2(t)]$。

性质 11　初值定理

设$L[f(t)]=F(p)$,且$\lim\limits_{p\to\infty}pF(p)$存在,则有

$$f(0)=\lim_{t\to 0}f(t)=\lim_{p\to\infty}pF(p)$$

性质 12　终值定理

设$L[f(t)]=F(p)$,且$\lim\limits_{t\to\infty}f(t)$存在,或$pF(p)$的奇点位于$\mathrm{Re}(p)<0$的半平面上,则有

$$f(\infty)=\lim_{t\to\infty}f(t)=\lim_{p\to 0}pF(p)$$

性质 13　周期函数

若$f(t)$是周期为T的周期函数,则有

$$L[f(t)]=\frac{1}{1-\mathrm{e}^{-pT}}\int_0^T f(t)\mathrm{e}^{-pt}\mathrm{d}t$$

性质 14　参数的运算

对于含参数α的函数$f(t,\alpha)$的 Laplace 变换来说,由于关于t的积分与关于α的运算顺序可以交换,因此有

$$L[\lim_{\alpha\to a}f(t,\alpha)]=\lim_{\alpha\to a}F(p,\alpha)$$

$$L\left[\frac{\partial}{\partial\alpha}f(t,\alpha)\right]=\frac{\partial}{\partial\alpha}F(p,\alpha)$$

$$L\left[\int_0^a f(t,\alpha)\mathrm{d}\alpha\right]=\int_0^a F(p,\alpha)\mathrm{d}\alpha$$

上述性质对于求解偏微分方程有很大帮助,整理后见表 1.1.1。

表 1.1.1　Laplace 变换的基本公式

序号	性质	原函数 $f(t)$	像函数 $F(p)=L[f(t)]$
1	线性	$\alpha f_1(t)+\beta f_2(t)$	$\alpha F_1(p)+\beta F_2(p)$
2	平移	$e^{\pm at}f(t)$	$F(p\mp a)$
3	延迟	$f(t-a)u(t-a)$	$e^{-ap}F(p)\quad(a\geqslant 0,t>0)$
4	相似	$f(at)$	$\frac{1}{a}F\left(\frac{p}{a}\right)\quad(a>0)$
5	微分	$f'(t)$	$pF(p)-f(0)$
6	微分	$f^{(n)}(t)$	$p^nF(p)-p^{n-1}f(0)-p^{n-2}f'(0)-p^{n-3}f''(0)-\cdots-f^{(n-1)}(0)$
7	像函数的微分	$(-t)^nf(t)$	$\frac{d^n}{dp^n}F(p)$
8	积分	$\int_0^t f(\tau)d\tau$	$\frac{1}{p}F(p)$
9	积分	$f^{-1}(t)=\int_{-\infty}^t f(\tau)d\tau$	$\frac{F(p)}{p}+\frac{f^{(-1)}(0)}{p}$
10	像函数的积分	$\frac{f(t)}{t}$	$\int_p^\infty F(z)dz$
11	像函数的积分	$\int_t^\infty \frac{f(\tau)}{\tau}d\tau$	$\frac{1}{p}\int_0^p F(z)dz$
12	卷积	$\int_0^t f(\tau)g(t-\tau)d\tau$	$F(p)G(p)$
13	Stieltjes 卷积	$f_1(t)*df_2(t)$	$pF_1(p)F_2(p)$
14	周期函数	$f(t+T)=f(t)$	$\frac{1}{1-e^{-pT}}\int_0^T f(t)e^{-pt}dt$
15	系数的运算	$f(t,\alpha)$	$L[\lim\limits_{\alpha\to a}f(t,\alpha)]=\lim\limits_{\alpha\to a}F(p,\alpha)$ $L\left[\frac{\partial}{\partial\alpha}f(t,\alpha)\right]=\frac{\partial}{\partial\alpha}F(p,\alpha)$ $L\left[\int_0^a f(t,\alpha)d\alpha\right]=\int_0^a F(p,\alpha)d\alpha$

注：$u(t)$ 为单位阶跃函数，定义为

$$u(t)=\begin{cases}1 & (t\geqslant 0)\\ 0 & (t<0)\end{cases}$$

1.1.4　函数的 Laplace 变换表

将常用函数的 Laplace 变换制成了表格，见表 1.1.2，从表中直接查找即可得到像函数或原函数。对于不能直接查表得到的原函数，可以利用 Laplace 变换的性质进行反演得到。

表 1.1.2　常用函数的 Laplace 变换表

序号	原函数 $f(t)$	像函数 $F(p)$
1	$\delta(t)$	1
2	$u(t)$	$\frac{1}{p}$
3	1	$\frac{1}{p}$
4	t	$\frac{1}{p^2}$
5	e^{-at}	$\frac{1}{p+a}$
6	te^{-at}	$\frac{1}{(p+a)^2}$
7	$t^n(n=1,2,\cdots)$	$\frac{n!}{p^{n+1}}$
8	$t^n e^{-at}(n=1,2,\cdots)$	$\frac{n!}{(p+a)^{n+1}}$
9	$\sin \omega t$	$\frac{\omega}{p^2+\omega^2}$
10	$\cos \omega t$	$\frac{p}{p^2+\omega^2}$
11	$\sinh at$	$\frac{a}{p^2-a^2}$
12	$\cosh at$	$\frac{p}{p^2-a^2}$
13	$t\sin \omega t$	$\frac{2\omega p}{(p^2+\omega^2)^2}$
14	$t\cos \omega t$	$\frac{p^2-\omega^2}{(p^2+\omega^2)^2}$
15	$\sin a\sqrt{t}$	$\frac{a}{2p}\sqrt{\frac{\pi}{p}}e^{-\frac{a^2}{4p}}$
16	$\frac{\sin at}{t}$	$\arctan \frac{a}{p}$
17	$e^{-at}\sin \omega t$	$\frac{\omega}{(p+a)^2+\omega^2}$
18	$e^{-at}\cos \omega t$	$\frac{p+a}{(p+a)^2+\omega^2}$
19	$e^{-bt}\sin(at+c)$	$\frac{(p+b)\sin c+a\cos c}{(p+b)^2+a^2}$

表 1.1.2(续 1)

序号	原函数 $f(t)$	像函数 $F(p)$
20	$\sin^2 t$	$\frac{2}{p(p^2+4)}$
21	$\cos^2 t$	$\frac{p^2+2}{p(p^2+4)}$
22	$\sin at\sin bt$	$\frac{2abp}{[p^2+(a+b)^2][p^2+(a-b)^2]}$
23	$\frac{1}{a}\sin at-\frac{1}{b}\sin bt$	$\frac{b^2-a^2}{(p^2+a^2)(p^2+b^2)}$
24	$\cos at-\cos bt$	$\frac{(b^2-a^2)p}{(p^2+a^2)(p^2+b^2)}$
25	$\frac{1}{a^2}(1-\cos at)$	$\frac{1}{p(p^2+a^2)}$
26	$\frac{1}{a^3}(at-\sin at)$	$\frac{1}{p^2(p^2+a^2)}$
27	$\frac{1}{a^4}(\cos at-1)+\frac{t^2}{2a^2}$	$\frac{1}{p^3(p^2+a^2)}$
28	$\frac{1}{a^4}(\cosh at-1)-\frac{t^2}{2a^2}$	$\frac{1}{p^3(p^2-a^2)}$
29	$\frac{1}{2a^3}(\sin at-at\cos at)$	$\frac{1}{(p^2+a^2)^2}$
30	$\frac{t}{2a}\sin at$	$\frac{p}{(p^2+a^2)^2}$
31	$\frac{1}{2a}(\sin at+at\cos at)$	$\frac{p^2}{(p^2+a^2)^2}$
32	$\frac{1}{a^4}(1-\cos at)-\frac{1}{2a^3}t\sin at$	$\frac{1}{p(p^2+a^2)^2}$
33	$(1-at)e^{-at}$	$\frac{p}{(p^2+a^2)^2}$
34	$t(1-\frac{a}{2}t)e^{-at}$	$\frac{p}{(p^2+a^2)^3}$
35	$\frac{1}{a}(1-e^{-at})$	$\frac{1}{p(p+a)}$
36	$\frac{1}{ab}+\frac{1}{b-a}\left(\frac{e^{-bt}}{b}-\frac{e^{-at}}{a}\right)$	$\frac{1}{p(p+a)(p+b)}$

表 1.1.2(续 2)

序号	原函数 $f(t)$	像函数 $F(p)$
37	$\frac{1}{a^2}(at-1+e^{-at})$	$\frac{1}{p^2(p+a)}$
38	$\frac{1}{b-a}(e^{-at}-e^{-bt})$	$\frac{1}{(p+a)(p+b)}$
39	$\frac{1}{b-a}(be^{-bt}-ae^{-at})$	$\frac{p}{(p+a)(p+b)}$
40	$\frac{e^{-at}}{(b-a)(c-a)}+\frac{e^{-bt}}{(a-b)(c-b)}+\frac{e^{-ct}}{(a-c)(b-c)}$	$\frac{1}{(p+a)(p+b)(p+c)}$
41	$\frac{ae^{-at}}{(a-b)(c-a)}+\frac{be^{-bt}}{(a-b)(b-c)}+\frac{ce^{-ct}}{(c-a)(b-c)}$	$\frac{p}{(p+a)(p+b)(p+c)}$
42	$\frac{a^2e^{-at}}{(b-a)(c-a)}+\frac{b^2e^{-bt}}{(a-b)(c-b)}+\frac{c^2e^{-ct}}{(a-c)(b-c)}$	$\frac{p^2}{(p+a)(p+b)(p+c)}$
43	$\frac{e^{-at}-[1-(a-b)t]e^{-bt}}{(a-b)^2}$	$\frac{1}{(p+a)(p+b)^2}$
44	$\frac{[a-b(a-b)t]e^{-bt}-ae^{-at}}{(a-b)^2}$	$\frac{p}{(p+a)(p+b)^2}$
45	$e^{-at}-e^{\frac{at}{2}}\left(\cos\frac{\sqrt{3}at}{2}-\sqrt{3}\sin\frac{\sqrt{3}at}{2}\right)$	$\frac{3a^2}{p^3+a^3}$
46	$\sin at\cosh at-\cos at\sinh at$	$\frac{4a^3}{p^4+4a^4}$
47	$\frac{1}{2a^2}\sin at\sinh at$	$\frac{p}{p^4-a^4}$
48	$\frac{1}{2a^3}(\sinh at-\sin at)$	$\frac{1}{p^4-4a^4}$
49	$\frac{1}{2a^3}(\cosh at-\cos at)$	$\frac{p}{p^4-a^4}$
50	$\frac{1}{\sqrt{\pi t}}$	$\frac{1}{\sqrt{p}}$
51	$2\sqrt{\frac{t}{\pi}}$	$\frac{1}{p\sqrt{p}}$
52	$\frac{1}{\sqrt{\pi t}}e^{-\frac{b^2}{4t}}$	$\frac{1}{\sqrt{p}}e^{-b\sqrt{p}}$
53	$\frac{1}{\sqrt{\pi t}}e^{at}(1+2at)$	$\frac{p}{(p-a)\sqrt{p-a}}$

表 1.1.2(续 3)

序号	原函数 $f(t)$	像函数 $F(p)$
54	$\frac{1}{2t\sqrt{\pi t}}(e^{bt}-e^{at})$	$\sqrt{p-a}-\sqrt{p-b}$
55	$J_0(at)$	$\frac{1}{\sqrt{p^2+a^2}}$
56	$J_0(t)$	$\frac{1}{\sqrt{p^2+1}}$
57	$J_0(2\sqrt{at})$	$\frac{1}{p}e^{-\frac{a}{p}}$
58	$I_0(at)$	$\frac{1}{\sqrt{p^2-a^2}}$
59	$\frac{1}{\sqrt{\pi t}}\cos(2\sqrt{at})$	$\frac{1}{\sqrt{p}}e^{-\frac{a}{p}}$
60	$\frac{1}{\sqrt{\pi t}}\cosh(2\sqrt{at})$	$\frac{1}{\sqrt{p}}e^{\frac{a}{p}}$
61	$\frac{1}{\sqrt{\pi t}}\sin(2\sqrt{at})$	$\frac{1}{p\sqrt{p}}e^{-\frac{a}{p}}$
62	$\frac{1}{\sqrt{\pi t}}\sinh(2\sqrt{at})$	$\frac{1}{p\sqrt{p}}e^{\frac{a}{p}}$
63	$\frac{1}{t}(e^{bt}-e^{at})$	$\ln\frac{p-a}{p-b}$
64	$\frac{2}{t}\sinh at$	$\ln\frac{p+a}{p-a}=2\operatorname{artanh}\frac{a}{p}$
65	$\frac{2}{t}(1-\cos at)$	$\ln\frac{p^2+a^2}{p^2}$
66	$\frac{2}{t}(1-\cosh at)$	$\ln\frac{p^2-a^2}{p^2}$
67	$\frac{1}{t}\sin at$	$\arctan\frac{a}{p}$
68	$\frac{1}{t}(\cosh at-\cos bt)$	$\ln\sqrt{\frac{p^2+b^2}{p^2-a^2}}$
69	$\frac{1}{\pi t}\sin(2a\sqrt{t})$	$\operatorname{erf}\left(\frac{a}{\sqrt{p}}\right)$
70	$\frac{1}{\sqrt{\pi t}}e^{-2a\sqrt{t}}$	$\frac{1}{\sqrt{p}}e^{\frac{a^2}{p}}\operatorname{erfc}\left(\frac{a}{\sqrt{p}}\right)$

表 1.1.2(续 4)

序号	原函数 $f(t)$	像函数 $F(p)$
71	$\mathrm{ch}\ kt$	$\frac{p}{p^2-k^2}$
72	$\frac{2}{\sqrt{\pi}}\int_{\frac{u}{2\sqrt{t}}}^{\infty}\mathrm{e}^{-y^2}\mathrm{d}y(u\geqslant 0)$	$\frac{1}{p}\mathrm{e}^{-\sqrt{p}u}$

注:1. a、b、c 为不相等的常数;

2. artanh x 为反双曲正切函数,artanh $x=\frac{1}{2}\ln\frac{x+1}{x-1}$;

3. erf(x)为误差函数, $\mathrm{erf}(x)=\frac{2}{\sqrt{\pi}}\int_0^x \mathrm{e}^{-t^2}\mathrm{d}t$;

4. erfc(x)为余误差函数, $\mathrm{erfc}(x)=1-\mathrm{erf}(x)=\frac{2}{\sqrt{\pi}}\int_x^{\infty}\mathrm{e}^{-t^2}\mathrm{d}t$。

1.1.5 Laplace 逆变换的数值解法

简单函数的 Laplace 逆变换可以通过查表法或海维赛德展开式得到解析表达式,但是对于复杂的函数很难直接得到解析表达式,只能通过数值方法得到近似值。下面介绍几种常用的 Laplace 逆变换的数值解法。

1. Durbin 法

在求解饱和层状粘弹性体系时,要对时间 t 进行 Laplace 变换,求解得到的应力、应变与位移的像函数非常复杂。对于复杂的像函数,需要采用数值解法进行 Laplace 逆变换。在各种 Laplace 逆变换的数值解法中,比较重要的一类是基于离散数值积分的 Laplace 逆变换方法,这种方法最早于 1968 年由 Dubner 提出。Durbin 于 1973 年对其做了重要改进,即 Durbin 法,该法之后在许多学科中得到了重要应用。

Durbin 法如下。

函数 $f(t_j)$ 在时刻 t_j 可表示为如下函数:

$$f(t_j)=\frac{2\mathrm{e}^{aj\Delta t}}{T}\left\{-\frac{1}{2}\mathrm{Re}[\bar{f}(a)]+\mathrm{Re}\left[\sum_{k=0}^{N-1}(A_k+\mathrm{i}B_k)\left(\cos\frac{2\pi}{N}+\mathrm{i}\sin\frac{2\pi}{N}\right)^{jk}\right]\right\} \quad (1.1.4)$$

式中 T——总的计算时间;

N——总的计算步骤;

$t_j=j\Delta t=j\frac{T}{N}, j=0,1,2,\cdots,N-1$;

$A_k=\sum_{m=0}^{L}\mathrm{Re}\left\{\bar{f}\left[a+\mathrm{i}(k+mN)\frac{2\pi}{T}\right]\right\}$;

$B_k=\sum_{m=0}^{L}\mathrm{Im}\left\{\bar{f}\left[a+\mathrm{i}(k+mN)\frac{2\pi}{T}\right]\right\}$;

$\bar{f}(s_k)$——函数 $f(t_j)$ 的 Laplace 变换,其中 $s_k=a+\mathrm{i}k\frac{2\pi}{T}$,i 为虚数,$\mathrm{i}=\sqrt{-1}$。

一般选取 $L \cdot N=50\sim5\ 000$，$a \cdot T=5\sim10$，计算结果良好且稳定。这种数值解法的精度高，但是此方法在最后 1/4 样点上数值不稳定，可以通过延长计算时间得到改善，求得所求时刻的解。

2. Fourier 级数展开法

函数 $f(t)$ 的单边 Laplace 变换为

$$F(s)=\int_0^{\infty} f(t)\mathrm{e}^{-st}\mathrm{d}t$$

其逆变换为

$$f(t)=\frac{1}{2\pi\mathrm{i}}\int_{c-\mathrm{i}\infty}^{c+\mathrm{i}\infty} F(s)\mathrm{e}^{st}\mathrm{d}s$$

Fourier 级数展开法直接从 Laplace 变换的定义出发，将求解 $f(t)$ 的问题转化为一个广义积分问题，进而导出原函数 $f(t)$ 的 Fourier 级数表达式，依此，Dubner 与 Abate 首先构造了 $f(t)$ 的如下计算公式：

$$f_{(\mathrm{I})}(t)=\frac{2\mathrm{e}^{ct}}{T}\left\{\frac{1}{2}F(c)+\sum_{k=1}^{N}\mathrm{Re}\left[F\left(c+\frac{k\pi}{T}\mathrm{i}\right)\cos\frac{k\pi t}{T}\right]\right\} \tag{1.1.5}$$

Durbin 与 Crump 先后给出另外两个计算式：

$$f_{(\mathrm{II})}(t)=-\frac{2\mathrm{e}^{ct}}{T}\left\{\sum_{k=1}^{N}\mathrm{Im}\left[F\left(c+\frac{k\pi}{T}\mathrm{i}\right)\sin\frac{k\pi t}{T}\right]\right\} \tag{1.1.6}$$

$$f(t)=\frac{\mathrm{e}^{ct}}{T}\left(\frac{1}{2}F(c)+\sum_{k=1}^{N}\left\{\mathrm{Re}\left[F\left(c+\frac{k\pi}{T}\mathrm{i}\right)\cos\frac{k\pi t}{T}\right]-\mathrm{Im}\left[F\left(c+\frac{k\pi}{T}\mathrm{i}\right)\sin\frac{k\pi t}{T}\right]\right\}\right) \tag{1.1.7}$$

以上 3 个公式中，c、T 为计算参数，又称为自由参数，且 $T\geqslant t$；N 为级数截取项数；i 为虚数单位。

实际上，式(1.1.7)就是式(1.1.5)和式(1.1.6)的算术平均，即 $f(t)=0.5[f_{(\mathrm{I})}(t)+f_{(\mathrm{II})}(t)]$，能处理 $f(t)$ 具有间断点的情况。c 的选择对计算精度有显著影响，一般情况下，$f_{(\mathrm{I})}(t)$ 与 $f_{(\mathrm{II})}(t)$ 的偏向相反，当参数 c 选择合理时，两者结果比较接近；当参数 c 选择不合理时，两者结果相差甚远，表明计算结果的误差较大。利用这个特点，可以判断参数选择的合理性。由此，在每一计算时间 t，以参数 c 为优化变量，以差值 $f_{(\mathrm{I})}(t)-f_{(\mathrm{II})}(t)$ 的绝对值为优化目标，构造如下优化模型：

$$\min_{c\in(0,\infty)} |f_{(\mathrm{I})}(t)-f_{(\mathrm{II})}(t)|$$

通过分析发现，计算参数 c 的优化值主要与计算时间 t 及另一个参数 T 有关，给定 T，寻优后的 c 值与计算时间 t 的乘积 ct 落在一定的范围内，如对于函数Ⅰ：当 $T=2t$ 时，$ct=3.0\sim4.0$；当 $T=10t$ 时，$ct=0.4\sim0.6$。对于函数Ⅱ：当 $T=2t$ 时，ct 的范围较宽，$ct=0.3\sim7.5$。

3. Crump 法

Crump 法被认为是一种计算精度最高、应用范围最广的方法，其构造的逆变换级数解为

$$f(t)=\frac{\mathrm{e}^{ct}}{T}\left(\frac{1}{2}\mathrm{Re}[F(c)]+\sum_{k=1}^{N}\left\{\mathrm{Re}\left[F\left(c+\frac{k\pi\mathrm{i}}{T}\right)\cos\frac{k\pi t}{T}\right]-\mathrm{Im}\left[F\left(c+\frac{k\pi\mathrm{i}}{T}\right)\sin\frac{k\pi t}{T}\right]\right\}\right) \tag{1.1.8}$$

式中　c、T——计算参数，也称为自由参数，且 $T \geq t$，计算中取 $T=2t$，$cT=5$；

N——级数截取项数；

i——虚数单位，$\mathrm{i}=\sqrt{-1}$。

研究表明，当 N 取 30 时，能很好地满足精度要求。

4. Schapery 法

Schapery 法是基于级数展开得到的，即将原函数展开成指数函数形式，即

$$f(t) = A + Bt + \sum_{k=1}^{N} a_k \mathrm{e}^{-b_k t}$$

逐项进行 Laplace 变换：

$$sF(s) = A + Bs^{-1} + \sum_{k=1}^{N} a_k (1 + b_k s^{-1})^{-1} \tag{1.1.9}$$

取样本点拟合可确定系数 a_k，系数 A、B 可由初始条件确定。但 Schapery 法采用实数的方式进行数值反演，计算精度低、速度慢。

5. FT 法

FT 法是 J. Abate 在 Tablot 法基础上提出的一种高精度反演方法，计算公式如下：

$$f(t) = \frac{a(t)}{\pi}\int_0^{\pi} \mathrm{Re}\left(\mathrm{e}^{ta(t)\theta(\cot\theta+\mathrm{i})} \bar{f}[a(t)\theta(\cot\theta+\mathrm{i})] \cdot \{1+\mathrm{i}[\theta+(\theta\cot\theta-1)\cot\theta]\} \right) \mathrm{d}\theta \tag{1.1.10}$$

式中，$a(t)=\dfrac{2M}{5t}$；θ 为角度。

通过式(1.1.10)可以推导出下式：

$$f(t) = \frac{a(t)}{M}\left\{\frac{1}{2}\mathrm{e}^{a(t)t}\bar{f}[a(t)]\right\} + \frac{a(t)}{M}\sum_{k=1}^{M-1}\mathrm{Re}\left(\mathrm{e}^{ta(t)\frac{k\pi}{M}\left(\cot\frac{k\pi}{M}+\mathrm{i}\right)}\bar{f}\left[a(t)\frac{k\pi}{M}\left(\cot\frac{k\pi}{M}+\mathrm{i}\right)\right] \left\{1+\mathrm{i}\left[\frac{k\pi}{M}+\left(\frac{k\pi}{M}\cot\frac{k\pi}{M}-1\right)\cot\frac{k\pi}{M}\right]\right\}\right)$$

式中，M 决定该计算公式的准确性——M 值越大，准确性越好，但同时计算时间越长。因此 M 值的大小对计算分析起到重要作用，一般可以通过下式确定：

$$\frac{f(t)-f(t,M)}{f(t)} \approx 10^{-0.6M}$$

通过分析可知，当 M 取值为 5~10 时，应力、应变、位移等分量较为准确。

6. Stehfest 法

Stehfest 法的计算公式为

$$f(t) \approx \frac{\ln 2}{t}\sum_{n=1}^{N} c_n F\left(\frac{n\ln 2}{t}\right) \tag{1.1.11}$$

式中，系数 c_n 可以表示为

$$c_n = (-1)^{n+\frac{N}{2}} \sum_{k=\frac{n+1}{2}}^{\min\left(n,\frac{N}{2}\right)} \frac{k^{\frac{N}{2}}(2k)!}{\left(\frac{N}{2}-k\right)!\ k!\ (k-1)!\ (n-k)!\ (2k-n)!}$$

7. Papoulis Legendre 多项式法

Papoulis Legendre 多项式法的计算公式为

$$f(t) \approx \sum_{n=0}^{N} a_n P_{2n}(\mathrm{e}^{-rt}) \tag{1.1.12}$$

式中，$P_{2n}(x)$为 Legendre 多项式；r 由指数级数得到；a_n 可以由下式确定：

$$rF[(2k+1)r] = \sum_{n=0}^{k} \frac{(k-n+1)_n}{2\left(k+\frac{1}{2}\right)_{n+1}} a_n$$

其中，$(j)_n$ 为阶乘幂：

$$(j)_n = \begin{cases} 1 & (n=0) \\ j(j+1)\cdots(j+n-1) & (n>0) \end{cases}$$

8. Weeks 法

Weeks 法的计算公式为

$$f(t) \approx \mathrm{e}^{c't} \sum_{k=0}^{N} a_k L_k\left(\frac{t}{T_n}\right) \tag{1.1.13}$$

式中，L_k 是 Laguerre 多项式；其他各参数为

$$c' = c - \frac{1}{2T_n}$$

$$T_n = \frac{t_{\max}}{N}$$

$$c = \left(\alpha + \frac{1}{t_{\max}}\right) H\left(\alpha + \frac{1}{t_{\max}}\right)$$

$$a_0 = \frac{1}{N+1} \sum_{j=0}^{N} h(\theta_j)$$

$$a_k = \frac{2}{N+1} \sum_{j=0}^{N} h(\theta_j)\cos(k\theta_j) \quad (N \neq 0)$$

$$\theta_j = \frac{\pi}{2} \frac{2j+1}{N+1}$$

$$h(\theta) = \frac{1}{T_n}\left\{\mathrm{Re}\left[F\left(c + \frac{\mathrm{i}}{2T_n}\cot\frac{\theta}{2}\right)\right] - \cot\frac{\theta}{2}\mathrm{Im}\left[F\left(c + \frac{\mathrm{i}}{2T_n}\cot\frac{\theta}{2}\right)\right]\right\}$$

9. Piessens 高斯求积法

Piessens 高斯求积法的计算公式为

$$f(t) \approx \frac{1}{t} \sum_{i=1}^{N} w_i x_i^{\beta} F\left(\frac{x_i}{t}\right) \tag{1.1.14}$$

式中，β 是正实常数；x_i 是横坐标；

$$w_i = (-1)^{N-1} \frac{(N-1)!}{\Gamma(N+\beta-1)Nx_i^2} \left[\frac{2N+\beta-2}{P_{N-1}\left(\frac{1}{x_i}\right)}\right]^2$$

其中

$$P_0(x)=1$$

$$P_1(x)=\beta x-1$$

$$P_i(x)=(a_i x+b_i)P_{i-1}(x)+c_i P_{i-2}(x) \quad (i\geqslant 2)$$

$$a_i=\frac{(2i+\beta-3)(2i+\beta-2)}{i+\beta-2}$$

$$b_i=\frac{(2i+\beta-3)(2-\beta)}{(i+\beta-2)(2i+\beta-4)}$$

$$c_i=\frac{(2i+\beta-2)(i-1)}{(i+\beta-2)(2i+\beta-4)}$$

1.2 Hankel 变换

对于一些空间问题或轴对称问题,可以使用柱面坐标(球坐标)或极坐标进行求解。如果变量 r 的变化范围在 $0\sim\infty$ 区间内,则可以使用 Hankel 变换对这些问题进行求解。在工程技术中,Hankel 变换并不像 Laplace 变换应用那么广泛,但由于它具有独特的功能,在层状体系中不仅在轴对称空间课题中有着广泛应用,而且在非轴对称空间课题中经过适当地变换,也能应用 Hankel 变换来解决。因此,Hankel 变换在层状体系理论中占有极其重要的地位。

1.2.1 贝塞尔函数

1. 贝塞尔方程及其解

贝塞尔方程是一个二阶线性微分方程,形式如下:

$$x^2\frac{\mathrm{d}^2y}{\mathrm{d}x^2}+x\frac{\mathrm{d}y}{\mathrm{d}x}+(x^2-\nu^2)y=0 \tag{1.2.1}$$

贝塞尔方程也称为 ν 阶贝塞尔微分方程,这里 ν 和 x 可以为任意数。

通过幂级数求解方法可以得到贝塞尔方程的解。

①当 $\nu\neq$ 整数时,贝塞尔方程的通解为

$$y(x)=A\mathrm{J}_\nu(x)+B\mathrm{J}_{-\nu}(x)$$

式中,A 和 B 为任意常数;$\mathrm{J}_\nu(x)$ 定义为 ν 阶第一类贝塞尔函数(简称贝塞尔函数)。

②当 ν 取任意值时,$\mathrm{J}_{-\nu}(x)$ 定义为 ν 阶第二类贝塞尔函数,也可以写成 $\mathrm{N}_\nu(x)$,贝塞尔方程的通解可表示为

$$y(x)=A\mathrm{J}_\nu(x)+B\mathrm{N}_\nu(x)$$

③当 ν 取任意值时,由第一、二类贝塞尔函数还可以构成线性独立的第三类贝塞尔函数 $\mathrm{H}_\nu(x)$,又称为汉开尔函数

$$\begin{cases}\mathrm{H}_\nu^{(1)}(x)=\mathrm{J}_\nu(x)+\mathrm{i}\mathrm{N}_\nu(x)\\ \mathrm{H}_\nu^{(2)}(x)=\mathrm{J}_\nu(x)-\mathrm{i}\mathrm{N}_\nu(x)\end{cases}$$

式中，$H_\nu^{(1)}(x)$ 和 $H_\nu^{(2)}(x)$ 分别称为第一种和第二种汉开尔函数。于是贝塞尔方程的通解又可以表示为

$$y(x)=AH_\nu^{(1)}(x)+BH_\nu^{(2)}(x)$$

ν 阶贝塞尔方程的通解通常有以下三种形式：

①$y(x)=AJ_\nu(x)+BJ_{-\nu}(x)$　（$\nu\neq$整数）；

②$y(x)=AJ_\nu(x)+BN_\nu(x)$　（ν 取任意值）；

③$y(x)=AH_\nu^{(1)}(x)+BH_\nu^{(2)}(x)$　（ν 取任意值）。

第一、二、三类贝塞尔函数分别称为贝塞尔函数、诺依曼函数、汉开尔函数，又可分别称为第一、二、三类柱贝塞尔函数。

（1）第一类贝塞尔函数

第一类贝塞尔函数 $J_\nu(x)$ 的级数表示为

$$J_\nu(x)=\sum_{k=0}^{\infty}(-1)^k\frac{1}{k!\ \Gamma(\nu+k+1)}\left(\frac{x}{2}\right)^{\nu+2k} \tag{1.2.2}$$

$$J_{-\nu}(x)=\sum_{k=0}^{\infty}(-1)^k\frac{1}{k!\ \Gamma(-\nu+k+1)}\left(\frac{x}{2}\right)^{-\nu+2k} \tag{1.2.3}$$

式中，$\Gamma(x)$ 是伽马函数，满足关系：

$$\Gamma(\nu+k+1)=(\nu+k)(\nu+k-1)\cdots(\nu+2)(\nu+1)\Gamma(\nu+1)$$

当 ν 为正整数或零时

$$\Gamma(\nu+k+1)=(\nu+k)!$$

当 ν 取整数时

$$\Gamma(-\nu+k+1)=\infty \quad (k=0,1,2,\cdots,\nu-1)$$

所以当 $\nu=n$ 为整数时，上述的级数实际上是从 $k=n$ 的项开始，即

$$J_n(x)=\sum_{k=0}^{\infty}(-1)^k\frac{1}{k!\ (n+k)!}\left(\frac{x}{2}\right)^{n+2k} \quad (n\geqslant 0) \tag{1.2.4}$$

而

$$\begin{aligned}J_{-n}(x)&=\sum_{k=n}^{\infty}(-1)^k\frac{1}{k!\ \Gamma(-n+k+1)}\left(\frac{x}{2}\right)^{-n+2k}\\&=(-1)^n\sum_{l=0}^{\infty}(-1)^l\frac{1}{l!\ \Gamma(n+l+1)}\left(\frac{x}{2}\right)^{n+2l} \quad (l=k-n)\end{aligned} \tag{1.2.5}$$

所以

$$J_{-n}(x)=(-1)^nJ_n(x)$$

同理可得

$$J_{-n}(x)=J_n(-x)$$

因此，有重要关系：

$$J_n(-x)=(-1)^nJ_n(x)$$

以下是几个典型的贝塞尔函数的表达式：

$$J_0(x)=1-\left(\frac{x}{2}\right)^2+\frac{1}{(2!)^2}\left(\frac{x}{2}\right)^4-\frac{1}{(3!)^2}\left(\frac{x}{2}\right)^6+\cdots$$

$$J_1(x)=\frac{x}{2}-\frac{1}{2!}\left(\frac{x}{2}\right)^3+\frac{1}{2!\ \cdot 3!}\left(\frac{x}{2}\right)^5-\cdots$$

当 x 很小时($x\to 0$),保留级数中前几项,可得

$$J_\nu(x)\approx\left(\frac{x}{2}\right)^\nu\frac{1}{\Gamma(\nu+1)}\quad(\nu\neq-1,-2,-3,\cdots)\tag{1.2.6}$$

特别地

$$J_0(0)=1$$

$$J_n(0)=0\quad(n=1,2,3,\cdots)$$

当 x 很大时,有

$$J_\nu(x)\approx\sqrt{\frac{2}{\pi x}}\cos\left(x-\frac{\pi}{4}-\frac{\nu\pi}{2}\right)+o(x^{-\frac{3}{2}})\tag{1.2.7}$$

可以看出,当 x 趋于无穷大时,由于三角函数有界,故贝塞尔函数值趋于0。

第一类贝塞尔函数为振荡减函数,其振幅为 $\sqrt{\frac{2}{\pi x}}$,它随着 x 值的增大而减小,直至趋近于0。图1.2.1所示为第一类贝塞尔函数曲线。

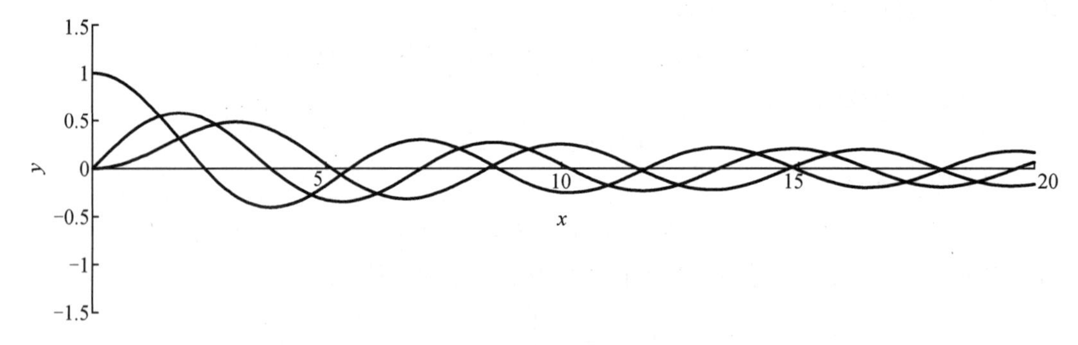

图1.2.1 第一类贝塞尔函数曲线

(2)第二类贝塞尔函数

第二类贝塞尔函数为

$$N_\nu(x)=\frac{\cos(\nu\pi)J_\nu(x)-J_{-\nu}(x)}{\sin(\nu\pi)}\tag{1.2.8}$$

$N_n(x)$ 的级数可表示为

$$N_n(x)=\frac{\pi}{2}\left(\gamma+\ln\frac{x}{2}\right)J_n(x)-\frac{1}{\pi}\sum_{k=0}^{k-1}\frac{(n-k-1)!}{k!}\left(\frac{x}{2}\right)^{-n+2k}-$$
$$\frac{1}{\pi}\sum_{k=0}^{\infty}\frac{(-1)^k}{k!\ (n+k)!}[\varphi(k)+\varphi(n+k)]\left(\frac{x}{2}\right)^{n+2k}$$

式中,γ 为欧拉常数,$\gamma=0.577\ 216\cdots$; $\varphi(k)=\sum\limits_{n=1}^{k}\frac{1}{n}$。

当 x 很小时($x\to 0$),可得

$$N_0(x)\approx-\frac{1}{\pi}\ln x\quad(n=0)$$

$$N_n(x) \approx -\frac{1}{\pi}\left(\frac{2}{x}\right)^n \Gamma(n) \quad (n \neq 0)$$

当 x 很大时($x\to\infty$),其近似为

$$N_n(x) \approx \sqrt{\frac{2}{\pi x}}\sin\left(x-\frac{\pi}{4}-\frac{n\pi}{2}\right)$$

上式表明,当 x 趋于无穷大时,由于三角函数有界,故第二类贝塞尔函数值趋于 0。图 1.2.2 所示为第二类贝塞尔函数曲线,当 $x\to 0$ 时,$N_0(x)$、$N_1(x)$ 和 $N_2(x)$ 趋于负无穷大。

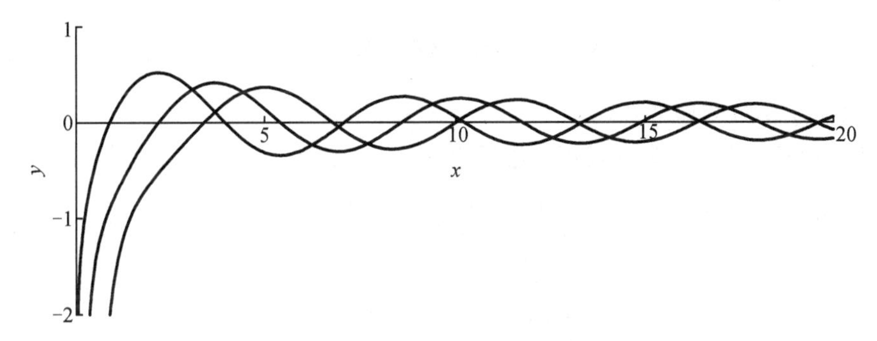

图 1.2.2　第二类贝塞尔函数曲线

(3)第三类贝塞尔函数

第三类贝塞尔函数,根据定义可得

$$\begin{cases} H_\nu^{(1)}(x) = J_\nu(x) + iN_\nu(x) \\ H_\nu^{(2)}(x) = J_\nu(x) - iN_\nu(x) \end{cases} \tag{1.2.9}$$

当 x 很小时($x\to 0$),可得

$$H_0^{(1)}(x) \approx i\,\frac{2}{\pi}\ln x$$

$$H_\nu^{(1)}(x) \approx -i\,\frac{(\nu-1)!}{\pi}\left(\frac{2}{x}\right)^\nu \quad (\nu>0)$$

$$H_0^{(2)}(x) \approx -i\,\frac{2}{\pi}\ln x$$

$$H_\nu^{(2)}(x) \approx i\,\frac{(\nu-1)!}{\pi}\left(\frac{2}{x}\right)^\nu \quad (\nu>0)$$

当 x 很大时($x\to\infty$),其渐近展开式为

$$H_\nu^{(1)}(x) = \sqrt{\frac{2}{\pi x}}e^{i\left(x-\frac{\pi\nu}{2}\frac{\pi}{4}\right)} + o(x^{-\frac{3}{2}})$$

$$H_\nu^{(2)}(x) = \sqrt{\frac{2}{\pi x}}e^{-i\left(x-\frac{\pi\nu}{2}\frac{\pi}{4}\right)} + o(x^{-\frac{3}{2}})$$

图 1.2.3 所示为第三类贝塞尔函数曲线。

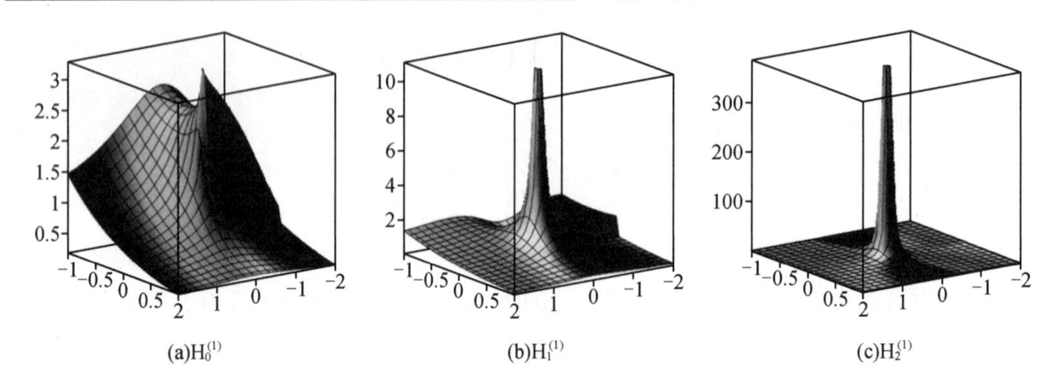

(a)$H_0^{(1)}$　　(b)$H_1^{(1)}$　　(c)$H_2^{(1)}$

图 1.2.3　第三类贝塞尔函数曲线

(2)贝塞尔函数的递推公式

由贝塞尔函数的级数表达式可以推导出

$$\frac{d}{dx}\left[\frac{J_\nu(x)}{x^\nu}\right]=-\frac{J_{\nu+1}(x)}{x^\nu}$$

$$\frac{d}{dx}[x^\nu J_\nu(x)]=x^\nu J_{\nu-1}(x)$$

以上两式都体现出贝塞尔函数的线性关系。诺依曼函数 $N_\nu(x)$ 和汉开尔函数 $H_\nu(x)$ 也应该满足上述递推关系。

若用 $Z_\nu(x)$ 代表 ν 阶的第一、第二或第三类贝塞尔函数,则总是有

$$\frac{d}{dx}[x^{-\nu}Z_\nu(x)]=-x^{-\nu}Z_{\nu+1}(x)$$

$$\frac{d}{dx}[x^\nu Z_\nu(x)]=x^\nu Z_{\nu-1}(x)$$

把上述两式左端展开,可得

$$Z'_\nu(x)-\frac{\nu}{x}Z_\nu(x)=-Z_{\nu+1}(x)$$

$$Z'_\nu(x)+\frac{\nu}{x}Z_\nu(x)=Z_{\nu-1}(x)$$

对以上两式进行整理,消去 $Z_\nu(x)$ 或 $Z'_\nu(x)$ 项,可得

$$Z_{\nu+1}(x)=Z_{\nu-1}(x)-2Z'_\nu(x)$$

$$Z_{\nu+1}(x)=-Z_{\nu-1}(x)+\frac{2\nu}{x}Z_\nu(x)$$

即为通过 $Z_{\nu-1}(x)$ 和 $Z_\nu(x)$ 推算 $Z_{\nu+1}(x)$ 的递推公式。

上两式也可以改写成

$$Z_{\nu-1}(x)-Z_{\nu+1}(x)=2Z'_\nu(x)$$

$$Z_{\nu-1}(x)+Z_{\nu+1}(x)=2\frac{\nu}{x}Z_\nu(x)$$

满足一组递推关系的函数 $Z_\nu(x)$ 统称为柱贝塞尔函数。

1.2.2　Hankel 变换及其逆变换

1. 0 阶 Hankel 变换和逆变换

设函数 $f_1(x_1,x_2)$ 只与 $r=\sqrt{x_1^2+x_2^2}$ 有关，则有

$$\bar{f}_1(\xi_1,\xi_2)=\int_{-\infty}^{+\infty}\int_{-\infty}^{+\infty}f(\sqrt{x_1^2+x_2^2})\mathrm{e}^{\mathrm{i}(\xi_1x_1+\xi_2x_2)}\mathrm{d}x_1\mathrm{d}x_2$$

若在这个积分中施加下述变换：

$$x_1=r\cos\theta$$
$$x_2=r\sin\theta$$
$$\xi_1=\xi\cos\varphi$$
$$\xi_2=\xi\sin\varphi$$

则可得

$$\mathrm{d}x_1\mathrm{d}x_2=r\mathrm{d}r\mathrm{d}\theta$$
$$\xi_1x_1+\xi_2x_2=\xi r(\cos\theta\cos\varphi+\sin\theta\sin\varphi)=\xi r\cos(\theta-\varphi)$$

将上两式代入 $f_1(\xi_2,\xi_2)$，则有

$$\bar{f}_1(\xi)=\int_0^{+\infty}rf_1(r)\mathrm{d}r\int_0^{2\pi}\mathrm{e}^{\mathrm{i}\xi r\cos(\theta-\varphi)}\mathrm{d}\theta$$

式中，$\xi=\sqrt{\xi_1^2+\xi_2^2}$；$r=\sqrt{x_1^2+x_2^2}$。

又令 $\theta-\varphi=\phi-\dfrac{\pi}{2}$，则有

$$\mathrm{d}\theta=\mathrm{d}\phi$$

当 $\theta=0$ 时，$\phi=-\pi+\dfrac{3\pi}{2}-\varphi$；当 $\theta=2\pi$ 时，$\phi=\pi+\dfrac{3\pi}{2}-\varphi$，故 $\bar{f}_1(\xi)$ 中右侧的第二项积分又可改写为

$$\int_0^{2\pi}\mathrm{e}^{\mathrm{i}\xi r\cos(\theta-\varphi)}\mathrm{d}\theta=\int_{-\pi+\frac{3\pi}{2}-\varphi}^{\pi+\frac{3\pi}{2}-\varphi}\mathrm{e}^{\mathrm{i}\xi r\cos\left(\phi-\frac{\pi}{2}\right)}\mathrm{d}\phi=\int_{-\pi}^{\pi}\mathrm{e}^{\mathrm{i}\xi r\sin\phi}\mathrm{d}\phi=\int_{-\pi}^{\pi}\cos(\xi r\sin\phi)\mathrm{d}\phi$$

根据贝塞尔公式，则有

$$\int_0^{2\pi}\mathrm{e}^{\mathrm{i}\xi r\cos(\theta-\varphi)}\mathrm{d}\theta=2\pi\mathrm{J}_0(\xi r)$$

由此可得

$$\bar{f}_1(\xi)=2\pi\int_0^{+\infty}rf_1(r)\mathrm{J}_0(\xi r)\mathrm{d}r \tag{1.2.10}$$

由二元 Fourier 逆变换可知

$$f_1(x_1,x_2)=\left(\frac{1}{2\pi}\right)^2\int_{-\infty}^{+\infty}\int_{-\infty}^{+\infty}\bar{f}_1(\xi_1,\xi_2)\mathrm{e}^{-\mathrm{i}(\xi_1x_1+\xi_2x_2)}\mathrm{d}\xi_1\mathrm{d}\xi_2$$

对上式施加变换，即

$$\xi_1x_1+\xi_2x_2=\xi r\cos(\varphi-\theta)$$
$$\mathrm{d}\xi_1\mathrm{d}\xi_2=\xi\mathrm{d}\xi\mathrm{d}\varphi$$

根据这些关系式，二元 Fourier 逆变换可改写为

$$f_1(r)=\left(\frac{1}{2\pi}\right)^2\int_0^{+\infty}\xi\bar{f}_1(\xi)\,\mathrm{d}\xi\int_0^{2\pi}\mathrm{e}^{-\mathrm{i}\xi r\cos(\varphi-\theta)}\,\mathrm{d}\varphi$$

若令 $\varphi-\theta=\phi+\frac{\pi}{2}$,则有

$$\mathrm{d}\varphi=\mathrm{d}\phi$$

当 $\varphi=0$ 时,$\phi=-\pi+\frac{\pi}{2}-\theta$;当 $\varphi=2\pi$ 时,$\phi=\pi+\frac{\pi}{2}-\theta$,故上述积分中的第二项积分可表示为

$$\int_0^{2\pi}\mathrm{e}^{-\mathrm{i}\xi r\cos(\varphi-\theta)}\,\mathrm{d}\varphi=\int_{-\pi}^{\pi}\mathrm{e}^{\mathrm{i}\xi r\sin\phi}\,\mathrm{d}\phi=2\pi\mathrm{J}_0(\xi r)$$

由此可得

$$f_1(r)=\frac{1}{2\pi}\int_0^{+\infty}\xi\bar{f}_1(\xi)\mathrm{J}_0(\xi r)\,\mathrm{d}\xi \tag{1.2.11}$$

若令 $f_1(r)=r^{-\frac{1}{2}}\varphi(r)$,$\bar{f}_1(\xi)=2\pi\xi^{-\frac{1}{2}}\bar{\varphi}(\xi)$,则式(1.2.10)和式(1.2.11)可改写为以下两式:

$$\bar{\varphi}(\xi)=\int_0^{+\infty}(\xi r)^{\frac{1}{2}}\varphi(r)\mathrm{J}_0(\xi r)\,\mathrm{d}r$$

$$\varphi(r)=\int_0^{+\infty}(\xi r)^{\frac{1}{2}}\bar{\varphi}(\xi)\mathrm{J}_0(\xi r)\,\mathrm{d}\xi$$

以上两式分别称为 0 阶 Hankel 变换和逆变换。

2. n 阶 Hankel 变换和逆变换

n 阶 Hankel 变换的一般表达式为

$$\bar{\varphi}(\xi)=\int_0^{\infty}(\xi r)^{\frac{1}{2}}\varphi(r)\mathrm{J}_n(\xi r)\,\mathrm{d}r \tag{1.2.12}$$

n 阶 Hankel 逆变换的一般表达式为

$$\varphi(r)=\int_0^{\infty}(\xi r)^{\frac{1}{2}}\bar{\varphi}(\xi)\mathrm{J}_n(\xi r)\,\mathrm{d}\xi \tag{1.2.13}$$

式中,$\mathrm{J}_n(x)$ 为 n 阶贝塞尔函数;n 为非负整数,即 $n=0,1,2,\cdots$。

在实际应用过程中,通常不直接使用上述两式,而是采用变形后的 n 阶 Hankel 变换和逆变换。

若令 $\varphi(r)=r^{\frac{1}{2}}f(r)$,$\bar{\varphi}(\xi)=\xi^{\frac{1}{2}}\bar{f}(\xi)$,则上述两式可改写为

$$\bar{f}(\xi)=\int_0^{\infty}rf(r)\mathrm{J}_n(\xi r)\,\mathrm{d}r \tag{1.2.14}$$

$$f(r)=\int_0^{\infty}\xi\bar{f}(\xi)\mathrm{J}_n(\xi r)\,\mathrm{d}\xi \tag{1.2.15}$$

在层状体系理论中,经常使用式(1.2.14)和式(1.2.15)进行计算。

若令 $\varphi(r)=r^{-\frac{1}{2}}f(r)$,$\bar{\varphi}(\xi)=\xi^{-\frac{1}{2}}\bar{f}(\xi)$,则 n 阶 Hankel 变换和逆变换的公式可改写为

$$\bar{f}(\xi)=\int_0^{\infty}\xi f(r)\mathrm{J}_n(\xi r)\,\mathrm{d}r \tag{1.2.16}$$

$$f(r)=\int_0^{\infty}r\bar{f}(\xi)\mathrm{J}_n(\xi r)\,\mathrm{d}\xi \tag{1.2.17}$$

1.2.3　Hankel 变换的基本性质

性质 1　相似性定理

$$\bar{f}_n(ar)=\frac{\bar{f}_n\left(\dfrac{\xi}{a}\right)}{a^2}\quad(a>0)$$

性质 2　导数定理

$$\bar{f}'_n(\xi)=-\xi\left[\frac{n+1}{2n}\bar{f}_{n-1}(\xi)-\frac{n-1}{2n}\bar{f}_{n+1}(\xi)\right]$$

性质 3　Parseval 关系

$$\int_0^{\infty}f(r)g(r)r\mathrm{d}r=\int_0^{\infty}\bar{f}_n(\xi)\bar{g}_n(\xi)\xi\mathrm{d}\xi$$

1.2.4　导函数的 Hankel 变换

设$\bar{f}_n(\xi)$是函数$f(r)$的 n 阶 Hankel 变换,即

$$\bar{f}_n(\xi)=\int_0^{\infty}rf(r)\mathrm{J}_n(\xi r)\mathrm{d}r$$

则定义$f^{(k)}(r)=\dfrac{\mathrm{d}^k}{\mathrm{d}r^k}f(r)$的 n 阶 Hankel 变换为

$$\bar{f}_n^{(k)}(\xi)=\int_0^{\infty}rf^{(k)}(r)\mathrm{J}_n(\xi r)\mathrm{d}r$$

式中,$k=1,2,3,\cdots,n$。

设$\lim\limits_{r\to\infty}r\dfrac{\mathrm{d}^k}{\mathrm{d}r^k}f(r)=0$,则有下列递推公式:

$$\bar{f}_n^{(k)}(\xi)=-\xi\left[\frac{n+1}{2n}\bar{f}_{n-1}^{(k-1)}(\xi)-\frac{n-1}{2n}\bar{f}_{n+1}^{(k-1)}(\xi)\right]$$

式中

$$\bar{f}_n^{(k)}(\xi)=\int_0^{\infty}rf^{(k)}(r)\mathrm{J}_n(\xi r)\mathrm{d}r$$

$$\bar{f}_{n-1}^{(k-1)}(\xi)=\int_0^{\infty}rf^{(k-1)}(r)\mathrm{J}_{n-1}(\xi r)\mathrm{d}r$$

$$\bar{f}_{n+1}^{(k-1)}(\xi)=\int_0^{\infty}rf^{(k-1)}(r)\mathrm{J}_{n+1}(\xi r)\mathrm{d}r$$

$$\bar{f}_{n-1}^{(0)}(\xi)=\bar{f}_{n-1}(\xi)=\int_0^{\infty}rf(r)\mathrm{J}_{n-1}(\xi r)\mathrm{d}r$$

$$\bar{f}_{n+1}^{(0)}(\xi)=\bar{f}_{n+1}(\xi)=\int_0^{\infty}rf(r)\mathrm{J}_{n+1}(\xi r)\mathrm{d}r$$

根据导函数 Hankel 积分变换的定义,有

$$\bar{f}_n^{(k)}(\xi)=\int_0^{\infty}rf^{(k)}(r)\mathrm{J}_n(\xi r)\mathrm{d}r$$

$$= \int_0^\infty r J_n(\xi r) \mathrm{d}[f^{(k-1)}(r)]$$

$$= r f^{(k-1)}(r) J_n(\xi r) \Big|_0^\infty - \int_0^\infty f^{(k-1)}(r) \mathrm{d}[r J_n(\xi r)]$$

$$= -\int_0^\infty f^{(k-1)}(r) [J_n(\xi r) + \xi r J'_n(\xi r)] \mathrm{d}r$$

利用贝塞尔函数的一阶导数性质

$$J'_n(\xi r) = J_{n-1}(\xi r) - \frac{n}{\xi r} J_n(\xi r)$$

有

$$\xi r J'_n(\xi r) = \xi r J_{n-1}(\xi r) - n J_n(\xi r)$$

将此结果代入上式,则有

$$\bar{f}_n^{(k)}(\xi) = (n-1)\int_0^\infty f^{(k-1)}(r) J_n(\xi r) \mathrm{d}r - \xi \int_0^\infty r f^{(k-1)}(r) J_{n-1}(\xi r) \mathrm{d}r$$

再利用贝塞尔函数的下述性质:

$$J_n(\xi r) = \frac{\xi r}{2n}[J_{n-1}(\xi r) + J_{n+1}(\xi r)]$$

可得

$$\bar{f}_n^{(k)}(\xi) = -\xi\left[\frac{n+1}{2n}\int_0^\infty r f^{(k-1)}(r) J_{n-1}(\xi r) \mathrm{d}r - \frac{n-1}{2n}\int_0^\infty r f^{(k-1)}(r) J_{n+1}(\xi r) \mathrm{d}r\right]$$

即

$$\bar{f}_n^{(k)}(\xi) = -\xi\left[\frac{n+1}{2n} \bar{f}_{n-1}^{(k-1)}(\xi) - \frac{n-1}{2n} \bar{f}_{n+1}^{(k-1)}(\xi)\right] \tag{1.2.18}$$

上式表明,导函数的 Hankel 变换是一个递推公式,即 k 阶导函数的 Hankel 变换可用 $k-1$ 阶导函数的 Hankel 变换来表示。

$k=1$,则

$$\bar{f}'_n(\xi) = -\xi\left[\frac{n+1}{2n} \bar{f}_{n-1}(\xi) - \frac{n-1}{2n} \bar{f}_{n+1}(\xi)\right]$$

$k=2$,则

$$\bar{f}''_n(\xi) = -\xi\left[\frac{n+1}{2n} \bar{f}'_{n-1}(\xi) - \frac{n-1}{2n} \bar{f}'_{n+1}(\xi)\right] \tag{1.2.19}$$

利用式(1.2.18),有

$$\bar{f}'_{n-1}(\xi) = -\xi\left[\frac{n}{2(n-1)} \bar{f}_{n-2}(\xi) - \frac{n-2}{2(n-1)} \bar{f}_n(\xi)\right]$$

$$\bar{f}'_{n+1}(\xi) = -\xi\left[\frac{n+2}{2(n+1)} \bar{f}_n(\xi) - \frac{n}{2(n+1)} \bar{f}_{n+2}(\xi)\right]$$

将以上结果代入式(1.2.19),可得

$$\bar{f}''_n(\xi) = \frac{\xi^2}{4}\left[\frac{n+1}{n-1} \bar{f}_{n-2}(\xi) - 2\frac{n^2-3}{n^2-1} \bar{f}_n(\xi) + \frac{n-1}{n+1} \bar{f}_{n+2}(\xi)\right]$$

利用导函数的 Hankel 变换递推公式,可以将 $f(r)$ 的微分方程转化为 $\bar{f}(\xi)$ 的代数式,只要该像函数的代数式可解，再利用 Hankel 逆变换就能求得该微分方程的解。

1.2.5　组合导数的 Hankel 变换

在层状体系理论中，求解柱坐标、球坐标或极坐标的微分方程时，经常会遇到一些组合导数的情况，应用 Hankel 变换的性质可以消去这些导数，便于微分方程的求解。下面介绍几种组合导数的 Hankel 积分变换，它们在层状体系理论中推导偏微分非常有用。

$$\int_0^\infty \left(\frac{d^2}{dr^2}+\frac{1}{r}\frac{d}{dr}-\frac{n^2}{r^2}\right)f(r)J_n(\xi r)dr=-\xi^2\hat{f}_n(\xi)$$

$$\int_0^\infty \left(\frac{d^2}{dr^2}+\frac{1}{r}\frac{d}{dr}\right)f(r)J_0(\xi r)dr=-\xi^2\hat{f}_0(\xi)$$

$$\int_0^\infty r\,\nabla^2 f(r,z)J_0(\xi r)dr=\left(\frac{d^2}{dz^2}-\xi^2\right)\hat{f}(\xi,z)$$

式中，$\nabla^2=\frac{\partial^2}{\partial r^2}+\frac{1}{r}\frac{\partial}{\partial r}+\frac{\partial^2}{\partial z^2}$为拉普拉斯算子。

$$\int_0^\infty r\left(\frac{d^2}{dr^2}-\frac{k-1}{r}\frac{d}{dr}-\frac{k+1}{r^2}\right)f(r)J_{k+1}(\xi r)dr=-\frac{\xi^2}{2}[\bar{f}_{k+1}(\xi)-\bar{f}_{k-1}(\xi)]$$

$$\int_0^\infty r\left[\frac{k}{r}\left(\frac{d}{dr}-\frac{k+1}{r}\right)f(r)\right]J_{k+1}(\xi r)dr=-\frac{\xi^2}{2}[\bar{f}_{k+1}(\xi)+\bar{f}_{k-1}(\xi)]$$

$$\int_0^\infty r\left(\frac{d}{dr}-\frac{k}{r}\right)f(r)J_{k+1}(\xi r)dr=-\xi\bar{f}_k(\xi)$$

$$\int_0^\infty r\left(\frac{d}{dr}+\frac{1}{r}\right)f(r)J_k(\xi r)dr=\frac{\xi}{2}[\bar{f}_{k+1}(\xi)-\bar{f}_{k-1}(\xi)]$$

$$\int_0^\infty r\left(\frac{d^2}{dr^2}+\frac{k+1}{r}\frac{d}{dr}+\frac{k-1}{r^2}\right)f(r)J_{k-1}(\xi r)dr=\frac{\xi^2}{2}[\bar{f}_{k+1}(\xi)-\bar{f}_{k-1}(\xi)]$$

$$\int_0^\infty r\left[\frac{k}{r}\left(\frac{d}{dr}+\frac{k-1}{r}\right)f(r)\right]J_{k-1}(\xi r)dr=\frac{\xi^2}{2}[\bar{f}_{k+1}(\xi)+\bar{f}_{k-1}(\xi)]$$

$$\int_0^\infty r\left(\frac{d}{dr}+\frac{k}{r}\right)f(r)J_{k-1}(\xi r)dr=\xi\bar{f}_k(\xi)$$

$$\int_0^\infty r\left[\frac{k}{r}f(r)\right]J_k(\xi r)dr=\frac{\xi}{2}[\bar{f}_{k+1}(\xi)+\bar{f}_{k-1}(\xi)]$$

1.2.6　Hankel 逆变换的数值解法

n 阶 Hankel 逆变换的表达式为

$$f(r)=\int_0^\infty \xi\bar{f}(\xi)J_n(r\xi)d\xi$$

在被积函数中包括 n 阶贝塞尔函数。贝塞尔函数 $J_n(r\xi)$ 是一个波动衰减的函数，随着 ξ 的增大，函数值围绕水平轴上下波动且逐渐趋于 0。Hankel 逆变换的无穷积分存在且可积。对于数值积分，一般采用增值增长的方法，即计算值的相对误差达到一定范围后，就认为满足精度要求，可将无穷积分变为有限积分。贝塞尔函数是波动衰减函数，零值点很容易利用软件计算得到。可将这些零值点作为积分区间的端点，采用数值积分的方法求出 Hankel 逆变换的数值解。下面介绍几种常用的数值积分方法。

1. 牛顿-柯特斯求积公式

为了求解复杂函数 $y=f(x)$ 的积分：

$$I[f]=\int_a^b f(x)\,\mathrm{d}x$$

鉴于被积函数 $f(x)$ 的近似式 $p(x)$ 比较简单、易于积分，一般用其来近似替代 $f(x)$，将 $p(x)$ 的积分值当作 $f(x)$ 积分的近似值。

例如，设 $S(x)$ 是 $f(x)$ 的三次样条插值函数，对 $f(x)\approx S(x)$ 两边进行积分，得到

$$\int_a^b f(x)\,\mathrm{d}x\approx\frac{1}{2}\sum_{i=1}^{n}h_i(y_{i-1}+y_i)-\frac{1}{24}\sum_{i=1}^{n}(M_{i-1}+M_i)h_i^3$$

这类近似计算积分值的公式，统称为数值积分公式。

常用数值积分公式是利用拉格朗日插值公式推导出来的，对

$$f(x)\approx L_n(x)=\sum_{i=0}^{n}l_i(x)f(x_i)$$

两边进行积分，得插值型求解公式：

$$I[f]=\int_a^b f(x)\,\mathrm{d}x\approx\sum_{i=0}^{n}A_i f(x_i)=Q[f]\qquad(1.2.20)$$

式中，x_i 为求积节点；A_i 为求积系数，

$$A_i=\int_a^b l_i(x)\,\mathrm{d}x$$

式(1.2.20)两边之差称为截断误差或余项，记为 $R[f]$，即

$$R[f]=I[f]-Q[f]=\int_a^b[f(x)-L_n(x)]\,\mathrm{d}x=\int_a^b\frac{1}{(n+1)!}f^{(n+1)}(\xi)\pi_{n+1}(x)\,\mathrm{d}x$$

式中，ξ 与 x 有关。当 $\pi_{n+1}(x)$ 在 $[a,b]$ 上不变号时，由广义积分中值定理可知，存在 $\eta\in[a,b]$，使得

$$R[f]=\frac{1}{(n+1)!}f^{(n+1)}(\eta)\int_a^b\pi_{n+1}(x)\,\mathrm{d}x$$

最常用的数值积分公式是节点等距的插值求积公式。此时

$$x_i=a+ih\quad(i=0,1,2,\cdots,n)$$

$$h=\frac{b-a}{n}$$

式中，h 称为步长。

式(1.2.20)称为牛顿-柯特斯(Newton-Cotes)求积公式。

当 $n=1,2,3,4$ 时，各有专门名称，即：

(1)梯形求积公式

$$n=1$$

$$h=b-a$$

$$I[f]\approx\frac{h}{2}[f(x_0)+f(x_1)]$$

$$R[f]=-\frac{h^3}{12}f''(\eta)$$

(2)辛普森(Simpson)或抛物线求积公式

$$n=2$$

$$h=\frac{b-a}{2}$$

$$I[f]\approx\frac{h}{3}[f(x_0)+4f(x_1)+f(x_2)]$$

$$R[f]=-\frac{h^5}{90}f^{(4)}(\eta)$$

(3)牛顿求积公式

$$n=3$$

$$h=\frac{b-a}{3}$$

$$I[f]\approx\frac{3}{8}h[f(x_0)+3f(x_1)+3f(x_2)+f(x_3)]$$

$$R[f]=-\frac{3}{80}h^5f^{(4)}(\eta)$$

(4)柯特斯求积公式

$$n=4$$

$$h=\frac{b-a}{4}$$

$$I[f]\approx\frac{2}{45}h[7f(x_0)+32f(x_1)+12f(x_2)+32f(x_3)+7f(x_4)]$$

$$R[f]=-\frac{8}{945}h^7f^{(6)}(\eta)$$

2. 复化求积公式

提高插值多项式次数,未必能减小插值误差,因此,为降低求积公式的阶段误差,不能依赖于高次插值多项式。常用方法是把积分区间$[a,b]$分成若干个小区间,在每个小区间上应用上述简单求积公式,将所得结果相加得到的求积公式称为复化求积公式。

把区间$[a,b]$分成n个等长的小区间,令$h=(b-a)/n$,在每个小区间上应用梯形求积公式,得

$$\begin{aligned}I[f]&=\int_{x_0}^{x_1}f(x)\mathrm{d}x+\int_{x_1}^{x_2}f(x)\mathrm{d}x+\cdots+\int_{x_{n-1}}^{x_n}f(x)\mathrm{d}x\\&\approx\frac{h}{2}[f(x_0)+f(x_1)]+\frac{h}{2}[f(x_1)+f(x_2)]+\cdots+\frac{h}{2}[f(x_{n-1})+f(x_n)]\\&=h\left[\frac{1}{2}f(x_0)+f(x_1)+f(x_2)+\cdots+f(x_{n-1})+\frac{1}{2}f(x_n)\right]\end{aligned}$$

将等式右边记为$T(h)$,则得到复化梯形求积公式:

$$I[f] \approx T(h) = h\left[\frac{1}{2}f(x_0) + \sum_{i=1}^{n-1}f(x_i) + \frac{1}{2}f(x_n)\right]$$

截断误差为

$$\begin{aligned} R[f] &= I[f] - T(h) \\ &= \sum_{i=1}^{n}\left\{\int_{x_{i-1}}^{x_i} f(x)\,\mathrm{d}x - \frac{h}{2}[f(x_{i-1}) + f(x_i)]\right\} \\ &= -\sum_{i=1}^{n}\frac{h^3}{12}f''(\eta_i) \quad (\eta_i \in [x_{i-1}, x_i]) \end{aligned}$$

利用连续函数的介值定理可证,当$f''(x)$连续时,存在$\eta \in [a,b]$,使得

$$\sum_{i=1}^{n} f''(\eta_i) = nf''(\eta)$$

注意到$nh=b-a$,则得

$$R[f] = -\frac{n}{12}h^3 f''(\eta) = -\frac{h^2}{12}(b-a)f''(\eta)$$

类似地,把区间$[a,b]$等分为$2n$个小区间,令

$$h = \frac{b-a}{2n}$$

在两个小区间连成的区间上应用辛普森求积公式,则得到复化辛普森求积公式:

$$I[f] \approx S(h) = \frac{h}{3}\left[f(a) + 4\sum_{i=1}^{n-1} f(x_{2i-1}) + 2\sum_{i=1}^{n-1} f(x_{2i}) + f(b)\right]$$

$$R[f] = I[f] - S(h) = -\frac{h^4}{180}(b-a)f^{(4)}(\eta)$$

3. 变步长积分法

实际的积分计算问题,很难由误差要求$|R[f]|<\varepsilon$,根据截断误差表达式确定步长h。不过,由这种表达式可知,只要公式中涉及的高阶导数有界,当$h\to 0$时,总有$|R[f]|\to 0$。这说明,只要h充分小,就可以满足误差要求。因此,为计算积分,通常采取逐步缩小步长的方法,即:先取一步长h进行计算,然后取较小步长h^*进行计算;如果两次计算结果相差较大,则取更小步长进行计算;如此继续下去,直到相邻两次计算结果相差不大,取最小步长算出的结果作为积分值。这种方法称为变步长积分法。

利用两种步长计算积分时,为减少计算函数$f(x)$的次数,通常取$h^*=h/2$。例如,应用复化梯形求积公式时,应注意:

$$T(h) = h\left(\frac{1}{2}S_0 + S_1\right)$$

$$S_0 = f(a) + f(b)$$

$$S_1 = f(x_1) + f(x_2) + \cdots + f(x_{n-1})$$

当$h^*=h/2$时,有

$$T\left(\frac{h}{2}\right) = \frac{h}{2}\left(\frac{1}{2}S_0 + S_1 + S_1^*\right) = \frac{1}{2}T(h) + \frac{h}{2}S_1^*$$

$$S_1^* = f(x_{\frac{1}{2}}) + f(x_{\frac{3}{2}}) + \cdots + f(x_{n-\frac{1}{2}})$$

这表明,算出 $T(h)$ 后,若要算 $T(h/2)$,只需计算新增节点 $x_{i+\frac{1}{2}}=a+\left(i-\frac{1}{2}\right)h(i=1\sim n)$ 处的函数值 $f(x_{i-\frac{1}{2}})$,将它们的和 S_1^* 乘以新步长 $\frac{h}{2}$,再加上 $T(h)$ 的一半即可。

对于复化辛普森求积公式,注意到

$$S(h)=\frac{h}{3}(S_0+4S_1+2S_2)$$

$$S_0=f(a)+f(b)$$

$$S_1=f(x_1)+f(x_3)+\cdots+f(x_{2n-1})$$

$$S_2=f(x_2)+f(x_4)+\cdots+f(x_{2n-2})$$

设步长为 $\frac{h}{2}$,有

$$S\left(\frac{h}{2}\right)=\frac{h}{6}(S_0+4S_1^*+2S_2^*)$$

$$S_1^*=f(x_{\frac{1}{2}})+f(x_{\frac{3}{2}})+\cdots+f(x_{2n-\frac{1}{2}})$$

$$S_2^*=S_1+S_2$$

说明算出 $S(h)$ 后,若要计算 $S\left(\frac{h}{2}\right)$,也只需要计算新增节点 $x_{i-\frac{1}{2}}=a+\left(i-\frac{1}{2}\right)h(i=1\sim 2n)$ 处的函数值。

利用两次计算结果可以估计截断误差。例如,应用复化梯形求积公式时,截断误差为

$$I[f]-T(h)=-\frac{1}{12}h^2f''(\eta)(b-a) \tag{1.2.21}$$

$$I[f]-T(h^*)=-\frac{1}{12}h^{*2}f''(\eta^*)(b-a) \tag{1.2.22}$$

假设 $f''(\eta)=f''(\eta^*)$,两式相减并除以 $h^{*2}-h^2$,得到

$$\frac{1}{12}f''(\eta^*)(b-a)\approx\frac{T(h^*)-T(h)}{h^{*2}-h^2} \tag{1.2.23}$$

将式(1.2.23)代入式(1.2.22),得到截断误差实用估计式:

$$I[f]-T(h^*)=-h^{*2}\frac{T(h^*)-T(h)}{h^{*2}-h^2}=\frac{T(h^*)-T(h)}{\left(\frac{h}{h^*}\right)^2-1}$$

当 $h^*=\frac{h}{2}$ 时,有

$$I[f]-T\left(\frac{h}{2}\right)\approx\frac{T\left(\frac{h}{2}\right)-T(h)}{3}$$

对于复化辛普森求积公式,同理可得截断误差实用估计式:

$$I[f]-S(h^*)\approx\frac{S(h^*)-S(h)}{\left(\frac{h}{h^*}\right)^4-1}$$

当 $h^*=\dfrac{h}{2}$ 时,有

$$I[f]-S\left(\frac{h}{2}\right)\approx\frac{S\left(\frac{h}{2}\right)-S(h)}{15}$$

4. 龙贝格积分法

在应用复化求积公式时,既然利用两种步长计算的结果能估计截断误差,那么自然可以期望将估计误差与结果相加得到改进的近似式。例如,将积分区间 $[a,b]$ 分成 $2n$ 个等长小区间时,$h=\dfrac{b-a}{2n}$,将梯形和 $T(h)$ 的估计误差 $\dfrac{1}{3}[T(h)-T(2h)]$ 加上,得到“改进梯形求积公式”:

$$I[f]\approx T(h)+\frac{1}{3}[T(h)-T(2h)]$$

上式右侧实际上是

$$\begin{aligned}\frac{1}{3}[4T(h)-T(2h)]&=\frac{4h}{3}\left[\frac{1}{2}f(a)+f(x_1)+f(x_2)+\cdots+f(x_{2n-1})+\frac{1}{2}f(b)\right]-\\&\quad\frac{2h}{3}\left[\frac{1}{2}f(a)+f(x_2)+\cdots+f(x_{2n-2})+\frac{1}{2}f(b)\right]\\&=\frac{h}{3}[f(a)+4f(x_1)+2f(x_2)+\cdots+2f(x_{2n-2})+4f(x_{2n-1})+f(b)]\end{aligned}$$

上式恰好是辛普森积分和式 $S(h)$。这一方面证明了

$$S(h)=T(h)+\frac{1}{3}[T(h)-T(2h)]$$

另一方面也证明了“改进梯形求积公式”就是复化辛普森求积公式,或者说复化辛普森求积公式等于复化梯形求积公式加上估计误差。

同理可证

$$C(h)=S(h)+\frac{S(h)-S(2h)}{4^2-1}$$

$$R(h)=C(h)+\frac{C(h)-C(2h)}{4^3-1}$$

$$\cdots\cdots$$

式中,$C(h)$ 为复化柯特斯求积公式;$R(h)$ 为复化龙贝格(Romberg)求积公式。

它们分别等于 $S(h)$、$C(h)$ 加上估计误差式。顺次利用这些公式计算积分的方法称为龙贝格积分法,其计算过程如下:

$$\begin{array}{lllllll}T(h_0)&&&&&&\\\Downarrow&&&&&&\\T(h_1)&\Rightarrow&S(h_1)&&&&\\T(h_2)&\Rightarrow&S(h_2)&\Rightarrow&C(h_2)&&\\T(h_3)&\Rightarrow&S(h_3)&\Rightarrow&C(h_3)&\Rightarrow&R(h_3)\end{array}$$

式中，$h_0=b-a$；$h_i=\dfrac{h_{i-1}}{2}(i=1,2,\cdots)$。

龙贝格积分法实质上是外推极限法。事实上，可证：

$$T(h)=I[f]+c_1h^2+c_2h^4+c_3h^6+\cdots$$

式中，c_1、c_2、c_3…为常数。

由此可见，$I[f]=T(0)=\lim\limits_{h\to 0}T(h)$。因而，如果算得 $T(h_0)$，$T(h_1)$，$T(h_2)$，…，则按外推极限计算公式 $T_0^i=T(h_i)$ 可以得出

$$I[f]\approx T_k^i=T_{k-1}^{i+1}+\frac{T_{k-1}^{i+1}-T_{k-1}^{i}}{\left(\dfrac{h_i}{h_{i+k}}\right)^2-1}$$

当 $h_i=\dfrac{h_{i-1}}{2}$ 时，上式变为

$$I[f]\approx T_k^i=T_{k-1}^{i+1}+\frac{T_{k-1}^{i+1}-T_{k-1}^{i}}{4^k-1}$$

1.3　Fourier 变换

1.3.1　Fourier 变换的概念

1. 一元函数的 Fourier 变换

傅里叶积分定理　若 $f(t)$ 在 $(-\infty,+\infty)$ 内满足下述条件：

(1) $f(t)$ 在任一有限区间内符合狄氏条件；

(2) $f(t)$ 在无限区间 $(-\infty,+\infty)$ 内绝对可积，即 $\int_{-\infty}^{+\infty}|f(t)|\mathrm{d}t$ 收敛，则有

$$f(t)=\frac{1}{2\pi}\int_{-\infty}^{+\infty}\left[\int_{-\infty}^{+\infty}f(\tau)\mathrm{e}^{-\mathrm{i}\omega\tau}\mathrm{d}\tau\right]\mathrm{e}^{\mathrm{i}\omega t}\mathrm{d}\omega \tag{1.3.1}$$

成立，在间断点 t 处，上式左端应改为 $\dfrac{f(t+0)+f(t-0)}{2}$。

若函数 $f(t)$ 满足傅里叶积分定理的条件，则有

$$f(t)=\frac{1}{2\pi}\int_{-\infty}^{+\infty}\left[\int_{-\infty}^{+\infty}f(\tau)\mathrm{e}^{-\mathrm{i}\omega\tau}\mathrm{d}\tau\right]\mathrm{e}^{\mathrm{i}\omega t}\mathrm{d}\omega$$

若设

$$F(\omega)=\int_{-\infty}^{+\infty}f(t)\mathrm{e}^{-\mathrm{i}\omega t}\mathrm{d}t \tag{1.3.2}$$

则有

$$f(t)=\frac{1}{2\pi}\int_{-\infty}^{+\infty}F(\omega)\mathrm{e}^{\mathrm{i}\omega t}\mathrm{d}\omega \tag{1.3.3}$$

可见，通过式(1.3.2)和式(1.3.3)，函数 $f(t)$ 与 $F(\omega)$ 可相互表示。

称式(1.3.2)为$f(t)$的 Fourier 变换式,记为

$$F(\omega)=F[f(t)]$$

称 $F(\omega)$为$f(t)$的 Fourier 变换或$f(t)$的像函数。

称式(1.3.3)为 $F(\omega)$的傅氏逆变换式,记为

$$f(t)=F^{-1}[F(\omega)]$$

称 $F^{-1}[F(\omega)]$为 Fourier 逆变换或 $F(\omega)$的像原函数。

设$f(t)$满足傅里叶积分定理的条件,称

$$F_S(\omega)=\int_0^{+\infty} f(t)\sin \omega t\mathrm{d}t \tag{1.3.4}$$

为$f(t)$的 Fourier 正弦变换,记为 $F_S[f(t)]$。又称

$$f(t)=\frac{2}{\pi}\int_0^{+\infty} F_S(\omega)\sin \omega t\mathrm{d}\omega \tag{1.3.5}$$

为 $F_S(\omega)$的 Fourier 正弦逆变换,记为 $F_S^{-1}[F_S(\omega)]$。

称

$$F_C(\omega)=\int_0^{+\infty} f(t)\cos \omega t\mathrm{d}t \tag{1.3.6}$$

为$f(t)$的 Fourier 余弦变换,记为 $F_C[f(t)]$。又称

$$f(t)=\frac{2}{\pi}\int_0^{+\infty} F_S(\omega)\cos \omega t\mathrm{d}\omega \tag{1.3.7}$$

为 $F_C(\omega)$的 Fourier 余弦逆变换,记为 $F_C^{-1}[F_C(\omega)]$。

2. 二元函数的 Fourier 变换

设一个二元函数$f(t_1,t_2)$,满足傅里叶积分定理中的狄氏条件和绝对可积的要求。若将 t_2 固定,$f(t_1,t_2)$看作 t_1 的函数,进行 Fourier 变换,有

$$F(\alpha,t_2)=\int_{-\infty}^{+\infty} f(t_1,t_2)\mathrm{e}^{\mathrm{i}\alpha t_1}\mathrm{d}t_1 \tag{1.3.8}$$

而将 $F(\alpha,t_2)$看作 t_2 的函数,则又有

$$F(\alpha,\beta)=\int_{-\infty}^{+\infty} F(\alpha,t_2)\mathrm{e}^{\mathrm{i}\beta t_2}\mathrm{d}t_2 \tag{1.3.9}$$

将式(1.3.8)代入式(1.3.9),可得二元函数$f(t_1,t_2)$的 Fourier 变换式,如下:

$$F(\alpha,\beta)=\int_{-\infty}^{+\infty}\int_{-\infty}^{+\infty} f(t_1,t_2)\mathrm{e}^{\mathrm{i}(\alpha t_1+\beta t_2)}\mathrm{d}t_1\mathrm{d}t_2 \tag{1.3.10}$$

若对式(1.3.8)进行 Fourier 逆变换,可得

$$f(t_1,t_2)=\frac{1}{2\pi}\int_{-\infty}^{+\infty} F(\alpha,t_2)\mathrm{e}^{-\mathrm{i}\alpha t_1}\mathrm{d}\alpha \tag{1.3.11}$$

同理,可得

$$F(\alpha,t_2)=\frac{1}{2\pi}\int_{-\infty}^{+\infty} F(\alpha,\beta)\mathrm{e}^{-\mathrm{i}\beta t_2}\mathrm{d}\beta \tag{1.3.12}$$

将式(1.3.12)代入式(1.3.11),可得二元函数的 Fourier 逆变换式,如下:

$$f(t_1,t_2)=\left(\frac{1}{2\pi}\right)^2\int_{-\infty}^{+\infty}\int_{-\infty}^{+\infty} F(\alpha,\beta)\mathrm{e}^{-\mathrm{i}(\alpha t_1+\beta t_2)}\mathrm{d}\alpha\mathrm{d}\beta \tag{1.3.13}$$

1.3.2 Fourier 变换的性质

性质 1 线性性质

设 $F_1(\omega)=F[f_1(t)]$, $F_2(\omega)=F[f_2(t)]$, a、b 是常数,则有

$$F[af_1(t)+bf_2(t)]=aF[f_1(t)]+bF[f_2(t)]$$

$$F^{-1}[aF_1(\omega)+bF_2(\omega)]=aF^{-1}[F_1(\omega)]+bF^{-1}[F_2(\omega)]$$

性质 2 位移性质

设 $F(\omega)=F[f(t)]$,则有

$$F[f(t\pm t_0)]=\mathrm{e}^{\pm \mathrm{i}\omega t_0}F[f(t)]$$

性质 3 微分性质

当 $|t|\to+\infty$ 时,$f(t)\to 0$,则有

$$F[f'(t)]=\mathrm{i}\omega F[f(t)]$$

若 $\lim\limits_{|t|\to+\infty} f^{(k)}(t)=0(k=0,1,2,\cdots,n-1)$,则有

$$F[f^{(n)}(t)]=(\mathrm{i}\omega)^n F[f(t)]$$

类似地,可证得 Fourier 逆变换也有

$$\frac{\mathrm{d}^n}{\mathrm{d}\omega^n}F(\omega)=(-\mathrm{i})^n F[t^n f(t)]$$

性质 4 积分性质

当 $t\to+\infty$ 时, $\int_{-\infty}^{t} f(t)\,\mathrm{d}t\to 0$, 则有

$$F\left[\int_{-\infty}^{t} f(t)\,\mathrm{d}t\right]=\frac{1}{\mathrm{i}\omega}F[f(t)]$$

1.3.3 卷积

称

$$\int_{-\infty}^{+\infty} f_1(\tau)f_2(t-\tau)\,\mathrm{d}\tau$$

为已知函数 $f_1(t)$ 与 $f_2(t)$ 的卷积,记为 $f_1(t)*f_2(t)$,即

$$f_1(t)*f_2(t)=\int_{-\infty}^{+\infty} f_1(\tau)f_2(t-\tau)\,\mathrm{d}\tau \tag{1.3.14}$$

卷积具有如下性质:

(1)交换律

$$f_1(t)*f_2(t)=f_2(t)*f_1(t)$$

(2)分配律

$$f_1(t)*[f_2(t)+f_3(t)]=f_1(t)*f_2(t)+f_1(t)*f_3(t)$$

(3)结合律

$$f_1(t)*[f_2(t)*f_3(t)]=[f_1(t)*f_2(t)]*f_3(t)$$

卷积定理 假定 $F[f_1(t)]=F_1(\omega)$, $F[f_2(t)]=F_2(\omega)$,则有

$$F[f_1(t)*f_2(t)]=F_1(\omega)\cdot F_2(\omega) \tag{1.3.15}$$

或

$$F^{-1}[F_1(\omega)\cdot F_2(\omega)]=f_1(t)*f_2(t) \tag{1.3.16}$$

设$f_1(t_1,t_2)$、$f_2(t_1,t_2)$都满足狄氏条件和绝对可积的要求,并且有$F[f_1(t_1,t_2)]=F_1(\alpha,\beta)$,$F[f_2(t_1,t_2)]=F_2(\alpha,\beta)$,则可得

$$F[f_1(t_1,t_2)*f_2(t_1,t_2)]=F_1(\alpha,\beta)\cdot F_2(\alpha,\beta) \tag{1.3.17}$$

$$F^{-1}[F_1(\alpha,\beta)\cdot F_2(\alpha,\beta)]=f_1(t_1,t_2)*f_2(t_1,t_2) \tag{1.3.18}$$

第 2 章　粘弹性理论

在连续体力学中,人们最早熟悉的两类简单物质或材料是弹性固体和粘性流体。弹性固体具有确定的体积和构形,受静载作用时应力状态和形变与时间无关,外力卸除后完全恢复原状。描述固体弹性行为可以使用胡克定律。从能量观点来看,在弹性体变形过程中,外力所做的功全部以弹性势能方式存储,而且能在外力卸除过程中完全被释放出来。粘性流体没有确定的构形,其形状取决于容器的形状,在外力作用下随时间连续地变形,产生不可逆的流动。变形运动时,相邻流体层产生内摩擦作用,描述粘性流体的流动行为可以使用牛顿定律。

实际上,一些材料在外力作用下会同时产生两种变形,即弹性变形和粘性流动。在道路工程中,沥青及沥青混合料具有胡克弹性和牛顿粘性的特点,在一定条件下往往同时具有弹性固体和粘性流体的特性,综合呈现弹性和粘性两种不同机理的变形。物质的这种性质称为粘弹性。

粘弹性体可以分为线性粘弹性体和非线性粘弹性体两大类。如果以线性粘弹性胡克定律和理想粘性牛顿流体为两端来构成材料谱系,则介于两者之间的均属于线性粘弹性体。如果粘弹性物质呈现非线性弹性或非牛顿流体变形,或组合地呈现非线性弹性和非牛顿流体的特征,则这种材料称为非线性粘弹性体。

材料的粘弹性与温度、负载时间、加载速度、应变幅值和其他环境因素密切相关,其中时间和温度是负载主要的因素。

2.1　粘弹性模型理论

在单向应力作用下,粘弹性材料的力学模型可以用由弹性元件和粘性元件组合构成的模型来描述。

2.1.1　基本元件

粘弹性模型可由离散的弹性元件与粘性元件组成,即弹簧和阻尼器,以不同方式组合来体现材料的粘弹性。

1. 弹性元件

弹性元件使用弹簧表示,如图 2.1.1 所示,服从胡克定律,即

$$\sigma = E\varepsilon \tag{2.1.1}$$

或

$$\tau = G\gamma \tag{2.1.2}$$

式中　σ——正应力；

τ——剪应力；

ε——正应变；

γ——剪应变；

E——拉压弹性模量，常数；

G——剪切弹性模量，常数。

弹性元件的应力、应变比例关系不随时间发生变化，呈现瞬间的弹性变形和瞬间的回复。

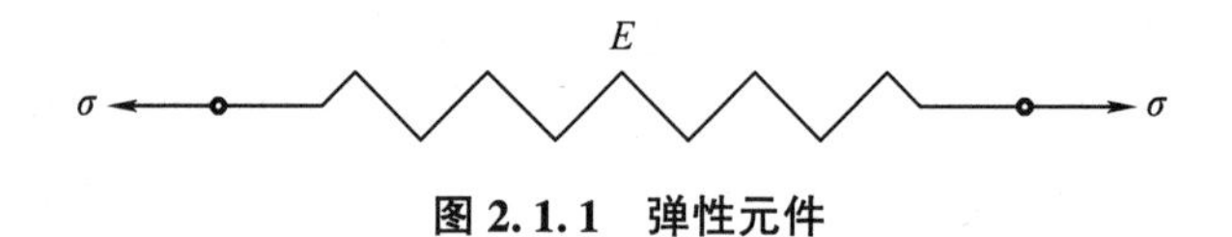

图 2.1.1　弹性元件

2. 粘性元件

粘性元件又称为阻尼器或粘壶，如图 2.1.2 所示，服从牛顿粘性定律，即

$$\tau=\eta_1\dot{\gamma} \tag{2.1.3}$$

或

$$\sigma=\eta\dot{\varepsilon} \tag{2.1.4}$$

式中　η、η_1——粘性系数；

$\dot{\varepsilon}$——应变率，$\dot{\varepsilon}=\dfrac{\mathrm{d}\varepsilon}{\mathrm{d}t}$。

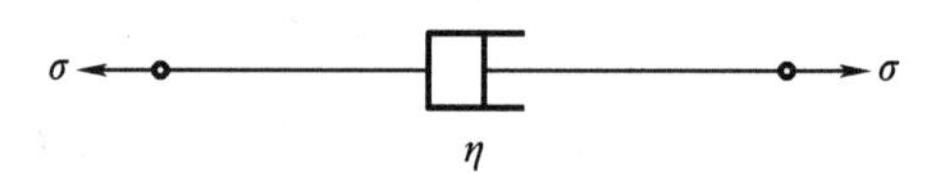

图 2.1.2　粘性元件

2.1.2　粘弹性模型

弹性和粘性两个基本元件可组成不同的模型，表现不同的粘弹性，下面介绍几种简单的粘弹性模型。

1. Kelvin(开尔文)模型

Kelvin 模型是由弹簧和阻尼器并联组成的粘弹性模型，也称为 Kelvin-Viogt 模型，如图 2.1.3 所示。

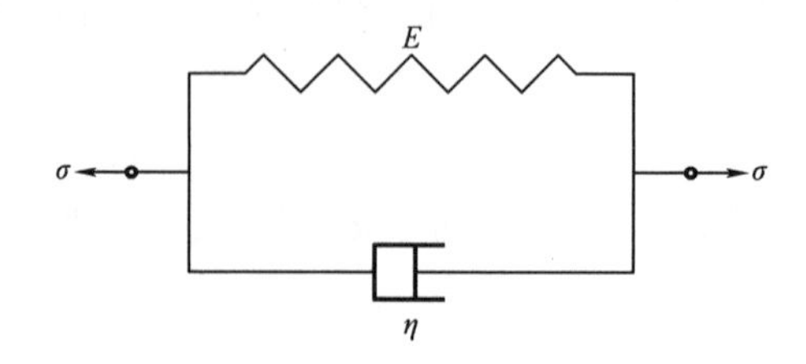

图 2.1.3　Kelvin 模型

弹簧和阻尼器的应变都等于模型的总应变,而模型的总应力等于两个元件的应力之和,Kelvin 模型的本构关系为

$$\sigma = E\varepsilon + \eta\dot{\varepsilon} \tag{2.1.5}$$

或

$$\sigma = q_0\varepsilon + q_1\dot{\varepsilon} \tag{2.1.6}$$

式中,$q_0 = E$;$q_1 = \eta$。

对以上两式进行 Laplace 变换,根据微分型粘弹性本构关系可得

$$\overline{P}'(s) = p_0 = 1$$

$$\overline{Q}'(s) = q_0 + q_1 s = E + \eta s$$

则 Laplace 空间中的材料参数为

$$\overline{G}(s) = \frac{1}{2}\frac{\overline{Q}'(s)}{\overline{P}'(s)} = \frac{1}{2}(E + \eta s)$$

(1)蠕变

蠕变是指固体材料在保持应力不变的条件下,应变随时间延长而增加的现象。蠕变与塑性变形不同,塑性变形是指固体材料受荷载超过弹性变形范围之后发生的永久变形,即卸除荷载后不可回复的变形,或称残余变形;而只要应力的作用时间相当长,即使在应力小于弹性极限应力时也能出现蠕变。许多材料(如沥青混凝土、金属、塑料、岩石和冰)在一定条件下都表现出蠕变的性质。由于蠕变的存在,材料在某瞬时的应力状态一般不仅与该瞬时的变形有关,而且与该瞬时以前的变形过程有关。

在恒定应力 σ_0 的作用下,求解微分方程(2.1.5),可得

$$\varepsilon(t) = C\mathrm{e}^{-\frac{t}{\tau_d}} + \frac{\sigma_0}{E}$$

式中,$\tau_d = \dfrac{\eta}{E}$。

蠕变的初始条件为 $t=0$,$\varepsilon(0)=0$,代入上式,可得常数 $C = -\dfrac{\sigma_0}{E}$。于是,Kelvin 模型的应变表达式为

$$\varepsilon(t) = \frac{\sigma_0}{E}\left(1 - \mathrm{e}^{-\frac{t}{\tau_d}}\right)$$

可见,应变 ε 随时间增长而逐渐增大,当 $t \to \infty$ 时,$\varepsilon \to \dfrac{\sigma_0}{E}$,像一种弹性固体。因此,有时将 Kelvin 模型所代表的材料称为 Kelvin 固体,称 $\tau_d = \dfrac{\eta}{E}$ 为 Kelvin 模型的延滞时间或延迟时间。

(2)回复

上面给出了在应力 σ_0 作用下的任一时刻 t 时 Kelvin 模型的应变值。当 $t=t_1$ 时,应变为

$$\varepsilon(t_1) = \frac{\sigma_0}{E}\left(1 - \mathrm{e}^{-\frac{t_1}{\tau_d}}\right)$$

若在 $t=t_1$ 时刻卸除 σ_0,则应变 $\varepsilon(t_1)$ 开始回复。当 $t\geqslant t_1$ 时,应力等于0,即

$$E\varepsilon+\eta\dot{\varepsilon}=0$$

上式的解为

$$\varepsilon(t)=C_1\mathrm{e}^{-\frac{t}{\tau_\mathrm{d}}}\quad(t\geqslant t_1)\tag{2.1.7}$$

考虑到回复的初始条件,利用 $t=t_1$ 时的应变连续条件,有

$$C_1\mathrm{e}^{-\frac{t_1}{\tau_\mathrm{d}}}=\frac{\sigma_0}{E}\left(1-\mathrm{e}^{-\frac{t_1}{\tau_\mathrm{d}}}\right)$$

求得 C_1,代入式(2.1.7)可得

$$\varepsilon(t)=\frac{\sigma_0}{E}\left(\mathrm{e}^{\frac{t_1}{\tau_\mathrm{d}}}-1\right)\mathrm{e}^{-\frac{t}{\tau_\mathrm{d}}}$$

或

$$\varepsilon(t)=\frac{\sigma_0}{E}\left(1-\mathrm{e}^{-\frac{t_1}{\tau_\mathrm{d}}}\right)\mathrm{e}^{-\frac{t-t_1}{\tau_\mathrm{d}}}$$

上式描述了 $t=t_1$ 时刻卸除 σ_0 后 $t\geqslant t_1$ 的回复过程。当 $t\to\infty$ 时,$\varepsilon\to0$,表现出弹性固体的特征,只不过在这里是一种滞弹性回复。

(3)应力松弛

应力松弛是指固体材料总变形保持不变,而应力随时间缓慢降低的现象。在恒定应变 $\varepsilon_0H(t)$ 的作用下,当 $t>0$ 时,有 $\dot{\varepsilon}=0$,因此阻尼器不承受应力,全部应力由弹簧承受,本构关系可描述为

$$\sigma=E\varepsilon_0$$

另一方面,当 $\varepsilon(t)=\varepsilon_0H(t)$ 时,$\dot{\varepsilon}(t)=\varepsilon_0\delta(t)$,则 Kelvin 模型的本构关系为

$$\sigma=E\varepsilon_0H(t)+\eta\varepsilon_0\delta(t)$$

或

$$\sigma=q_0\varepsilon_0H(t)+q_1\varepsilon_0\delta(t)$$

上述两式中右侧的第一项表示弹簧所受的应力,第二项表示 $t=0$ 时有无限大的应力脉冲。因而 $t=0$ 时突加应变 ε_0,对于 Kelvin 模型没有意义。

2. Maxwell 模型

Maxwell 模型是由弹簧和阻尼器串联而成的粘弹性模型,如图 2.1.4 所示。Maxwell 模型能够呈现应力松弛现象,故又称为松弛模型。

图 2.1.4　Maxwell 模型

在应力 σ 的作用下,Maxwell 模型的本构关系可根据截面应力相等的原则建立。若弹簧的应变为 ε_1,阻尼器的应变为 ε_2,Maxwell 模型的总应变 ε 等于弹簧和阻尼器的应变之和:

$$\varepsilon=\varepsilon_1+\varepsilon_2$$

对上式关于 t 求导数，可得

$$\dot{\varepsilon}=\dot{\varepsilon}_1+\dot{\varepsilon}_2$$

利用基本元件的本构关系，可写作

$$\dot{\varepsilon}=\frac{\dot{\sigma}}{E}+\frac{\sigma}{\eta}$$

或

$$\sigma+p_1\dot{\sigma}=q_1\dot{\varepsilon}$$

式中，$p_1=\frac{\eta}{E}$；$q_1=\eta$。

(1)蠕变

在阶跃应力 σ_0 的作用下，Maxwell 模型的总应变为弹簧应变与阻尼器应变之和，即

$$\varepsilon(t)=\frac{\sigma_0}{E}+\frac{\sigma_0}{\eta}t$$

通过上式可得，Maxwell 模型在阶跃应力 σ_0 的作用下，产生瞬时弹性应变$\frac{\sigma_0}{E}$后，应变随时间线性增加$\frac{\sigma_0}{\eta}t$。在一定应力作用下，材料可以产生不断增大的变形，这是流体的特征。因此，常把具有 Maxwell 模型特征的材料称为 Maxwell 流体。

(2)回复

若在 $t=t_1$ 时刻卸载，其变形规律可在物体上叠加大小相等、方向相反的应力$-\sigma_0$，并以 $t-t_1$ 代替 t，可得在应力$-\sigma_0$ 的作用下，Maxwell 模型的总应变：

$$-\frac{\sigma_0}{E}-\frac{\sigma_0}{\eta}(t-t_1)$$

上式与应力 σ_0 作用下的应变相叠加，可得

$$\varepsilon=\frac{\sigma_0}{\eta}t_1$$

或

$$\varepsilon=\frac{\sigma_0}{q_1}t_1$$

由此可见，Maxwell 模型在卸载后，瞬时弹性应变$\frac{\sigma_0}{E}$立即回复，而蠕变$\frac{\sigma_0}{\eta}t_1$ 不能回复，成为永久变形。

(3)应力松弛

在应变 $\varepsilon(t)=\varepsilon_0H(t)$ 的作用下，当 $t>0$ 时，应变的变化率 $\dot{\varepsilon}=0$，因此 Maxwell 模型的本构关系可简化为

$$0=\frac{\dot{\sigma}}{E}+\frac{\sigma}{\eta}$$

求解可得

$$\sigma=Ce^{-\frac{t}{p_1}}$$

式中,$p_1=\dfrac{\eta}{E}$。

代入初始条件 $t=0,\sigma(0^+)=E\varepsilon_0$,可求出 $C=E\varepsilon_0$,代入可得

$$\sigma=E\varepsilon_0 e^{-\frac{t}{p_1}}$$

该式描述 Maxwell 模型的应力松弛过程:突加应变 ε_0 便产生瞬时应力响应值 $E\varepsilon_0$;在恒定应变 ε_0 的作用下,应力 σ 不断减小,随着 $t\to\infty$,σ 逐渐衰减到 0。

这一松弛过程的应力变化率为

$$\dot{\sigma}=-\frac{\sigma(0)}{p_1}e^{-\frac{t}{p_1}}$$

根据上式,应力 σ 在 $t=0^+$时的变化率(绝对值)最大,即 $\dot{\sigma}(0)=-\dfrac{\sigma(0)}{p_1}$。若应力 σ 按照这一比例随时间呈线性变化,则可表示为一条直线:

$$\sigma(t)=\sigma(0)-\frac{\sigma(0)}{p_1}t$$

当 $t=p_1$ 时,应力 $\sigma=0$。将这一特征时间记为 $\tau_{\mathrm{d}}=p_1=\dfrac{\eta}{E}$,称为 Maxwell 模型的松弛时间。松弛时间由材料性质决定:粘性系数 η 越小,松弛时间 τ_{d} 越短;粘性系数 η 越大,松弛时间 τ_{d} 越长。对于弹性体,$\eta\to\infty$,则不呈现应力松弛现象。

根据微分型粘弹性本构关系可得

$$\overline{P}'(s)=p_0+p_1 s=1+\frac{\eta}{E}s$$

$$\overline{Q}'(s)=q_1 s=\eta s$$

则 Laplace 空间中的材料参数为

$$\overline{G}(s)=\frac{1}{2}\frac{\overline{Q}'(s)}{\overline{P}'(s)}=\frac{1}{2}\frac{\eta s}{1+\dfrac{\eta}{E}s}$$

Kelvin 模型和 Maxwell 模型反映的蠕变过程或应力松弛都是只有一个含有时间的指数函数,不便于表述聚合物等更加复杂的流变过程。因此,为了更好地描述实际材料的粘弹性行为,常采用更多元件组成的其他模型。

3. 三参量固体模型

三参量固体模型又称为标准线性模型,可由一个 Kelvin 模型和一个弹簧串联而成,如图 2.1.5 所示;也可由一个弹簧和一个 Maxwell 模型并联而成。

以第一个模型为例,模型的应力 σ 和应变 ε 可用元件参量表示为

$$\varepsilon=\varepsilon_1+\varepsilon_2 \tag{2.1.8}$$

$$\sigma=E_1\varepsilon_1+\eta_1\dot{\varepsilon}_1 \tag{2.1.9}$$

$$\sigma=E_2\varepsilon_2 \tag{2.1.10}$$

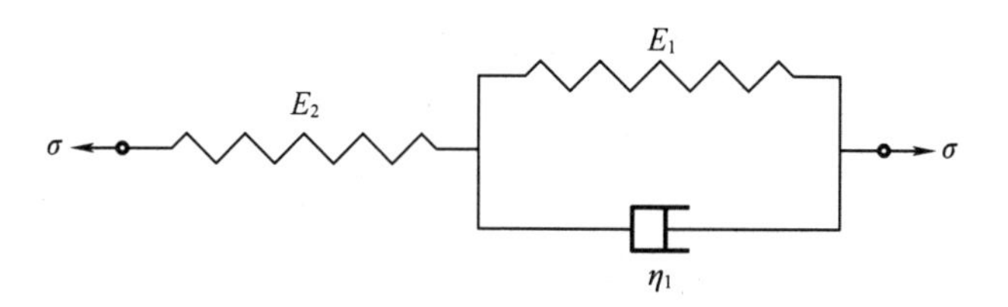

图 2.1.5　三参量模型

下面使用积分变换法推导三参量固体模型的本构关系。采用 Laplace 变换对时间 t 进行积分变换,用 s 表示变换参数,用“-”表示 Laplace 变换,则函数 $f(t)$ 的 Laplace 变换的定义为

$$\bar{f}(s)=\int_0^{+\infty} f(t)\mathrm{e}^{-st}\mathrm{d}t$$

根据 Laplace 变换的性质,可知导函数的 Laplace 变换为

$$\bar{f}'(s)=s\bar{f}(s)-f(0)$$

假设材料的初始状态处于自然状态,即应力、应变及其导数在 $t<0$ 时均为 0,即 $\varepsilon(0)\equiv\varepsilon(0^-)=0$ 和 $\dot{\varepsilon}(0^-)=0$,则有

$$\bar{\dot{\varepsilon}}(s)=s\bar{\varepsilon}(s)-\varepsilon(0)=s\bar{\varepsilon}(s)$$

对式(2.1.8)~式(2.1.10)进行关于时间 t 的 Laplace 变换,可得

$$\bar{\varepsilon}=\bar{\varepsilon}_1+\bar{\varepsilon}_2$$

$$\bar{\sigma}=(E_1+\eta_1 s)\bar{\varepsilon}_1$$

$$\bar{\sigma}=E_2\bar{\varepsilon}_2$$

将后面两式整理得到的 $\bar{\varepsilon}_1$ 和 $\bar{\varepsilon}_2$,代入上面第一式,可得

$$E_1E_2\bar{\varepsilon}+E_2\eta_1 s\bar{\varepsilon}=(E_1+E_2)\bar{\sigma}+\eta_1 s\bar{\sigma}$$

对上式进行 Laplace 逆变换,可得

$$E_1E_2\varepsilon+E_2\eta_1\dot{\varepsilon}=(E_1+E_2)\sigma+\eta_1\dot{\sigma}$$

写成一般形式:

$$\sigma+p_1\dot{\sigma}=q_0\varepsilon+q_1\dot{\varepsilon}$$

该式为三参量固体模型的本构关系,$q_1>p_1q_0$。式中模型的参数为

$$p_1=\frac{\eta_1}{E_1+E_2}$$

$$q_0=\frac{E_1E_2}{E_1+E_2}$$

$$q_1=\frac{E_2\eta_1}{E_1+E_2}$$

(1)蠕变

在应力 $\sigma(t)=\sigma_0H(t)$ 的作用下,进行 Laplace 变换可得

$$\overline{\sigma}(s)=\frac{\sigma_0}{s}$$

$$\overline{\dot{\sigma}}(s)=s\overline{\sigma}(s)=\sigma_0$$

对本构关系进行 Laplace 变换,可得

$$\overline{\sigma}(s)+p_1 s\overline{\sigma}(s)=q_0\overline{\varepsilon}(s)+q_1 s\overline{\varepsilon}(s)$$

将已知条件代入,可得

$$\frac{\sigma_0}{s}+p_1\sigma_0=q_0\overline{\varepsilon}(s)+q_1 s\overline{\varepsilon}(s)$$

整理可得

$$\overline{\varepsilon}(s)=\frac{\sigma_0}{s}\frac{1+p_1 s}{q_0+q_1 s}=\frac{\sigma_0}{q_1}\left[\frac{1}{s\left(s+\dfrac{q_0}{q_1}\right)}+\frac{p_1}{s+\dfrac{q_0}{q_1}}\right]$$

进行 Laplace 逆变换,可得

$$\varepsilon(t)=\frac{\sigma_0}{q_1}\left[\tau_1\left(1-\mathrm{e}^{-\frac{t}{\tau_1}}\right)+p_1\mathrm{e}^{-\frac{t}{\tau_1}}\right]=\sigma_0\left[\frac{p_1}{q_1}\mathrm{e}^{-\frac{t}{\tau_1}}+\frac{1}{q_0}\left(1-\mathrm{e}^{-\frac{t}{\tau_1}}\right)\right]$$

或

$$\varepsilon(t)=\frac{\sigma_0}{E_2}+\frac{\sigma_0}{E_1}\left(1-\mathrm{e}^{-\frac{t}{\tau_1}}\right)$$

式中,τ_1 称为延迟时间,$\tau_1=\dfrac{q_1}{q_0}=\dfrac{\eta_1}{E_1}$。

通过上式可见,三参量固体模型有瞬时弹性和稳态的渐近值,即

$$\varepsilon(0^+)=\frac{\sigma_0}{E_2}$$

$$\varepsilon(\infty)=\frac{\sigma_0}{E_2}+\frac{\sigma_0}{E_1}=\frac{E_1E_2}{E_1+E_2}\sigma_0=\frac{\sigma_0}{E_\infty}$$

式中,$E_\infty=\dfrac{E_1+E_2}{E_1E_2}$。这种无限长时间下的有限变形称为渐近弹性。

(2)回复

在 $t=t_1$ 时刻卸载,采用叠加原理。叠加原理适用于任何线性系统,在数学物理中经常出现这样的现象:不同原因的综合所产生的效果,等于这些不同原因单独产生效果的叠加。因此,施加一个应力$-\sigma_0H(t-t_1)$,所产生的应变响应为

$$\varepsilon'(t)=-\frac{\sigma_0}{E_2}-\frac{\sigma_0}{E_1}\left(1-\mathrm{e}^{-\frac{t-t_1}{\tau_1}}\right)$$

采用叠加原理,对应力 $\sigma_0H(t)$ 和$-\sigma_0H(t-t_1)$作用下的应变进行相加可得

$$\varepsilon^r(t)=\varepsilon(t)+\varepsilon'(t)=\frac{\sigma_0}{E_1}\left(\mathrm{e}^{-\frac{t-t_1}{\tau_1}}-\mathrm{e}^{-\frac{t}{\tau_1}}\right)$$

将关系式

$$\frac{1}{E_1}=\frac{1}{q_0}-\frac{p_1}{q_1}$$

$$\tau_1=\frac{q_1}{q_0}=\frac{\eta_1}{E_1}$$

代入可得

$$\varepsilon^r(t)=\left(\frac{1}{q_0}-\frac{p_1}{q_1}\right)\sigma_0\left(1-e^{-\frac{q_0}{q_1}t}\right)e^{-\frac{q_0}{q_1}(t-t_1)}$$

值得注意的是,上式与描述 Kelvin 模型回复过程的本构关系相同,这是因为弹簧 2 的瞬时应变$\dfrac{\sigma_0}{E_2}$消失后,三参量固体模型已等效于 Kelvin 模型。

(3)应力松弛

在恒定应变 $\varepsilon(t)=\varepsilon_0 H(t)$ 的作用下,当 $t>0$ 时,有 $\dot{\varepsilon}(t)=0$,代入三参量固体模型的本构关系,可得

$$\sigma+p_1\dot{\sigma}=q_0\varepsilon_0$$

对上式施加 Laplace 变换,并根据初始条件 $\sigma(0)=E_2\varepsilon_0$,则可得

$$\overline{\sigma}(s)+p_1[s\overline{\sigma}(s)-E_2\varepsilon_0]=\frac{q_0\varepsilon_0}{s}$$

对上式进行整理,可得

$$\overline{\sigma}(s)=\frac{q_0\varepsilon_0}{p_1 s\left(s+\frac{1}{p_1}\right)}+\frac{E_2\varepsilon_0}{s+\frac{1}{p_1}}$$

对上式进行 Laplace 逆变换,并利用 Laplace 逆变换的性质,可得

$$L^{-1}\left[\frac{1}{p_1 s\left(s+\frac{1}{p_1}\right)}\right]=p_1\left(1-e^{-\frac{t}{p_1}}\right)$$

$$L^{-1}\left(\frac{1}{s+\frac{1}{p_1}}\right)=e^{-\frac{t}{p_1}}$$

则有

$$\sigma(t)=q_0\varepsilon_0\left(1-e^{-\frac{t}{p_1}}\right)+E_2\varepsilon_0 e^{-\frac{t}{p_1}}$$

利用关系

$$q_0=E_\infty=\frac{E_1E_2}{E_1+E_2}$$

$$\frac{1}{p_1}=\frac{E_1+E_2}{\eta_1}$$

代入可得

$$\sigma(t)=E_\infty\varepsilon_0+(E_2-E_\infty)\varepsilon_0 e^{-\frac{E_1+E_2}{\eta_1}t}$$

若将关系式 $E_2=\dfrac{q_1}{p_1}$ 代入,则有

$$\sigma(t)=q_0\varepsilon_0+\left(\frac{q_1}{p_1}-q_0\right)\varepsilon_0 e^{-\frac{t}{p_1}}$$

当 $t=0$ 时,有

$$\sigma(0)=E_2\varepsilon_0$$

表示弹簧 2 承受的瞬间应力。

当 $t\to\infty$ 时,有

$$\sigma(\infty)=E_\infty\varepsilon_0$$

可以看出,在恒定应变 $\varepsilon_0 H(t)$ 的作用下,模型中的应力逐渐减小,应力松弛到 $\sigma(\infty)=E_\infty\varepsilon_0$,形成稳态应力,呈现固体的特性。

4. Burgers 模型

Burgers 模型是由一个 Maxwell 模型和一个 Kelvin 模型串联而成的四元件模型,如图 2.1.6 所示。

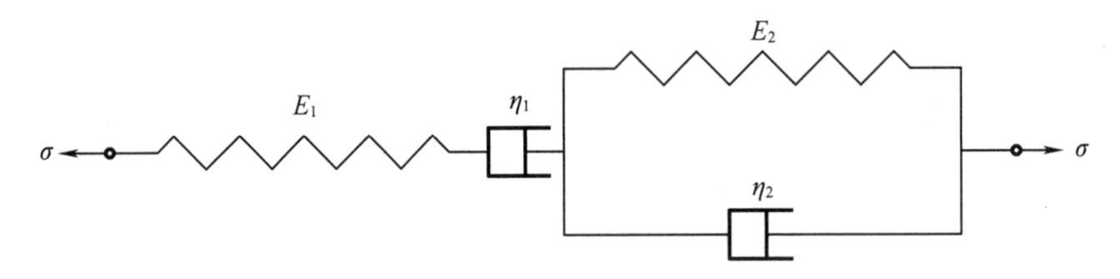

图 2.1.6 Burgers 模型

在应力 σ 的作用下,Maxwell 模型和 Kelvin 模型应力相等,其应变分别为 ε_1、ε_2,总应变 ε 等于两者之和,即

$$\varepsilon=\varepsilon_1+\varepsilon_2$$

根据 Maxwell 模型和 Kelvin 模型的本构关系,可得

$$\dot{\varepsilon}_1=\frac{1}{\eta_1}\sigma+\frac{1}{E_1}\dot{\sigma} \tag{2.1.11}$$

$$\dot{\varepsilon}_2+\frac{E_2}{\eta_2}\varepsilon_2=\frac{1}{\eta_2}\sigma \tag{2.1.12}$$

采用微分算子法建立 Burgers 模型的本构关系,设微分算子 $D=\dfrac{d}{dt}$,代入式(2.1.11)和式(2.1.12),可得

$$D\varepsilon_1=\left(\frac{1}{\eta_1}+\frac{1}{E_1}D\right)\sigma$$

$$D\varepsilon_2+\frac{E_2}{\eta_2}\varepsilon_2=\frac{1}{\eta_2}\sigma$$

整理可得

$$\varepsilon_1=\left(\frac{1}{\eta_1 D}+\frac{1}{E_1}\right)\sigma$$

$$\varepsilon_2=\frac{1}{\eta_2 D+E_2}\sigma$$

两式相加,可得

$$\varepsilon=\left(\frac{1}{\eta_1 D}+\frac{1}{E_1}+\frac{1}{E_2+\eta_2 D}\right)\sigma$$

进行整理,可得

$$[E_1E_2+(\eta_1E_1+\eta_1E_2+\eta_2E_1)D+\eta_1\eta_2D^2]\sigma=(\eta_1E_1E_2D+\eta_1\eta_2E_1D^2)\varepsilon$$

将微分算子 $D=\frac{\mathrm{d}}{\mathrm{d}t}$代入,可得

$$E_1E_2\sigma+(\eta_1E_1+\eta_1E_2+\eta_2E_1)\dot{\sigma}+\eta_1\eta_2\ddot{\sigma}=\eta_1E_1E_2\dot{\varepsilon}+\eta_1\eta_2E_1\ddot{\varepsilon}$$

将应力 σ 系数整理为 1,可得

$$\sigma+\left(\frac{\eta_1}{E_1}+\frac{\eta_1+\eta_2}{E_2}\right)\dot{\sigma}+\frac{\eta_1\eta_2}{E_1E_2}\ddot{\sigma}=\eta_1\dot{\varepsilon}+\frac{\eta_1\eta_2}{E_2}\ddot{\varepsilon}$$

因此,Burgers 模型的本构关系可表示为

$$\sigma+p_1\dot{\sigma}+p_2\ddot{\sigma}=q_1\dot{\varepsilon}+q_2\ddot{\varepsilon} \tag{2.1.13}$$

式中

$$p_1=\frac{\eta_1}{E_1}+\frac{\eta_1+\eta_2}{E_2}$$

$$p_2=\frac{\eta_1\eta_2}{E_1E_2}$$

$$q_1=\eta_1$$

$$q_2=\frac{\eta_1\eta_2}{E_2}$$

且有

$$p_1q_1>q_2$$

$$p_1^2>4p_2$$

$$p_1q_1q_2>p_2q_1^2+q_2^2$$

(1)蠕变

在恒定应力 $\sigma(t)=\sigma_0H(t)$ 的作用下,当 $t>0$ 时,有 $\sigma(t)=\sigma_0,\dot{\sigma}=\ddot{\sigma}=0$,则 Burgers 模型的本构关系为

$$\sigma_0=q_1\dot{\varepsilon}+q_2\ddot{\varepsilon}$$

进行关于时间 t 的 Laplace 变换,并利用 Laplace 变换的微分性质,有

$$L[f'(t)]=s\bar{f}(s)-f(0)$$

$$L[f''(t)]=s^2\bar{f}(s)-sf(0)-f'(0)$$

可得

$$q_1[s\bar{\varepsilon}(s)-\varepsilon(0)]+q_2[s^2\bar{\varepsilon}(s)-s\varepsilon(0)-\dot{\varepsilon}(0)]=\frac{1}{s}\sigma_0$$

进行整理,可得 $\bar{\varepsilon}(s)$ 的表达式为

$$\bar{\varepsilon}(s)=\frac{\varepsilon(0)}{s}+\frac{\dot{\varepsilon}(0)}{s\left(s+\frac{q_1}{q_2}\right)}+\frac{\sigma_0}{q_2s^2\left(s+\frac{q_1}{q_2}\right)}$$

进行 Laplace 逆变换,并利用下列 Laplace 逆变换的公式:

$$L^{-1}\left(\frac{1}{s}\right)=1$$

$$L^{-1}\left[\frac{1}{s(s+a)}\right]=\frac{1}{a}(1-\mathrm{e}^{-at})$$

$$L^{-1}\left[\frac{1}{s^2(s+a)}\right]=\frac{1}{a^2}(at-1+\mathrm{e}^{-at})$$

则有

$$\varepsilon(t)=\varepsilon(0)+\frac{q_2}{q_1}\dot{\varepsilon}(0)(1-\mathrm{e}^{-\frac{q_1}{q_2}t})+\frac{1}{q_2}\sigma_0\left(\frac{q_2}{q_1}\right)^2\left(\frac{q_1}{q_2}t-1+\mathrm{e}^{-\frac{q_1}{q_2}t}\right)$$

整理可得

$$\varepsilon(t)=\varepsilon(0)+\frac{\sigma_0}{q_1}t+\frac{q_2}{q_1}\left[\dot{\varepsilon}(0)-\frac{\sigma_0}{q_1}\right]\left(1-\mathrm{e}^{-\frac{q_1}{q_2}t}\right) \tag{2.1.14}$$

由此可见,只要确定初始条件,就能确定 Burgers 模型的蠕变方程。

Burgers 模型具有下述关系式:

$$\dot{\varepsilon}=\dot{\varepsilon}_1+\dot{\varepsilon}_2$$

$$\varepsilon_2=\varepsilon-\varepsilon_1$$

将式(2.1.11)和式(2.1.12)相加并利用上述关系,可得

$$\dot{\varepsilon}=\left(\frac{1}{\eta_1}+\frac{1}{\eta_2}\right)\sigma+\frac{1}{E_1}\dot{\sigma}-\frac{E_2}{\eta_2}(\varepsilon-\varepsilon_1) \tag{2.1.15}$$

当 $t=0$ 时,具有下列关系:

$$\varepsilon(0)=\varepsilon_1(0)$$

$$\dot{\sigma}(0)=0$$

可改写成下式:

$$\dot{\varepsilon}(0)=\left(\frac{1}{\eta_1}+\frac{1}{\eta_2}\right)\sigma_0$$

将 $\dot{\varepsilon}(0)$ 和关系式 $\frac{1}{q_1}=\frac{1}{\eta_1},\frac{q_2}{q_1}=\frac{\eta_2}{E_1}$ 代入式(2.1.14),并根据表达式

$$\dot{\varepsilon}(0)-\frac{1}{q_1}\sigma_0=\frac{1}{\eta_2}\sigma_0$$

$$\varepsilon(0)=\frac{1}{E_1}\sigma_0$$

可得

$$\varepsilon(t)=\frac{\sigma_0}{E_1}+\frac{\sigma_0}{\eta_1}t+\frac{\sigma_0}{E_2}\left(1-e^{-\frac{t}{\tau_d}}\right) \tag{2.1.16}$$

利用关系式

$$\frac{E_2}{\eta_2}=\frac{q_1}{q_2}$$

$$\frac{1}{E_1}=\frac{q_2}{p_2}$$

$$\frac{1}{\eta_1}=\frac{1}{q_1}$$

$$\frac{1}{E_1}=\frac{p_1}{q_1}-\frac{q_2}{p_2}-\frac{q_2}{q_1^2}$$

则有

$$\varepsilon(t)=\frac{q_2}{p_2}\sigma_0+\frac{1}{q_1}\sigma_0 t+\left(\frac{p_1}{q_1}-\frac{q_2}{p_2}-\frac{q_2}{q_1^2}\right)\sigma_0\left(1-e^{-\frac{q_1}{q_2}t}\right)$$

即

$$\varepsilon(t)=\frac{1}{q_1}\sigma_0 t+\frac{p_1q_1-q_2}{q_1^2}\sigma_0\left(1-e^{-\frac{q_1}{q_2}t}\right)+\frac{q_2}{p_2}\sigma_0 e^{-\frac{q_1}{q_2}t}$$

显然,Burgers 模型的蠕变方程为 Maxwell 模型与 Kelvin 模型的蠕变方程之和。通过上式可以发现,即使应力 σ_0 很小,应变 ε 也会无限增大,故 Burgers 模型本质上是液体模型。

(2)回复

在 $t=t_1$ 时刻卸载,施加一个应力 $-\sigma_0H(t-t_1)$,则有

$$\varepsilon(t)=-\left[\frac{\sigma_0}{E_1}+\frac{\sigma_0}{\eta_1}(t-t_1)+\frac{\sigma_0}{E_2}\left(1-e^{-\frac{t-t_1}{\tau_d}}\right)\right]$$

利用叠加原理,将上式与式(2.1.16)相加可得

$$\varepsilon(t)=\frac{\sigma_0}{\eta_1}t_1+\frac{\sigma_0}{E_2}\left(1-e^{-\frac{t_1}{\tau_d}}\right)e^{-\frac{t-t_1}{\tau_d}} \tag{2.1.17}$$

根据关系

$$\eta_1=q_1$$

$$\tau_d=\frac{q_2}{q_1}$$

$$\frac{1}{E_2}=\frac{p_1q_1q_2-p_2q_1^2-q_2^2}{q_1^2q_2}$$

式(2.1.17)可改写为

$$\varepsilon(t)=\frac{\sigma_0}{q_1}t_1+\frac{p_1q_1q_2-p_2q_1^2-q_2^2}{q_1^2q_2}\sigma_0\left(1-e^{-\frac{q_2}{q_1}t_1}\right)e^{-\frac{q_2}{q_1}(t-t_1)}$$

(3)应力松弛

在恒定应变 $\varepsilon=\varepsilon_0 H(t)$ 的作用下,当 $t>0$ 时,有 $\dot{\varepsilon}=\ddot{\varepsilon}=0$,代入式(2.1.13)可得

$$\sigma+p_1\dot{\sigma}+p_2\ddot{\sigma}=0$$

上式进行 Laplace 变换,可得

$$\overline{\sigma}(s)+p_1[s\overline{\sigma}(s)-\sigma(0)]+p_2[s^2\overline{\sigma}(s)-s\sigma(0)-\dot{\sigma}(0)]=0$$

进行整理,可得

$$\left(s^2+\frac{p_1}{p_2}s+\frac{1}{p_2}\right)\overline{\sigma}(s)=\left(s+\frac{p_1}{p_2}\right)\sigma(0)+\dot{\sigma}(0) \tag{2.1.18}$$

对 $\overline{\sigma}(s)$ 项的系数进行整理,可得

$$s^2+\frac{p_1}{p_2}s+\frac{1}{p_2}=(s+a)(s+b)$$

式中

$$a=\frac{p_1+\sqrt{p_1^2-4p_2}}{2p_2}$$

$$b=\frac{p_1-\sqrt{p_1^2-4p_2}}{2p_2}$$

代入式(2.1.18),可得

$$\overline{\sigma}(s)=\frac{\sigma(0)s}{(s+a)(s+b)}+\frac{\frac{p_1}{p_2}\sigma(0)+\dot{\sigma}(0)}{(s+a)(s+b)}$$

进行 Laplace 逆变换,有

$$L^{-1}\left[\frac{1}{(s+a)(s+b)}\right]=\frac{1}{b-a}(e^{-at}-e^{-bt})$$

$$L^{-1}\left[\frac{s}{(s+a)(s+b)}\right]=\frac{1}{b-a}(be^{-bt}-ae^{-at})$$

可得

$$\sigma(t)=\frac{1}{a-b}\left\{\left[\left(\frac{p_1}{p_2}-b\right)\sigma_0+\dot{\sigma}(0)\right]e^{-bt}-\left[\left(\frac{p_1}{p_2}-a\right)\sigma_0+\dot{\sigma}(0)\right]e^{-at}\right\} \tag{2.1.19}$$

由于 $\dot{\varepsilon}=0$,故式(2.1.15)可改写为

$$\dot{\sigma}=-\left(\frac{E_1}{\eta_1}+\frac{E_1}{\eta_2}\right)\sigma+\frac{E_1E_2}{\eta_2}(\varepsilon-\varepsilon_1)$$

当 $t=0$ 时,$\sigma(0)=E_1\varepsilon_0$,$\varepsilon(0)=\varepsilon_1(0)$,则有

$$\dot{\sigma}(0)=-\left(\frac{E_1}{\eta_1}+\frac{E_1}{\eta_2}\right)E_1\varepsilon(0)$$

若将上式与关系式

$$\frac{p_1}{p_2}=\frac{E_1}{\eta_1}+\frac{E_1}{\eta_2}+\frac{E_2}{\eta_2}$$

$$\frac{1}{p_2}=\frac{E_1E_2}{\eta_1\eta_2}$$

代入式(2.1.19),可得

$$\sigma(t)=\frac{E_1\varepsilon_0}{a-b}\left[\left(\frac{1}{\tau_d}-b\right)e^{-bt}-\left(\frac{1}{\tau_d}-a\right)e^{-at}\right]$$

式中,$\tau_d=\frac{E_2}{\eta_1}$。

利用关系式

$$E_1=\frac{q_2}{p_2}$$

$$\tau_d=\frac{q_2}{q_1}$$

则有

$$\sigma(t)=\frac{q_2}{p_2}\frac{\varepsilon_0}{a-b}\left[\left(\frac{q_1}{q_2}-b\right)e^{-bt}-\left(\frac{q_1}{q_2}-a\right)e^{-at}\right]$$

以上两式为 Burgers 模型的应力松弛方程。从本构关系可以看出,当 $t=0$ 时,Burgers 模型立即产生瞬时应力 $\sigma(0)=E_1\varepsilon_0$。随着 $t\to\infty$,应力 σ 逐渐衰减,直至应力完全松弛,趋于 0。

设微分算子

$$P=1+p_1\frac{\partial}{\partial t}+p_2\frac{\partial^2}{\partial t^2}$$

$$Q=q_1\frac{\partial}{\partial t}+q_2\frac{\partial^2}{\partial t^2}$$

进行 Laplace 变换可得,$\overline{P}'=1+p_1s+p_2s^2$,$\overline{Q}'=q_1s+q_2s^2$。Laplace 空间中的材料参数为

$$\overline{G}(s)=\frac{1}{2}\frac{\overline{Q}'(s)}{\overline{P}'(s)}=\frac{1}{2}\frac{\eta_1 s+\frac{\eta_1\eta_2}{E_2}s^2}{1+\left(\frac{\eta_1}{E_1}+\frac{\eta_1+\eta_2}{E_2}\right)s+\frac{\eta_1\eta_2}{E_1E_2}s^2}$$

2.2 微分型本构关系

2.2.1 一维微分型本构关系

通过前面的分析,得到粘弹性基本模型的微分型本构关系:

对于 Kelvin 模型

$$\sigma=q_0\varepsilon+q_1\dot{\varepsilon}$$

对于 Maxwell 模型

$$\sigma+p_1\dot{\sigma}=q_1\dot{\varepsilon}$$

对于三参量固体模型

$$\sigma+p_1\dot{\sigma}=q_0\varepsilon+q_1\dot{\varepsilon}$$

对于 Burgers 模型

$$\sigma+p_1\dot{\sigma}+p_2\ddot{\sigma}=q_1\dot{\varepsilon}+q_2\ddot{\varepsilon}$$

通过以上模型的本构关系,可以得到一维粘弹性微分型本构关系的一般形式:

$$p_0\sigma+p_1\dot{\sigma}+p_2\ddot{\sigma}+p_3\dddot{\sigma}+\cdots=q_0\varepsilon+q_1\dot{\varepsilon}+q_2\ddot{\varepsilon}+q_3\dddot{\varepsilon}+\cdots \tag{2.2.1}$$

式中,p_k 和 q_k 取决于材料性质的常数,通常取 $p_0=1$:

$$\dot{\sigma}=\frac{\mathrm{d}\sigma}{\mathrm{d}t},\ddot{\sigma}=\frac{\mathrm{d}^2\sigma}{\mathrm{d}t^2},\dddot{\sigma}=\frac{\mathrm{d}^3\sigma}{\mathrm{d}t^3},\cdots$$

$$\dot{\varepsilon}=\frac{\mathrm{d}\varepsilon}{\mathrm{d}t},\ddot{\varepsilon}=\frac{\mathrm{d}^2\varepsilon}{\mathrm{d}t^2},\dddot{\varepsilon}=\frac{\mathrm{d}^3\varepsilon}{\mathrm{d}t^3},\cdots$$

本构关系可以写作

$$\sum_{k=0}^{m}p_k\frac{\mathrm{d}^k\sigma}{\mathrm{d}t^k}=\sum_{k=0}^{n}q_k\frac{\mathrm{d}^k\varepsilon}{\mathrm{d}t^k}\quad(n\geqslant m) \tag{2.2.2}$$

或

$$P\sigma=Q\varepsilon$$

其中微分算子为

$$P=\sum_{k=0}^{m}p_k\frac{\mathrm{d}^k}{\mathrm{d}t^k}$$

$$Q=\sum_{k=0}^{n}q_k\frac{\mathrm{d}^k}{\mathrm{d}t^k}$$

对一维微分型本构关系进行 Laplace 变换,并假设 $t=0$ 时,满足 σ、ε 以及各阶导数等于 0 的初始条件,或者在 $t=0$ 处满足光滑假定,可得 Laplace 空间中的本构关系:

$$\sum_{k=0}^{m}p_ks^k\overline{\sigma}(s)=\sum_{k=0}^{n}q_ks^k\overline{\varepsilon}(s)$$

或

$$\overline{P}(s)\overline{\sigma}(s)=\overline{Q}(s)\overline{\varepsilon}(s)$$

式中　s——Laplace 变换参量;

p_k、q_k——取决于材料性质的常数;

$\overline{\sigma}(s)=L[\sigma(t)]$;

$\overline{\varepsilon}(s)=L[\varepsilon(t)]$;

$\overline{P}(s)$、$\overline{Q}(s)$——s 的多项式,有

$$\overline{P}(s)=\sum_{k=0}^{m}p_ks^k$$

$$\overline{Q}(s)=\sum_{k=0}^{n}q_ks^k$$

线性粘弹性模型的本构关系：

1. 弹性模型

弹性模型的本构关系为

$$p_0\sigma=q_0\varepsilon$$

式中，$p_0=1$；$q_0=E$。

微分算子为

$$P=1$$

$$Q=E$$

Laplace 空间中的微分算子为

$$\overline{P}(s)=1$$

$$\overline{Q}(s)=E$$

2. 粘性流体

粘性流体的本构关系为

$$p_0\sigma=q_1\dot{\varepsilon}$$

式中，$p_0=1$；$q_1=\eta$。

微分算子为

$$P=1$$

$$Q=\eta\frac{\partial}{\partial t}$$

Laplace 空间中的微分算子为

$$\overline{P}(s)=1$$

$$\overline{Q}(s)=\eta s$$

3. Maxwell 模型

Maxwell 模型的本构关系为

$$\sigma+p_1\dot{\sigma}=q_1\dot{\varepsilon}$$

式中，$p_1=\dfrac{\eta}{E}$；$q_1=\eta$。

微分算子为

$$P=1+p_1\frac{\partial}{\partial t}$$

$$Q=q_1\frac{\partial}{\partial t}$$

Laplace 空间中的微分算子为

$$\overline{P}(s)=1+p_1 s$$

$$\overline{Q}(s)=q_1 s$$

4. Kelvin 模型

Kelvin 模型的本构关系为

$$\sigma = q_0 \varepsilon + q_1 \dot{\varepsilon}$$

式中，$q_0 = E$，$q_1 = \eta$。

微分算子为

$$P = 1$$

$$Q = q_0 + q_1 \frac{\partial}{\partial t}$$

Laplace 空间中的微分算子为

$$\overline{P}(s) = 1$$

$$\overline{Q}(s) = q_0 + q_1 s$$

5. 三参量固体模型

三参量固体模型的本构关系为

$$\sigma + p_1 \dot{\sigma} = q_0 \varepsilon + q_1 \dot{\varepsilon} \quad (q_1 > p_1 q_0)$$

式中

$$p_1 = \frac{\eta_1}{E_1 + E_2}$$

$$q_0 = \frac{E_1 E_2}{E_1 + E_2}$$

$$q_1 = \frac{E_2 \eta_1}{E_1 + E_2}$$

微分算子为

$$P = 1 + p_1 \frac{\partial}{\partial t}$$

$$Q = q_0 + q_1 \frac{\partial}{\partial t}$$

Laplace 空间中的微分算子为

$$\overline{P}(s) = 1 + p_1 s$$

$$\overline{Q}(s) = q_0 + q_1 s$$

6. Burgers 模型

Burgers 模型的本构关系为

$$\sigma + p_1 \dot{\sigma} + p_2 \ddot{\sigma} = q_1 \dot{\varepsilon} + q_2 \ddot{\varepsilon}$$

式中

$$p_1 = \frac{\eta_1}{E_1} + \frac{\eta_1 + \eta_2}{E_2}$$

$$p_2 = \frac{\eta_1 \eta_2}{E_1 E_2}$$

$$q_1 = \eta_1$$

$$q_2 = \frac{\eta_1 \eta_2}{E_2}$$

微分算子为

$$P=1+p_1\frac{\partial}{\partial t}+p_2\frac{\partial^2}{\partial t^2}$$

$$Q=q_1\frac{\partial}{\partial t}+q_2\frac{\partial^2}{\partial t^2}$$

Laplace 空间中的微分算子为

$$\overline{P}(s)=1+p_1s+p_2s^2$$

$$\overline{Q}(s)=q_1s+q_2s^2$$

2.2.2　三维微分型本构关系

在小变形情况下,各向同性材料的应力张量 $\boldsymbol{\sigma}$ 可以分解为球形应力张量和偏应力张量,应变张量 $\boldsymbol{\varepsilon}$ 可以分解为体积改变(无形状改变)和等体积的形状畸变。应力张量 $\boldsymbol{\sigma}$ 可以描述为球应力张量和偏斜应力张量之和,即

$$\boldsymbol{\sigma}=\begin{bmatrix}\sigma_{11}&\sigma_{12}&\sigma_{13}\\\sigma_{21}&\sigma_{22}&\sigma_{23}\\\sigma_{31}&\sigma_{32}&\sigma_{33}\end{bmatrix}=\begin{bmatrix}\sigma_v&0&0\\0&\sigma_v&0\\0&0&\sigma_v\end{bmatrix}+\begin{bmatrix}\sigma_{11}-\sigma_v&\sigma_{12}&\sigma_{13}\\\sigma_{21}&\sigma_{22}-\sigma_v&\sigma_{23}\\\sigma_{31}&\sigma_{32}&\sigma_{33}-\sigma_v\end{bmatrix}$$

式中,右侧的第一项为体积应力张量,对应于体积变形,即

$$\sigma_v=\frac{\sigma_{ii}}{3}=\frac{\sigma_{11}+\sigma_{22}+\sigma_{33}}{3}$$

右侧的第二项为偏应力张量 S_{ij},对应于形状改变(体积不变),即

$$S_{11}+S_{22}+S_{33}=0$$

可写成

$$S_{22}=-S_{11}-S_{33}$$

式中,$S_{11}=\sigma_{11}-\sigma_v$ 与 $-S_{11}$,$S_{33}=\sigma_{33}-\sigma_v$ 与 $-S_{33}$ 分别对应于一种纯剪切应力状态,因而,S_{ij} 分量组成 5 个简单剪切,应力偏量导致等体积的形状畸变。

应变张量 $\boldsymbol{\varepsilon}$ 也可以描述为球形应变张量和偏应变张量部分:

$$\boldsymbol{\varepsilon}=\begin{bmatrix}\varepsilon_{11}&\varepsilon_{12}&\varepsilon_{13}\\\varepsilon_{21}&\varepsilon_{22}&\varepsilon_{23}\\\varepsilon_{31}&\varepsilon_{32}&\varepsilon_{33}\end{bmatrix}=\begin{bmatrix}e_{\mathrm{p}}&0&0\\0&e_{\mathrm{p}}&0\\0&0&e_{\mathrm{p}}\end{bmatrix}+\begin{bmatrix}\varepsilon_{11}-e_{\mathrm{p}}&\varepsilon_{12}&\varepsilon_{13}\\\varepsilon_{21}&\varepsilon_{22}-e_{\mathrm{p}}&\varepsilon_{23}\\\varepsilon_{31}&\varepsilon_{32}&\varepsilon_{33}-e_{\mathrm{p}}\end{bmatrix}$$

式中,右侧的第一项为球形应变张量,对应于体积变形,即

$$e_{\mathrm{p}}=\frac{\varepsilon_{ii}}{3}=\frac{\varepsilon_{11}+\varepsilon_{22}+\varepsilon_{33}}{3}$$

右侧的第二项为偏应变张量 ε_{ij},对应于形状改变(体积不变),即

$$\varepsilon_{11}+\varepsilon_{22}+\varepsilon_{33}=0$$

应力和应变可以分别写为

$$\sigma_{ij}=S_{ij}+\frac{\delta_{ij}\sigma_{kk}}{3}$$

$$\varepsilon_{ij}=e_{ij}+\frac{\delta_{ij}\varepsilon_{kk}}{3}$$

式中 $i,j=1,2,3$；

δ_{ij}——Kronecker 符号；

σ_{kk}、ε_{kk}——体积应力和体积应变；

S_{ij}、e_{ij}——应力偏量和应变偏量的分量，且有 $S_{ii}=0$ 和 $e_{ii}=0$，采用了 Einstein 求和法则。

分别考虑体积应力与体积应变、偏应力与偏应变情况下的粘弹性与效应，三维本构关系可以表示成与式(2.2.1)相类似的形式，即

$$\sum_{k=0} p'_k \frac{\mathrm{d}^k}{\mathrm{d}t^k} S_{ij} = \sum_{k=0} q'_k \frac{\mathrm{d}^k}{\mathrm{d}t^k} e_{ij} \tag{2.2.3}$$

$$\sum_{k=0} p''_k \frac{\mathrm{d}^k}{\mathrm{d}t^k} \sigma_{ii} = \sum_{k=0} q''_k \frac{\mathrm{d}^k}{\mathrm{d}t^k} \varepsilon_{ii} \tag{2.2.4}$$

或写作

$$P'S_{ij}=Q'e_{ij}$$

$$P''\sigma_{ii}=Q''\varepsilon_{ii}$$

式中，p'_k、q'_k、p''_k 和 q''_k 取决于材料的粘弹性。

设微分算子分别为

$$P' = \sum_{k=0} p'_k \frac{\mathrm{d}^k}{\mathrm{d}t^k}$$

$$Q' = \sum_{k=0} q'_k \frac{\mathrm{d}^k}{\mathrm{d}t^k}$$

$$P'' = \sum_{k=0} p''_k \frac{\mathrm{d}^k}{\mathrm{d}t^k}$$

$$Q'' = \sum_{k=0} q''_k \frac{\mathrm{d}^k}{\mathrm{d}t^k}$$

将式(2.2.3)和式(2.2.4)进行 Laplace 变换，并考虑初始状态的体积应力 σ_{kk}、应力偏量 S_{ij}、体积应变 ε_{kk} 和应变偏量 e_{ij} 均等于 0，可得

$$\sum_{k=0} p'_k s^k \overline{S}_{ij} = \sum_{k=0} q'_k s^k \overline{e}_{ij}$$

$$\sum_{k=0} p''_k s^k \overline{\sigma}_{ii} = \sum_{k=0} q''_k s^k \overline{\varepsilon}_{ii}$$

记

$$\sum_{k=0} p'_k s^k \equiv \overline{P}'(s)$$

$$\sum_{k=0} q'_k s^k \equiv \overline{Q}'(s)$$

$$\sum_{k=0} p''_k s^k \equiv \overline{P}''(s)$$

$$\sum_{k=0} q''_k s^k \equiv \overline{Q}''(s)$$

可将 Laplace 变换后的三维粘弹性微分型本构关系写作

$$\bar{P}'(s)\bar{S}_{ij}(s)=\bar{Q}'(s)\bar{e}_{ij}(s)$$

$$\bar{P}''(s)\bar{\sigma}_{ii}(s)=\bar{Q}''(s)\bar{\varepsilon}_{ii}(s)$$

Laplace 空间中对应的形似弹性的关系式表示为

$$\bar{S}_{ij}(s)=2\bar{G}(s)\bar{e}_{ij}(s)$$

$$\bar{\sigma}_{ii}(s)=3\bar{K}(s)\bar{\varepsilon}_{ii}(s)$$

则有

$$\bar{G}(s)=\frac{1}{2}\frac{\bar{Q}'(s)}{\bar{P}'(s)}$$

$$\bar{K}(s)=\frac{1}{3}\frac{\bar{Q}''(s)}{\bar{P}''(s)}$$

$$\bar{E}(s)=\frac{3\bar{P}'(s)\bar{Q}''(s)}{2\bar{P}'(s)\bar{Q}''(s)+\bar{P}''(s)\bar{Q}'(s)}$$

$$\bar{\mu}(s)=\frac{\bar{P}'(s)\bar{Q}''(s)-\bar{P}''(s)\bar{Q}'(s)}{2\bar{P}'(s)\bar{Q}''(s)+\bar{P}''(s)\bar{Q}'(s)}$$

这些 Laplace 空间中的材料参数之间也具有类似于弹性常数的关系，即

$$\bar{E}(s)=2\bar{G}(s)[1+\bar{\mu}(s)]$$

$$\bar{\mu}(s)=\frac{3\bar{K}(s)-2\bar{G}(s)}{2[3\bar{K}(s)+\bar{G}(s)]}$$

$$\bar{G}(s)=\frac{\bar{E}(s)}{2[1+\bar{\mu}(s)]}$$

$$\bar{K}(s)=\frac{\bar{E}(s)}{3[1-2\bar{\mu}(s)]}$$

值得注意的是，上式中的 $\bar{G}(s)$、$\bar{K}(s)$、$\bar{E}(s)$ 和 $\bar{\mu}(s)$ 等符号只是借用弹性力学中的符号形式进行 Laplace 逆变换，并不能得到相应的粘弹性材料参数。

2.2.3　Laplace 空间中的物理方程

1. 柱坐标系下的物理方程

粘弹性体与弹性体的边值问题的主要差别在于材料的属性方面，它们有各自的本构关系。对于空间轴对称问题，柱坐标系下的 Laplace 空间中的粘弹性体的物理方程为

$$\bar{\sigma}_r(r,z,s)=2\bar{G}(s)\left[\frac{\bar{\mu}(s)}{1-2\bar{\mu}(s)}\bar{e}(r,z,s)+\frac{\partial\bar{u}(r,z,s)}{\partial r}\right]$$

$$\bar{\sigma}_\theta(r,z,s)=2\bar{G}(s)\left[\frac{\bar{\mu}(s)}{1-2\bar{\mu}(s)}\bar{e}(r,z,s)+\frac{\bar{u}(r,z,s)}{r}\right]$$

$$\bar{\sigma}_z(r,z,s)=2\bar{G}(s)\left[\frac{\bar{\mu}(s)}{1-2\bar{\mu}(s)}\bar{e}(r,z,s)+\frac{\partial\bar{w}(r,z,s)}{\partial z}\right]$$

$$\bar{\tau}_{rz}(r,z,s)=\bar{G}(s)\left[\frac{\partial\bar{u}(r,z,s)}{\partial z}+\frac{\partial\bar{w}(r,z,s)}{\partial r}\right]$$

式中 $\bar{\sigma}_r(r,z,s)$、$\bar{\sigma}_\theta(r,z,s)$和$\bar{\sigma}_z(r,z,s)$——Laplace 空间中的径向、切向和竖向应力；

$\bar{\tau}_{rz}(r,z,s)$——Laplace 空间中的剪应力；

$\bar{u}(r,z,s)$和$\bar{w}(r,z,s)$——Laplace 空间中的径向和竖向位移；

$\bar{e}$——Laplace 空间中的体积应变；

$\bar{G}(s)$和$\bar{\mu}(s)$——Laplace 空间中的粘弹性材料参数。

2. 三维直角坐标系下的物理方程

应力在 Laplace 空间中的物理方程为

$$\bar{\sigma}_x(x,y,z,s)=[\bar{\lambda}(s)+2\bar{G}(s)]\frac{\partial\bar{u}(x,y,z,s)}{\partial x}+\bar{\lambda}(s)\frac{\partial\bar{v}(x,y,z,s)}{\partial y}+\bar{\lambda}(s)\frac{\partial\bar{w}(x,y,z,s)}{\partial z}$$

$$\bar{\sigma}_y(x,y,z,s)=[\bar{\lambda}(s)+2\bar{G}(s)]\frac{\partial\bar{v}(x,y,z,s)}{\partial y}+\bar{\lambda}(s)\frac{\partial\bar{u}(x,y,z,s)}{\partial x}+\bar{\lambda}(s)\frac{\partial\bar{w}(x,y,z,s)}{\partial z}$$

$$\bar{\sigma}_z(x,y,z,s)=[\bar{\lambda}(s)+2\bar{G}(s)]\frac{\partial\bar{w}(x,y,z,s)}{\partial z}+\bar{\lambda}(s)\frac{\partial\bar{u}(x,y,z,s)}{\partial x}+\bar{\lambda}(s)\frac{\partial\bar{v}(x,y,z,s)}{\partial y}$$

$$\bar{\tau}_{xy}(x,y,z,s)=\bar{G}(s)\left[\frac{\partial\bar{u}(x,y,z,s)}{\partial y}+\frac{\partial\bar{v}(x,y,z,s)}{\partial x}\right]$$

$$\bar{\tau}_{yz}(x,y,z,s)=\bar{G}(s)\left[\frac{\partial\bar{v}(x,y,z,s)}{\partial z}+\frac{\partial\bar{w}(x,y,z,s)}{\partial y}\right]$$

$$\bar{\tau}_{zx}(x,y,z,s)=\bar{G}(s)\left[\frac{\partial\bar{u}(x,y,z,s)}{\partial z}+\frac{\partial\bar{w}(x,y,z,s)}{\partial x}\right]$$

式中 $\bar{\sigma}_x(x,y,z,s)$、$\bar{\sigma}_y(x,y,z,s)$和$\bar{\sigma}_z(x,y,z,s)$——Laplace 空间中 x、y 和 z 方向的应力；

$\bar{\tau}_{xy}(x,y,z,s)$、$\bar{\tau}_{yz}(x,y,z,s)$和$\bar{\tau}_{zx}(x,y,z,s)$——Laplace 空间中的剪应力；

$\bar{u}(x,y,z,s)$、$\bar{v}(x,y,z,s)$和$\bar{w}(x,y,z,s)$——Laplace 空间中 x、y 和 z 方向的位移；

$\bar{G}(s)$和$\bar{\mu}(s)$——Laplace 空间中的粘弹性材料参数。

2.3 蠕变柔量和松弛模量

通过对前面粘弹性模型的蠕变过程和松弛过程进行分析可知，模型的应力和应变都是时间的函数，能够反映模型受简单荷载的粘弹性行为。这里定义两个重要的函数——蠕变函数和松弛函数，也称为蠕变柔量和松弛模量。

线性粘弹性材料在应力 $\sigma(t)=\sigma_0 H(t)$ 的作用下，随时间变化的应变响应 $\varepsilon(t)$ 可表示为

$$\varepsilon(t)=J(t)\sigma_0$$

式中，$J(t)$称为蠕变柔量。

蠕变柔量表示在单位应力作用下随时间变化的应变值，一般是随时间 t 单调增加的函数。

粘弹性模型的蠕变柔量如下：

对于 Kelvin 模型

$$J(t)=\frac{1}{E}\left(1-e^{-\frac{t}{\tau_d}}\right)$$

$$\tau_d=\frac{\eta}{E}$$

对于 Maxwell 模型

$$J(t)=\frac{1}{E}+\frac{1}{\eta}t$$

对于三参量固体模型

$$J(t)=\frac{1}{E_2}+\frac{1}{E_1}\left(1-e^{-\frac{t}{\tau_1}}\right)$$

$$\tau_1=\frac{q_1}{q_0}=\frac{\eta_1}{E_1}$$

对于 Burgers 模型

$$J(t)=\frac{1}{E_1}+\frac{1}{\eta_1}t+\frac{1}{E_2}\left(1-e^{-\frac{t}{\tau_d}}\right)$$

$$\tau_d=\frac{\eta_2}{E_2}$$

线性粘弹性材料在应变 $\varepsilon(t)=\varepsilon_0 H(t)$ 的作用下，随时间变化的应力 $\sigma(t)$ 可表示为

$$\sigma(t)=Y(t)\varepsilon_0$$

式中，$Y(t)$ 称为松弛模量。松弛模量表示在单位应变作用下应力随时间 t 的变化，一般是一个减函数。

粘弹性模型的松弛模量如下：

对于 Kelvin 模型

$$Y(t)=E+\eta\delta(t)$$

对于 Maxwell 模型

$$Y(t)=Ee^{-\frac{E}{\eta}t}$$

对于三参量固体模型

$$Y(t)=E_2\left[1-\frac{E_2}{E_1+E_2}\left(1-e^{\frac{1}{p_1}t}\right)\right]$$

$$p_1=\frac{\eta_1}{E_1+E_2}$$

对于 Burgers 模型

$$Y(t)=\frac{E_1}{a-b}\left[\left(\frac{\eta_2}{E_2}-b\right)e^{-bt}-\left(\frac{\eta_2}{E_2}-a\right)e^{-at}\right]$$

式中

$$a=\frac{p_1+\sqrt{p_1^2-4p_2}}{2p_2}$$

$$b=\frac{p_1-\sqrt{p_1^2-4p_2}}{2p_2}$$

其中

$$p_1=\frac{\eta_1}{E_1}+\frac{\eta_1+\eta_2}{E_2}$$

$$p_2=\frac{\eta_1\eta_2}{E_1E_2}$$

作为特例,弹性固体和粘性流体的蠕变柔量与松弛模量如下:

对于弹性固体

$$J(t)=\frac{1}{E}$$

$$Y(t)=E$$

对于粘性流体

$$J(t)=\frac{t}{\eta}$$

$$Y(t)=\eta\delta(t)$$

线性粘弹性体的一维微分型本构关系为

$$\sum_{k=0}^{m}p_k\frac{\mathrm{d}^k\sigma}{\mathrm{d}t^k}=\sum_{k=0}^{n}q_k\frac{\mathrm{d}^k\varepsilon}{\mathrm{d}t^k}\quad(n\geqslant m)$$

式中,p_k、q_k 取决于粘弹性材料性质的常数,通常取 $p_0=1$。

采用微分算子可以写作

$$P\sigma=Q\varepsilon$$

其中微分算子为

$$P=\sum_{k=0}^{m}p_k\frac{\mathrm{d}^k}{\mathrm{d}t^k}$$

$$Q=\sum_{k=0}^{n}q_k\frac{\mathrm{d}^k}{\mathrm{d}t^k}$$

对一维微分型本构关系进行 Laplace 变换,并假设 $t=0$ 时,满足 σ 和 ε 以及各阶导数等于 0 的初始条件,或者在 $t=0$ 处满足光滑假定,可得 Laplace 空间中的本构关系为

$$\sum_{k=0}^{m}p_ks^k\overline{\sigma}(s)=\sum_{k=0}^{n}q_ks^k\overline{\varepsilon}(s)$$

设

$$\overline{P}(s)=\sum_{k=0}^{m}p_ks^k$$

$$\overline{Q}(s)=\sum_{k=0}^{n}q_ks^k$$

则有

$$\bar{P}(s)\bar{\sigma}(s)=\bar{Q}(s)\bar{\varepsilon}(s)$$

上式可以改写为

$$\bar{\sigma}(s)=\frac{\bar{Q}(s)}{\bar{P}(s)}\bar{\varepsilon}(s) \tag{2.3.1}$$

$$\bar{\varepsilon}(s)=\frac{\bar{P}(s)}{\bar{Q}(s)}\bar{\sigma}(s) \tag{2.3.2}$$

以上两式建立了 Laplace 空间中应力与应变的关系，这里可以采用胡克定律的描述形式，设

$$\bar{E}(s)=\frac{\bar{Q}(s)}{\bar{P}(s)}$$

则可得

$$\bar{\sigma}(s)=\bar{E}(s)\bar{\varepsilon}(s)$$

$$\bar{\varepsilon}(s)=\frac{1}{\bar{E}(s)}\bar{\sigma}(s)$$

蠕变柔量的求解：

设在恒定应力 $\sigma(t)=\sigma_0 H(t)$ 的作用下，进行 Laplace 变换可得

$$\bar{\sigma}(s)=\frac{\sigma_0}{s}$$

将上式代入式(2.3.1)，可得

$$\bar{\varepsilon}(s)=\frac{\bar{P}(s)}{s\bar{Q}(s)}\sigma_0$$

根据蠕变柔量的定义，有

$$\bar{\varepsilon}(s)=\bar{J}(s)\sigma_0$$

式中，$\bar{J}(s)$ 为蠕变柔量的像函数。

根据以上两式可得

$$\bar{J}(s)=\frac{\bar{P}(s)}{s\bar{Q}(s)}$$

对上式进行 Laplace 逆变换，可得蠕变柔量 $J(t)$ 的表达式：

$$J(t)=L^{-1}\left[\frac{\bar{P}(s)}{s\bar{Q}(s)}\right]$$

松弛模量的求解：

设在恒定应变 $\varepsilon(t)=\varepsilon_0 H(t)$ 作用下，进行 Laplace 变换可得

$$\bar{\varepsilon}(s)=\frac{1}{s}\varepsilon_0$$

代入式(2.3.2),可得

$$\bar{\sigma}(s)=\frac{\bar{Q}(s)}{s\bar{P}(s)}\varepsilon_0$$

根据松弛函数的定义,有

$$\bar{\sigma}(s)=\bar{Y}(s)\varepsilon_0$$

式中,$\bar{Y}(s)$为松弛模量的像函数。

根据以上两式可得

$$\bar{Y}(s)=\frac{\bar{Q}(s)}{s\bar{P}(s)}$$

对上式进行 Laplace 逆变换,可得松弛模量 $Y(t)$的表达式:

$$Y(t)=L^{-1}\left[\frac{\bar{Q}(s)}{s\bar{P}(s)}\right]$$

根据 Laplace 空间中蠕变柔量和松弛模量的表达式可得

$$\bar{J}(s)\bar{Y}(s)=\frac{1}{s^2}$$

利用卷积定理,对上式施加 Laplace 逆变换,可得

$$\int_0^t J(t-\tau)Y(\tau)\mathrm{d}\tau=t$$

或

$$\int_0^t J(\tau)Y(t-\tau)\mathrm{d}\tau=t$$

根据蠕变柔量和松弛模量的定义可知,当$t<0$时,蠕变柔量$J(t)=0$,松弛模量$Y(t)=0$。因此,蠕变柔量$J(t)$和松弛模量$Y(t)$的表达式只在$t>0$时适用。

2.4 积分型本构关系

2.4.1 线性叠加原理

线性叠加原理是粘弹性力学中最基本、最重要的原理之一,它是解决线性粘弹性行为的第一个数学处理方法。这个原理最初是由 Boltzmann 提出的,表述如下:

(1)试件中的蠕变是整个加载历史的函数;

(2)每一阶段施加的荷载对最终形变的贡献是独立的,因而最终形变是各阶段荷载所引起形变的线性叠加。

当应力$\sigma=\sigma_0H(t)$时,应变响应可表示为

$$\varepsilon(t)=J(t)\sigma_0$$

式中,$J(t)$为蠕变柔量。

一般的受载过程比较复杂，可以看成许多作用力的叠加。例如，若在 τ_1 时刻有附加应力 $\Delta\sigma_1$ 作用，则它所产生的应变值为

$$\Delta\varepsilon_1=J(t-\tau_1)\Delta\sigma_1$$

因此，在 τ_1 时刻以后的时间 t，σ_0 和 $\Delta\sigma_1$ 作用下的应变值为这两个应力分别产生的应变之和，即

$$\varepsilon=J(t)\sigma_0+J(t-\tau_1)\Delta\sigma_1$$

若有 r 个应力增量 $\Delta\sigma_i$ 顺次在 τ_i 时刻分别作用在物体上，则在 τ_r 以后的某个时刻 t 的总应变为

$$\varepsilon = J(t)\sigma_0 + \sum_{i=1}^{r} J(t-\tau_i)\Delta\sigma_i$$

这就是 Boltzmann 叠加原理。

设作用于物体的应力 $\sigma(t)$ 为连续可微函数，将它分解成 $\sigma_0 H(t)$ 和无数个非常小的应力 $\mathrm{d}\sigma(\tau)H(t-\tau)$ 的作用，其中

$$\mathrm{d}\sigma(\tau)=\left.\frac{\mathrm{d}\sigma(t)}{\mathrm{d}t}\right|_{t=\tau}\mathrm{d}\tau=\frac{\mathrm{d}\sigma(\tau)}{\mathrm{d}\tau}\mathrm{d}\tau$$

故 t 时刻的应变响应可表示为

$$\varepsilon(t) = J(t)\sigma_0 + \int_{0^+}^{t} J(t-\tau)\frac{\mathrm{d}\sigma(\tau)}{\mathrm{d}\tau}\mathrm{d}\tau \tag{2.4.1}$$

式(2.4.1)称为 Boltzmann 叠加原理的积分表达式，又称为遗传积分或继承积分。

2.4.2　一维积分型本构关系

对式(2.4.1)右侧的第二项进行分部积分，并利用下列关系：

$$\frac{\mathrm{d}J(t-\tau)}{\mathrm{d}\tau}=-\frac{\mathrm{d}J(t-\tau)}{\mathrm{d}(t-\tau)}$$

可得

$$\begin{aligned}\int_{0^+}^{t} J(t-\tau)\frac{\mathrm{d}\sigma(\tau)}{\mathrm{d}\tau}\mathrm{d}\tau &= J(t-\tau)\sigma(\tau)\Big|_{0^+}^{t} + \int_{0^+}^{t}\sigma(\tau)\frac{\mathrm{d}J(t-\tau)}{\mathrm{d}(t-\tau)}\mathrm{d}\tau \\ &= J(0)\sigma(t) - J(t)\sigma(0) + \int_{0^+}^{t}\sigma(\tau)\frac{\mathrm{d}J(t-\tau)}{\mathrm{d}(t-\tau)}\mathrm{d}\tau\end{aligned}$$

式中

$$\sigma(0)=\sigma_0$$

代入式(2.4.1)，可得

$$\varepsilon(t) = J(0)\sigma(t) + \int_{0^+}^{t}\sigma(\tau)\frac{\mathrm{d}J(t-\tau)}{\mathrm{d}(t-\tau)}\mathrm{d}\tau \tag{2.4.2}$$

或

$$\varepsilon(t) = J(0)\sigma(t) + \int_{0^+}^{t}\sigma(\tau)\mathrm{d}J(t-\tau)$$

可以看出，式(2.4.1)中的应变表示为应力初始值 σ_0 引起的应变加上应力变化过程产生的应变响应；而式(2.4.2)中的应变表示为 t 时刻应力 $\sigma(t)$ 产生的应变与应力历程所引

起的蠕变之和。式(2.4.1)和式(2.4.2)是等价的积分表达式。

如果应力初值 $\sigma_0=0$,则式(2.4.1)中第一项等于0。

若应力在 τ_i 时刻有一突变值 $\Delta\sigma_i$,则该应力产生的应变响应为

$$\Delta\varepsilon_i=J(t-\tau_i)\Delta\sigma_i H(t-\tau_i)$$

蠕变型本构关系还可表示为其他表达式,使之使用起来更加方便。在式(2.4.1)中用 $\mathrm{d}\sigma(\tau)$ 代替 $\frac{\mathrm{d}\sigma(\tau)}{\mathrm{d}\tau}\mathrm{d}\tau$,可得

$$\varepsilon(t)=J(t)\sigma_0+\int_{0^+}^{t}J(t-\tau)\mathrm{d}\sigma(\tau) \tag{2.4.3}$$

由于许多应力增量同时发生,以至于在某时刻 $t=\tau_i$ 累加成一个有限步长 $\Delta\sigma_i$,这个突变应力可以看成许多应力增量相继急促发生的结果。因而,由 $t=0$ 时刻的应力阶跃 σ_0 产生的应变可以记为

$$\sigma_0 J(t)$$

或

$$\int_{0^-}^{0^+}J(t-\tau)\mathrm{d}\sigma(\tau)$$

上述两种表达式没有什么区别。当 $\tau<0$ 时,有 $\sigma(\tau)=0$,因此,把积分下限移至 $\tau=-\infty$,不会改变积分值。采用这种方法可得

$$\varepsilon(t)=\int_{-\infty}^{t}J(t-\tau)\mathrm{d}\sigma(\tau)$$

或

$$\varepsilon(t)=\int_{-\infty}^{t}J(t-\tau)\frac{\mathrm{d}\sigma(\tau)}{\mathrm{d}\tau}\mathrm{d}\tau$$

当 $\tau>t$ 时,又有 $J(t-\tau)=0$,故将以上两式的积分上限移至 $\tau=\infty$ 不会影响积分值。由此可得

$$\varepsilon(t)=\int_{-\infty}^{\infty}J(t-\tau)\mathrm{d}\sigma(\tau) \tag{2.4.4}$$

或

$$\varepsilon(t)=\int_{-\infty}^{\infty}J(t-\tau)\frac{\mathrm{d}\sigma(\tau)}{\mathrm{d}\tau}\mathrm{d}\tau \tag{2.4.5}$$

蠕变型本构关系可以写成 Stieltjes 卷积的形式,如下:

$$\varepsilon(t)=J(t)*\mathrm{d}\sigma(t)$$

或

$$\varepsilon(t)=\sigma(t)*\mathrm{d}J(t) \tag{2.4.6}$$

式(2.4.1)至式(2.4.6)均为积分型本构关系,它们是蠕变型本构关系。如果已知材料的蠕变函数,以及随时间变化的应力 $\sigma(t)$,代入以上的蠕变型本构关系,可以求得应变 $\varepsilon(t)$,即材料的蠕变过程。注意,这里所说的蠕变过程不只是恒定应力下的简单蠕变。

采用相同的方法,可以得到松弛型本构关系的积分表达式。如果已知材料松弛模量函数 $Y(t)$,以及随时间变化的应变 $\varepsilon(t)$,根据叠加原理可得应力 $\sigma(t)$,即

$$
\begin{aligned}
\sigma(t) &= Y(t)\varepsilon_0 + \int_0^t Y(t-\tau)\frac{\mathrm{d}\varepsilon(\tau)}{\mathrm{d}\tau}\mathrm{d}\tau \\
&= Y(t)\varepsilon_0 + \int_0^t Y(t-\tau)\mathrm{d}\varepsilon(\tau) \\
&= Y(0)\varepsilon(t) + \int_0^t \varepsilon(t)\frac{\mathrm{d}Y(t-\tau)}{\mathrm{d}(t-\tau)}\mathrm{d}\tau \\
&= Y(0)\varepsilon(t) - \int_0^t \varepsilon(t)\mathrm{d}Y(t-\tau) \\
&= \int_{-\infty}^t Y(t-\tau)\frac{\mathrm{d}\varepsilon(\tau)}{\mathrm{d}\tau}\mathrm{d}\tau \\
&= \int_{-\infty}^t Y(t-\tau)\mathrm{d}\varepsilon(\tau) \\
&= \int_{-\infty}^{\infty} Y(t-\tau)\frac{\mathrm{d}\varepsilon(\tau)}{\mathrm{d}\tau}\mathrm{d}\tau \\
&= \int_{-\infty}^{\infty} Y(t-\tau)\mathrm{d}\varepsilon(\tau) \\
&= Y(t) * \mathrm{d}\varepsilon(t) \\
&= \varepsilon(t) * \mathrm{d}Y(t)
\end{aligned}
$$

上式描述的粘弹性应力-应变关系,是一维积分型本构关系。

值得注意的是,微分型本构关系与积分型本构关系是一致的。对于同一材料,两种形式应该表现出相同的物性关系,只是表达方式有所不同。

2.4.3　三维积分型本构关系

在建立三维本构关系时,要考虑两个蠕变柔量 $J^{(1)}(t)$ 和 $J^{(2)}(t)$,二者分别表示形状畸变(即偏斜张量部分)和体积变形(即球形张量部分)的蠕变特性。对于松弛特性,同样需要考虑两个松弛模量 $Y^{(1)}(t)$ 和 $Y^{(2)}(t)$,二者分别表示偏斜应力张量和球应力张量的松弛特性。

建立三维蠕变型本构关系:

$$e_{ij}(t) = \int_{-\infty}^t J^{(1)}(t-\tau)\mathrm{d}S_{ij}(\tau) \tag{2.4.7}$$

$$e_{\mathrm{p}}(t) = \int_{-\infty}^t J^{(2)}(t-\tau)\mathrm{d}\sigma_v(\tau) \tag{2.4.8}$$

采用 Stieltjes 卷积表示,可得

$$e_{ij}(t) = J^{(1)}(t) * \mathrm{d}S_{ij}(t) \tag{2.4.9}$$

$$e_{\mathrm{p}}(t) = J^{(2)}(t) * \mathrm{d}\sigma_v(t) \tag{2.4.10}$$

同样,三维松弛型本构关系可表示为

$$S_{ij}(t) = \int_{-\infty}^t Y^{(1)}(t-\tau)\mathrm{d}\varepsilon_{ij}(\tau) \tag{2.4.11}$$

$$\sigma_v(t) = \int_{-\infty}^t Y^{(2)}(t-\tau)\mathrm{d}e_{\mathrm{p}}(\tau) \tag{2.4.12}$$

采用 Stieltjes 卷积表示,可得

$$S_{ij}(t) = Y^{(1)}(t) * \mathrm{d}e_{ij}(t) \tag{2.4.13}$$

$$\sigma_v(t)=Y^{(2)}(t)*\mathrm{d}e_p(t) \tag{2.4.14}$$

将式(2.4.10)代入式(2.4.9),将式(2.4.14)代入式(2.4.13),并利用下列关系:

$$S_{ij}=\sigma_{ij}-\frac{\delta_{ij}\sigma_{kk}}{3}$$

$$e_{ij}=\varepsilon_{ij}-\frac{\delta_{ij}\varepsilon_{kk}}{3}$$

$$\sigma_v=\frac{\sigma_{ii}}{3}$$

$$e_p=\frac{\varepsilon_{ii}}{3}$$

可以得到

$$\varepsilon_{ij}(t)=\frac{\delta_{ij}}{3}[J^{(2)}(t)-J^{(1)}(t)]*\mathrm{d}\sigma_{kk}(t)+J^{(1)}(t)*\mathrm{d}\sigma_{ij}(t)$$

$$\sigma_{ij}(t)=\frac{\delta_{ij}}{3}[Y^{(2)}(t)-Y^{(1)}(t)]*\mathrm{d}\varepsilon_{kk}(t)+Y^{(1)}(t)*\mathrm{d}\varepsilon_{ij}(t)$$

若令

$$G(t)=\frac{Y^{(1)}(t)}{2}$$

$$K(t)=\frac{Y^{(2)}(t)}{3}$$

$$\lambda(t)=K(t)-\frac{2}{3}G(t)$$

则可得

$$\sigma_{ij}(t)=\delta_{ij}\lambda(t)*\mathrm{d}\varepsilon_{kk}(t)+2G(t)*\mathrm{d}\varepsilon_{ij}(t)$$

第3章　沥青路面的水损害

为了满足经济快速发展的需要，我国加快了高速公路的建设步伐。沥青路面具有行车舒适度好、无接缝、低噪声、施工周期短和易维修等优点，因此绝大多数已建成的高速公路都采用了沥青路面。近年来，虽然我国高速公路沥青路面的施工质量有了大幅度的提高，但是仍存在沥青路面在通车之后少则一两年，多则四五年就会出现相当程度的水损害现象，而且水损害现象具有普遍性和严重性，已经成为我国高速公路沥青路面最主要的早期破坏因素之一。工程人员和科研人员在此领域内做了大量的现场调查、试验、理论研究，发现水损害现象的发生涉及诸多方面的原因，包括环境、设计、施工、养护管理等。水损害现象的出现导致沥青路面的严重变形和损坏，降低了行车舒适性和安全性，缩短了路面的使用寿命且增加了维修费用，造成了巨大的经济损失。

3.1　水损害的定义和形式

3.1.1　水损害的定义

水损害是指沥青路面在孔隙水或冻融循环的作用下，由于行车荷载的作用，进入沥青路面孔隙中的水不断产生动水压力或真空负压抽吸的反复循环作用，水分逐渐渗入沥青与集料的界面上，使沥青粘附性降低并逐渐丧失粘结力，导致沥青膜从集料表面剥落或剥离，沥青混合料掉粒、松散，继而形成坑槽、推挤变形等损坏现象。

3.1.2　水损害的表现形式

水损害的表现形式有唧浆、网裂、龟裂、松散、坑洞、辙槽和冻融循环破坏等，这些现象有时单独出现，但大多数情况下是组合出现的。

唧浆是指孔隙水进入沥青面层或基层的空隙和裂缝中，在行车荷载的作用下，产生超孔隙水压力，并造成孔隙水的流动，对沥青面层和基层产生冲刷，将细料冲下并随水带走。

网裂和龟裂是指在行车荷载和孔隙水的耦合作用下，沥青面层由于疲劳损坏或达到最大抗拉强度而产生网状或类似于龟甲纹状的不规则裂缝。

松散是指孔隙水进入集料和沥青膜的界面上，在行车荷载和孔隙水的作用下，导致沥青膜的剥离和剥落，降低了沥青膜与集料的粘结力，从而使沥青混合料呈现松散状。

随着沥青混合料松散程度的加大，在行车荷载作用下，松散的集料被车轮或雨水带走，就会产生坑洞，如果不及时修复，就会很快发展成大的坑槽或辙槽。

对于冰冻地区或季节性冰冻地区，还会发生由于路面结构层内水的冻融循环导致的水损害现象。由于水结冰后体积增大,在沥青混合料内部会产生很大的膨胀力,致使混合料内部粘结力下降;而当冰融化后,水又滞留于路面结构层中,在行车荷载作用下加速沥青膜的剥落。

水损害现象发生的最根本原因是水和行车荷载的耦合作用,产生了超孔隙水压力,并造成孔隙水的流动,加速沥青膜从集料表面剥离和剥落,降低了沥青膜与集料的粘附性,导致沥青混合料的松散和沥青路面的开裂,从而降低了沥青路面的承载能力。同时,水会使沥青胶结料变软或乳化,降低了自身的粘聚力。

沥青路面的水损害现象已经成为一个世界性问题,国外学者也进行了大量的研究,例如美国全美公路合作研究计划(NCHRP)、美国战略公路研究计划(SHRP)和联邦公路局,加拿大运输协会(Transportation Association of Canada)、美国 SHRP 路面长期性能研究小组(LTPP Expert Group)都对沥青路面的早期水损害现象进行了专题研究(SHRP Bulletin 1998/TAC Technical Bulletin 1999),并取得了丰硕成果。

沥青路面的水损害现象已经成为路面实践中的重要课题之一,是沥青路面早期破坏的主要影响因素之一,严重影响沥青路面的使用性能。因此,对于沥青路面的水损害研究具有较高的经济意义和社会意义。

3.2 水损害研究概况

研究人员发现水损害现象的产生都与水有直接或间接的关系,即水的破坏作用是关键因素之一。沥青路面的水损害研究主要包括以下几个方面:

3.2.1 理论研究

1. 粘附理论

常见的粘附理论有以下几种:

(1)力学理论(或机械粘附理论)

该理论认为沥青与集料的粘附性主要是分子间力作用的结果。分子间力作用与集料表面的特性(如表面的空隙、粗糙度、比表面积、粒径等)有密切联系,由于吸附和毛细作用,沥青渗入空隙中增加了沥青与集料之间总的接触面积,产生力学嵌锁。而这种力学嵌锁在沥青与集料之间提供了较强的粘结力,对于表面粗糙且多孔隙的集料,这种力学嵌锁是非常强烈的。

(2)化学反应理论

该理论认为沥青与集料中含有不同的化学成分,当沥青中含有的表面活性物质(如阳离子型的极性基团和阳离子的极性化合物)与一些含有重金属或碱土氧化物的石料接触时,有可能在表面生成皂类化合物。皂类化合物的化学吸附作用力很强,因而有较大的粘附性。当沥青与酸性石料接触时不能形成化学吸附,分子间作用力只与范德华力的物理吸附有关,且这种物理吸附是可逆的。

(3)表面能理论

该理论以经典的润湿理论为基础,认为沥青与矿料之间的粘附性是由于能量作用,即沥青润湿矿料表面而形成的。沥青的湿润作用使沥青与集料表面紧密结合,而这种润湿是通过沥青表面与集料表面之间的能量交换来实现的。由于水与集料的粘附力要比沥青与集料的粘附力大,因此水就可以浸入沥青-集料界面,形成沥青-水-集料的表面接触。

(4)分子定向理论(或极性理论)

现代表面分子物理的研究认为,沥青可视为表面活性物质在非极性碳氢化合物中的溶液,沥青根据其所含表面活性物质的数量不同而具有不同的极性。沥青粘附于石料表面后,在石料表面的极性分子定向排列而形成吸附层。与此同时,在极性场中的非极性分子由于得到极性的感应,也产生额外的定向能力,进而构成致密的表面吸附层。沥青的极性是粘附的本质,也是导致矿料吸附沥青的根本原因。

(5)表面构造理论

该理论认为集料的表面构造是决定沥青与集料粘附性的主要因素。

2. Biot 固结理论

1941 年,Biot 在数学上比较严格地推导出能够正确反映土中孔隙水压力消散和土骨架变形这两者的相互关系,被称为较完善的“真固结理论”。该理论在进行推导时,假设有一均质、各向同性的饱和土单元体 $dxdydz$,其受外力作用,满足平衡方程。在不考虑重力的情况下,以整个土体为隔离体(土骨架和孔隙水),平衡方程为

$$\begin{cases}\dfrac{\partial\sigma_x}{\partial x}+\dfrac{\partial\tau_{xy}}{\partial y}+\dfrac{\partial\tau_{zx}}{\partial z}=0\\[2ex]\dfrac{\partial\tau_{xy}}{\partial x}+\dfrac{\partial\sigma_y}{\partial y}+\dfrac{\partial\tau_{zy}}{\partial z}=0\\[2ex]\dfrac{\partial\tau_{xz}}{\partial x}+\dfrac{\partial\tau_{yz}}{\partial y}+\dfrac{\partial\sigma_z}{\partial z}=0\end{cases}$$

如果以土骨架为隔离体,根据有效应力原理,有

$$\sigma'=\sigma-u$$

式中　σ'——有效应力(土骨架的应力);

σ——总应力(土骨架和孔隙水的应力);

u——超孔隙水压力。

用有效应力表示平衡方程,有

$$\begin{cases}\dfrac{\partial\sigma'_x}{\partial x}+\dfrac{\partial\tau_{xy}}{\partial y}+\dfrac{\partial\tau_{zx}}{\partial z}+\dfrac{\partial u}{\partial x}=0\\[2ex]\dfrac{\partial\tau_{xy}}{\partial x}+\dfrac{\partial\sigma'_y}{\partial y}+\dfrac{\partial\tau_{zy}}{\partial z}+\dfrac{\partial u}{\partial y}=0\\[2ex]\dfrac{\partial\tau_{xz}}{\partial x}+\dfrac{\partial\tau_{yz}}{\partial y}+\dfrac{\partial\sigma'_z}{\partial z}+\dfrac{\partial u}{\partial z}=0\end{cases}$$

由于水是不可压缩的,土单元内水量的变化率在数值上等于土体积的变化率,根据达西定律,可得

$$\frac{k}{\gamma_w}\nabla^2 u=-\frac{\partial\varepsilon}{\partial t}$$

式中 k——渗透系数；

γ_w——水的质量；

ε——体积应变。

对于饱和土体，荷载增加时，土体一般是逐渐被压缩（应力解除时一般引起膨胀），压缩过程中一部分水会从土体中排出，土中孔隙水压力相应地转为土颗粒间的有效应力，直至变形趋于稳定，这一变形的全过程称为固结。首先将 Biot 固结理论应用于岩土力学中分析土体的固结问题，作为分析流固耦合作用的理论基础。由于 Biot 固结方程在数学上很难直接求解，国内外学者在求解 Biot 固结方程方面做了大量的研究，经常采用的求解方法有有限差分法、混合有限元法、有限元法、传递矩阵法、有限层法、位移函数法、有限体积法、无单元伽辽金法（element-free Galerkin method）等。

饱和沥青路面在行车荷载作用下，也有类似于饱和土体的固结现象，所以为了研究孔隙水对沥青路面的影响，找出沥青路面水损害的破坏机理，许多从事道路工程研究的学者将 Biot 固结理论逐渐应用于道路工程中。该理论不仅具有一定的理论价值，还具有一定的工程意义。

耿立涛将饱和沥青路面视为多层饱和弹性半空间轴对称体，基于层状饱和轴对称 Biot 固结问题的基本方程，利用刚度矩阵法以及 Laplace 和 Hankel 积分变换，推导了沥青路面超孔隙水压力问题的解析解。在求解过程中，首先推导出饱和沥青路面任意一层状态向量的刚度矩阵，然后采用传统的有限元方法组成总体刚度矩阵，通过求解由总体刚度矩阵所构成的代数方程、Laplace 和 Hankel 积分逆变换，解出沥青路面超孔隙水压力问题的精确解。在该方法中的刚度矩阵的元素仅含有负指数项，计算时不会出现溢出或病态矩阵现象。利用刚度矩阵法计算沥青路面的超孔隙水压力问题非常稳定，通过计算可以发现，超孔隙水压力随着深度的增加而呈现先增大后减小的变化规律，在面层中以及面层与基层的接触面附近，超孔隙水压力达到最大值。饱和沥青路面中超孔隙水压力随时间的延长逐渐减小，原因在于饱和路面中孔隙水的消散。

彭永恒、任瑞波、宋凤立等采用传递矩阵法求解了柱坐标系下的 Biot 固结方程和渗流连续方程，该方法从用有效应力及用超孔隙水压力表示的空间轴对称平衡方程、用有效应力表示的物理方程及用超孔隙水压力表示的渗流连续微分方程等关于时间 t 的 Laplace 变换式出发，建立了基本量关于坐标 z 和 r 的偏微分矩阵关系式，再进行关于坐标 r 的 Hankel 变换，得到矩阵形式的常微分方程，然后根据 Cayley-Hamilton 定理求解该方程，得出传递矩阵。通过传递矩阵建立任意深度的状态向量和初始状态向量的关系，从而得到任意深度的应力、应变和位移等。

李志刚和邓小勇参照土力学模型，将行车荷载作用下的沥青路面看成垂直均布荷载作用下的均质、各向同性、层间完全连续接触的线弹性层状轴对称体系。对 Laplace 空间中的动力平衡方程、物理方程和渗流连续方程建立的微分方程进行 Hankel 变换，从而建立矩阵常微分方程，根据现代控制理论求解矩阵常微分方程。通过传递矩阵建立了任意深度处的状态向量和初始状态向量之间的关系。以三层体系为例计算了超孔隙水压力，结果表明，面层中及面层与基层的接触面附近，孔隙水压力出现最大值。

3. 数值方法

由于 Biot 固结方程在数学上很难直接求解，在分析沥青路面的水损害问题中，经常采用有限元法、有限差分法等数值方法进行求解。

罗志刚将沥青混凝土路面视为单圆垂直均布荷载作用下的均质、各向同性、层间完全连续接触的线弹性层状轴对称体系，分别建立了宏观力学模型和微观力学模型。在宏观力学模型中，将沥青混合料骨架和孔隙水视为一个整体考虑，采用有限元法计算沥青路面结构的位移场、应力场，从而得到各单元的形变和受力状态，为微观分析奠定基础。然后，利用微观力学模型进行不同层位的层间孔隙水压力分析，探讨了路面层间孔隙水压力的变化规律，发现孔隙水压力会对层间造成严重冲蚀，导致沥青与集料过早剥离，而且超载是造成层间高孔隙水压力的重要原因。

傅搏峰将行车荷载下的沥青路面视为单圆垂直均布荷载作用下的均质、各向同性、层间完全连续接触的线性弹性层状轴对称体系。以 Biot 固结理论、各向同性线性弹性损伤理论及疲劳损伤理论为基础，提出沥青路面的水损害力学分析模型。使用 FORTRAN 语言编写了基于 Biot 理论和疲劳损伤力学的非线性有限元程序，对沥青路面在孔隙水压力和交通荷载作用下的破坏过程进行了数值模拟。结果表明，在沥青面层内，荷载作用范围内的孔隙水压力值变化很大，最大值也发生在这个区域，相对于荷载作用位置由近及远，孔隙水压力的值逐渐减小；在荷载作用边缘，面层中靠近路表部分的应力集中现象非常明显；沥青路面的开裂是由于孔隙水压力的存在造成沥青面层中的应力集中，行车荷载的反复作用造成路面结构的疲劳开裂破坏。

P. Kettil 等以液固耦合理论为基础编写了有限元程序，用来模拟行车荷载导致的孔隙水流动。结果表明，在行车荷载作用时，沥青路面中的孔隙水排水，当行车荷载离开后，孔隙水又流回路面，出现了泵吸现象。在泵吸现象发生时，孔隙水压力很大，而孔隙水的流速很小。

Marc E. Novak 等以混合物理论为依据，对动荷载作用下的饱和典型粗级配沥青路面进行有限元分析，研究了车速和渗透性对于孔隙水压力的影响。结果表明，在沥青混合料中产生明显的孔隙水压力，而且孔隙水压力的分布和大小是渗透性和荷载速度的函数。

董泽蛟、谭忆秋、曹丽萍等将沥青路面视为饱和弹性层状体系，建立了二维有限元模型，采用有限元软件 ADINA 进行了动力响应分析。结果表明，荷载的动态作用导致沥青路面内部的孔隙水压力具有波动性质，正负孔隙水压力的循环作用是沥青膜破坏的主要因素。

祁文洋、任瑞波、李美玲等将沥青路面假设为多孔介质，建立了典型半刚性基层沥青路面的轴对称有限元模型，利用有限元软件分析了两种不同流体边界条件下的孔隙水压力。结果表明，流体边界条件能够影响沥青面层内的孔隙水压力的分布规律，加铺排水层有利于增强沥青路面的抗水损害的能力。

蔡云梅和张广泰采用有限元分析方法，借助有限元软件 ANSYS 建立路面结构的层状模型，分析了路面结构的力学效应，并在此基础上分析了层间的孔隙水压力变化与相关因素之间的关系。结果表明，面层的厚度对于孔隙水压力有明显的影响，面层越薄孔隙水压力越大,随着厚度的变化,孔隙水压力呈二次曲线变化。

李之达、沈成武、周增国等通过有限元计算和疲劳试验研究,探讨了孔隙水对沥青路面的破坏形式和疲劳寿命的影响。超孔隙水压力对沥青混凝土的影响实验和分析证实,在无水状态下疲劳破坏的形式为劈裂状,而在有水状态时主要表现为剪切破坏,有水状态的抗疲劳强度低于无水状态的抗疲劳强度,经过回归分析得到了抗疲劳寿命的估计方程,且与实验结果拟合较好。

崔新壮和金青基于 Biot 固结理论,将沥青混合料视为多孔介质,并考虑了沥青混合料和水的惯性力及两者之间的耦合作用,采用快速 Lagrange 有限差分法分析了沥青路面内的动水压力。结果表明,水压的产生和消散在行车荷载作用过程中同时存在,导致面层内正负水压及渗透力随时间变化交替出现,证实了在水损害过程中水的反复泵吸作用,动孔隙水压力随着车速的增加而增大,增强了水对沥青膜的乳化和置换作用。动水压力的最大值出现在面层底部,建议在面层底部加设排水层。

Kutay M Emin 等使用 LB(the lattice Boltzmann)法建立了三维的流体模型,用来模拟流体在沥青混合料的孔隙中的流动,研究孔隙的几何尺寸与孔隙水压力和剪切应力的关系。

3.2.2 试验评价方法

为了研究沥青混合料的水稳性或水敏感性,国内外研究人员提出了许多评价方法和评价指标,一般可以分为两大类:

(1)以未经压实的松散沥青混合料为研究对象进行定性的(主观的)试验;

(2)以沥青混合料试件或芯样为研究对象进行定量的(客观的)试验。

第一类评价方法是通过视觉观察或仪器检测来主观评价裹覆在集料表面的沥青膜剥落程度,并判断沥青和集料的粘附性及混合料的水稳性。主要的评价方法有水煮法、浸水法、净吸附法(NAT 试验)、示踪盐法和光电分光光度法等。这类试验只能反映沥青与集料的粘附性,并不能表现沥青混合料在路面使用中的真实状态和受力情况,而且存在人为因素的影响,评价结果因人而异。

水煮法是将 13.2~19.0 mm 的碎石,在 135~150 ℃的沥青中浸润 45 s,取出冷却后,在沸水中煮 3 min,观察碎石表面沥青膜被水剥落的程度,分 5 个等级对沥青与集料粘附性进行评定。水煮法操作简单方便,应用较为广泛,但是受人为因素影响较大,而且试验条件不够苛刻,往往不能有效区分抗剥落剂的效果。

浸水法主要用于评价 9.5~13.2 mm 较小颗粒集料与沥青的粘附性,混合料在(80±1)℃的水中浸泡 30 min 后,去除沥青被水剥落的颗粒,以完全被沥青裹覆的石料颗粒所占百分比来评价其粘附性。如果浸泡时水是静止的,则称为静态浸水法;如果浸泡时水是震动摇晃的,则称为动态浸水法。

净吸附法(net adsorption test)是美国 SHRP 研究计划开发出来的一种评价沥青与集料粘附性的试验方法。该方法是将集料装在圆柱体容器中,用沥青甲苯溶液进行循环,待温度稳定后取出 4 mL 溶液试样,用光谱仪测定沥青吸收量。然后加入 50 g 粒径小于 4.75 mm 的集料,继续循环 6.5 h 后,再次取样测定沥青吸收量。最后加入一定量的水,使水置换吸附在集料表面的沥青。在此过程中,沥青甲苯溶液的浓度发生变化,通过测定溶液浓度的变化,即可计算出集料对沥青的吸附量和加水后沥青的剥落量,从而计算出集料表面的沥青剥落率。净吸附法克服了水煮法与浸水法的缺点,可以定量地分析沥青粘附性,但是整个试验过程比较麻烦,且受到试验条件的限制。

示踪盐法和光电分光光度法是用化学试剂来显示沥青的剥落。示踪盐法是先将粗石料用示踪盐溶液浸渍处理,再经沥青包裹,再将其浸于蒸馏水中限定时间。最后用火焰光度计测定示踪盐在水中的浓度,并与未经沥青包裹的空白石料试样的浸水后示踪盐的浓度比较,以二者的浓度比值作为剥落度的评价指标。光电分光光度法则是应用染料的示踪作用,将裹覆沥青的石料浸于有染料的水中,当染料跟随水进入沥青与石料的界面时,即吸附于石料的表面,在指定时间内,沥青膜受水的置换作用从石料表面剥落的程度,可以通过染料在石料表面的吸附量来表征。

第二类评价方法是通过试件或芯样在浸水条件或冻融循环条件下来模拟沥青路面受水、温度和行车荷载的共同作用,再通过沥青混合料的马歇尔稳定度、劈裂强度、疲劳寿命等物理力学指标的衰变程度来定量地评价水稳性。主要的评价方法有马歇尔残留试验、冻融劈裂试验、罗特曼试验、Tunnicliff & Root 试验、改进的罗特曼试验、浸水车辙试验、环境条件系统(environment condition system,ECS)试验等。

马歇尔残留稳定度试验是将马歇尔试件在 60 ℃水中浸泡 48 h,其所测得稳定度与试件浸泡 30 min 的稳定度比值百分率即为马歇尔残留稳定度。

Lottman 试验法是美国教授 Lottman 开发的一种评价沥青混合料水稳性的试验方法。其方法是将马歇尔试件在常温水中浸泡 20 min,再在−18 ℃冰箱中冷却 16 h,然后在 60 ℃水浴中放置 24 h,即完成一次冻融循环。试件又在 25 ℃水中浸泡 24 h 后测试其劈裂强度,此时测得的强度与未经冻融循环试件的劈裂强度比值即为劈裂强度比,以此指标作为评价沥青混合料的水稳性指标。

环境条件系统由环境箱、加载系统、计算机控制系统和数据控制系统四部分构成。本方法通过模拟路面浸水状态,对试件进行真空饱水处理、温度控制,对试件施加脉冲荷载,通过无破损试验,对同一试件进行浸水破坏前后对比分析,以水的渗透性、试件回弹模量和劈裂试件的沥青剥落百分率作为水损害评价指标。环境条件系统的冻融循环过程包括 3 个 60 ℃的热循环,每 6 h 为一个循环,并且在循环过程中持续作用 124 kPa 荷载,最后一个为−18 ℃的冷循环,没有作用荷载。该试验增加了水、温度作用过程中荷载作用,试验荷载形式为加压脉冲荷载。

浸水车辙试验,由于试验装置不同而有几种试验方法,如汉堡轮辙试验、诺丁汉轮辙试验和普杜轮辙试验等。英国的轮辙试验是将 3 个实心橡胶轮胎在 3 只沥青混合料试件上以 25 Hz 的频率往复移动,在每个轮上加载使试件受到约 25 kg 的荷载,试件在水浴中保持水平状态,使水面恰好覆盖试件表面,水浴的温度保持在 40 ℃左右,以破坏所需时间为度量剥落的标准。

沥青路面分析仪(APA)是美国研制开发的一种轮辙试验设备。该设备由加载系统、水浴系统、温度控制系统和操作系统等组成。试验时可根据要求设置不同环境温度和轮载,加载轮以恒定的压力在试件表面往复运动,通过数据自动采集系统,定时采集试件表面产生的永久变形量,并输入到计算机,绘出变形与往复运动次数的关系曲线,以 8 000 次轮载作用的车辙深度作为评定永久变形的指标,通过比较浸水前后的车辙深度来评定混合料水稳性。

虽然这些方法能够在一定程度上反映沥青混合料的水稳性,但是许多使用了满足水稳性评价标准的沥青混合料的沥青路面,在通车后不久就出现了水损害现象,说明这些评价方法不能真实地反映沥青路面的水损害。为了解决这个问题,许多学者尝试采用新的评价方法,例如,冲刷冻融劈裂试验、APA 浸水车辙试验、超声波定量分析法、CT 图像熵值分析法、全程室内试验评价方法、SATS(saturation ageing tensile stiffness)试验等。

3.2.3 提高沥青混合料水稳性的研究

1. 抗剥落剂

虽然导致沥青路面产生水损害现象的原因有很多,但最根本的原因是孔隙水的影响导致沥青膜与集料表面的粘附性降低,从而加速沥青膜的剥离和剥落。为了避免或减少水损害现象的发生,通常在沥青混合料中添加抗剥落剂。目前有两种添加抗剥落剂的方法:

(1)在沥青与集料混合之前,先用液体化学抗剥落剂(多为胺脂酸类)对沥青进行处理;

(2)直接用抗剥落剂处理集料表面。

在沥青混合料中添加水泥或消石灰也能在一定程度上改善抗水损害性能,一般采用两种添加方式:

(1)以稀浆的形式处理碎石(这种方式使用效果较好,但是工艺比较复杂);

(2)用水泥或消石灰直接取代部分矿粉。

张嘎吱和王永强按照一定的质量比例将干水泥与沥青拌和均匀,再加入预热的集料和矿粉,试验表明这种方法能够提高沥青混合料的水稳性。由于硅藻精土具有体轻、耐酸、比表面积大、化学性质稳定和吸附能力强等优点,有些学者对硅藻精土改善沥青混合料的水稳性方面进行了研究,实验结果表明,硅藻精土对于沥青混合料水稳性的改善效果比较显著。谢君等通过室内试验,发现在花岗岩沥青混合料中采用活性矿粉,水稳性有了显著的提高。王抒音等使用以工业固体废弃物为原料的含铬外加剂来提高沥青混合料的水稳性。试验结果表明,含铬外加剂明显改善了酸性集料沥青混合料的长期抗水损害能力。

抗剥落剂是以防止沥青混合料产生剥落破坏为主要目的而添加的外加剂,当前使用的抗剥落剂主要有胺类和非胺类两种。绝大多数的抗剥落剂是胺类化合物,一端是亲水的氢基,与酸性石料具有很强的亲和力;另一端是融化在沥青中的亲油性烷基,从而起到抗剥落的效果。某些胺类抗剥落剂不耐热,在长时间高温下会发生分解而丧失活性,所以在沥青路面工程建设中要选择优质的抗剥落剂。胡同康等通过室内试验发现 AST-3 抗剥落剂能显著提高沥青混凝土的水稳性。Atakan Aksoy 等通过试验发现胺类抗剥落剂能够改善沥青混合料的水稳性。彭振兴等通过实验发现有些非胺类抗剥落剂的效果要优于胺类抗剥落剂。

2. 集料性质和沥青组分

沥青混合料在拌和过程中,集料与沥青发生了复杂的物理化学反应,集料的化学性质影响着沥青混合料的物理力学性能,一般认为碱性较强的集料与沥青结合较好,而酸性集料与沥青结合较差。郝培文等通过室内试验发现,集料的碱性越强,沥青混合料的抗水损害能力越强。Saad Abo-Qudais 等则利用室内试验分析了集料的性质对沥青混合料抗剥落能力的影响。在实际生产中,集料会受到不同程度的污染,泥土对沥青混合料的性能尤其是水稳性影响显著,会阻断沥青与集料的结合,大大降低了沥青粘附性。试验研究表明,细集料泥土质量分数的临界值为 2%,超过 2%会明显降低沥青混合料的抗水损害能力。霍俊香等通过沥青与集料的粘附性试验和冻融劈裂试验分析了粗集料和细集料的含泥量对水稳定的影响,发现细集料的洁净程度对沥青混合料水稳性的影响要敏感于粗集料,并给出含泥量的上限:粗集料含泥量为 3%,细集料含泥量为 2%。

沥青的成分也会影响沥青混合料的抗水损害能力,其中的水敏性组分与水作用,导致沥青膜从集料表面剥落。沥青水敏性组分是指沥青中对水敏感并与水有乳化作用的组分,其含量可间接反映沥青路面发生水损害剥离的趋势。赖国华通过对沥青的化学成分及其在石料表面的吸附性和脱落性的分析,指出了各类组分的吸附性和稳定性。张倩等则采用人工模拟周期浸泡法进行降水对沥青结合料的化学影响的试验模拟,分析了组分与水的物理化学作用。沥青膜的厚度也直接影响着沥青混合料的抗水损害能力,于志凯和 Burak Sengoza 通过室内试验分别给出了最佳沥青膜厚度:9~11 μm 和 9.5~10.5 μm,可见两个结果比较接近。

空隙率的大小直接影响着沥青路面的水稳性,当空隙率为 8%~15%时,沥青路面最易发生水损害。为了在室内试验中更准确地反映沥青路面的水损害,王抒音等通过试验研究提出:常规冻融劈裂试验空隙率应控制在 7%~8%。

第二篇
轴对称层状粘弹性体系的求解

第 4 章 饱和层状粘弹性体系的求解

对于 Biot 固结方程的求解,经常采用数值方法(有限层法、有限元法和有限差分法等)、刚度矩阵法、传递矩阵法、积分变换法和位移函数法等。本章采用积分变换法求解 Biot 固结方程,首先,通过 Laplace 变换和 Hankel 变换将 Biot 固结方程和渗流连续方程简化为常微分方程;然后,求解常微分方程,就可以得到积分空间中的应力、应变和位移的一般解。代入边界条件,进行积分逆变换就得到应力、应变和位移的解析解。

4.1 基本假设和基本方程

4.1.1 基本假设

在求解 Biot 固结方程的过程中,如果精确地考虑各方面的因素,那么求解方程将变得非常复杂,甚至无法求解。因此,根据研究问题的性质,做如下假设:

(1)假设沥青路面处于饱和状态,即孔隙中完全充满水。

(2)将行车荷载假设为竖直方向的单圆均布荷载,不考虑水平荷载的作用。

(3)假设沥青路面的材料是理想粘弹性、完全均质和各向同性。理想粘弹性是指层状粘弹性体系为线性粘弹性,完全服从三维的本构关系,其材料参数不随应力或应变而变化。完全均质是指每层由同一材料组成,并具有相同的材料参数。各向同性是指同一点在所有方向上的材料参数相同,不随方向改变。

(4)关于自然应力等于 0 的假设。在施加外力之前,假设存在于物体内的初始应力等于 0。也就是说,本章求得的不是材料的实际应力,而仅是在未知初始应力上的增加值。

(5)关于微小应变和微小位移的假设。假设物体在受力后,各点的位移都远远小于物体原来的尺寸,且应变和转角都远小于 1。

(6)关于无穷远处应力、应变和位移等于 0 的假设。根据这条假设,当 r、z 趋于无穷大时,层状粘弹性体系中的应力、应变和位移均等于 0。

4.1.2 基本方程

研究饱和层状粘弹性体在行车荷载作用下的应力、应变和位移状态,必须通过平衡方程、几何关系和本构关系等公式建立基本关系,这些关系则反映了粘弹性体必须满足的普遍规律和内在联系。因为材料性质、形状尺寸和荷载等条件不同,所以要确定应力、应变和位移还必须考虑边界条件和初始条件。

在行车荷载作用下的沥青路面,认为沥青路面是层状粘弹性体系,行车荷载为竖直方向的单圆均布荷载,不考虑水平荷载的作用,这时可以采用柱坐标系进行描述。对于轴对称问题,应力、应变和位移均是径向坐标 r、竖向坐标 z 和时间 t 的函数;对于非轴对称问题,应力、应变和位移均是径向坐标 r、竖向坐标 z、切向坐标 θ 和时间 t 的函数。

1. Biot 固结方程和渗流连续方程

(1)柱坐标系下的非轴对称问题

在柱坐标系下,以整体沥青路面为隔离体(沥青路面骨架和孔隙水),不考虑沥青路面的重力,建立平衡方程:

$$\frac{\partial\sigma_r}{\partial r}+\frac{1}{r}\frac{\partial\tau_{r\theta}}{\partial\theta}+\frac{\partial\tau_{zr}}{\partial z}+\frac{\sigma_r-\sigma_\theta}{r}=0$$

$$\frac{\partial\tau_{r\theta}}{\partial\theta}+\frac{1}{r}\frac{\partial\sigma_\theta}{\partial\theta}+\frac{\partial\tau_{z\theta}}{\partial z}+\frac{2}{r}\tau_{r\theta}=0$$

$$\frac{\partial\tau_{zr}}{\partial r}+\frac{1}{r}\frac{\partial\tau_{\theta z}}{\partial\theta}+\frac{\partial\sigma_z}{\partial z}+\frac{1}{r}\tau_{zr}=0$$

如果以沥青路面骨架为隔离体,以有效应力表示平衡条件,根据有效应力原理,有

$$\sigma_i'=\sigma_i-p_w, i=r,\theta,z$$

式中 σ_i'——有效应力;

p_w——该点水压力,$p_w=(z_0-z)\gamma_w+\sigma$,其中$(z_0-z)\gamma_w$ 表示该点静水压力,σ 为超静水压力。

根据上式可得以下关系:

$$\sigma_r'=\sigma_r-p_w$$

$$\sigma_\theta'=\sigma_\theta-p_w$$

$$\sigma_z'=\sigma_z-p_w$$

式中,σ_r'、σ_θ'和 σ_z'分别为径向、切向、竖直方向上的有效应力。

将以上关系代入平衡方程,可得

$$\frac{\partial\sigma_r'}{\partial r}+\frac{1}{r}\frac{\partial\tau_{r\theta}}{\partial\theta}+\frac{\partial\tau_{zr}}{\partial z}+\frac{\sigma_r'-\sigma_\theta'}{r}+\frac{\partial p_w}{\partial r}=0$$

$$\frac{\partial\tau_{r\theta}}{\partial\theta}+\frac{1}{r}\frac{\partial\sigma_\theta'}{\partial\theta}+\frac{\partial\tau_{z\theta}}{\partial z}+\frac{2}{r}\tau_{r\theta}+\frac{1}{r}\frac{\partial p_w}{\partial\theta}=0$$

$$\frac{\partial\tau_{zr}}{\partial r}+\frac{1}{r}\frac{\partial\tau_{\theta z}}{\partial\theta}+\frac{\partial\sigma_z'}{\partial z}+\frac{1}{r}\tau_{zr}+\frac{\partial p_w}{\partial z}=0$$

或

$$\frac{\partial\sigma_r'}{\partial r}+\frac{1}{r}\frac{\partial\tau_{r\theta}}{\partial\theta}+\frac{\partial\tau_{zr}}{\partial z}+\frac{\sigma_r'-\sigma_\theta'}{r}+\frac{\partial\sigma}{\partial r}=0$$

$$\frac{\partial\tau_{r\theta}}{\partial\theta}+\frac{1}{r}\frac{\partial\sigma_\theta'}{\partial\theta}+\frac{\partial\tau_{z\theta}}{\partial z}+\frac{2}{r}\tau_{r\theta}+\frac{1}{r}\frac{\partial\sigma}{\partial\theta}=0$$

$$\frac{\partial\tau_{zr}}{\partial r}+\frac{1}{r}\frac{\partial\tau_{\theta z}}{\partial\theta}+\frac{\partial\sigma_z'}{\partial z}+\frac{1}{r}\tau_{zr}+\frac{\partial\sigma}{\partial z}=\gamma_w$$

式中,γ_w 为孔隙水的容重。

假设孔隙水是不可压缩的，对于饱和沥青路面，沥青路面单元体内水量的变化率在数值上等于沥青路面体积的变化率，故根据达西定律可得

$$\frac{k}{\gamma_w}\nabla^2\sigma=\frac{\partial e_v}{\partial t}$$

式中　k——沥青路面的渗透系数；

$\nabla^2=\frac{\partial^2}{\partial r^2}+\frac{1}{r}\frac{\partial}{\partial r}+\frac{1}{r^2}\frac{\partial^2}{\partial\theta^2}+\frac{\partial^2}{\partial z^2}$；

e_v——沥青路面的体积应变，即

$$e_v=\frac{\partial u}{\partial r}+\frac{1}{r}\frac{\partial v}{\partial\theta}+\frac{u}{r}+\frac{\partial w}{\partial z}$$

式中，u、v 和 w 分别为沥青路面骨架 r、θ 和 z 方向的位移。

(2)柱坐标系下的轴对称问题

在空间问题中，如果沥青路面的几何形状、约束条件和荷载条件等因素，都是对称于某一轴线的，则所有的应力、应变和位移也对称于这一轴线，这种问题称为空间轴对称问题，可得

$$\tau_{r\theta}=0$$

$$\tau_{\theta z}=0$$

$$\frac{\partial}{\partial\theta}=0$$

将上述条件代入非轴对称的平衡方程，可得

$$\frac{\partial\sigma_r}{\partial r}+\frac{\partial\tau_{rz}}{\partial z}+\frac{\sigma_r-\sigma_\theta}{r}=0$$

$$\frac{\partial\sigma_z}{\partial z}+\frac{\partial\tau_{rz}}{\partial r}+\frac{\tau_{rz}}{r}=0$$

如果以沥青路面骨架为隔离体，以有效应力表示平衡条件，根据有效应力原理，有

$$\sigma_i'=\sigma_i-p_w,i=r,\theta,z$$

式中　σ_i'——有效应力；

p_w——该点水压力，$p_w=(z_0-z)\gamma_w+\sigma$，其中$(z_0-z)\gamma_w$ 表示该点静水压力，σ 为超静水压力。

根据上式可得以下关系：

$$\sigma_r'=\sigma_r-p_w$$

$$\sigma_\theta'=\sigma_\theta-p_w$$

$$\sigma_z'=\sigma_z-p_w$$

式中　σ_r'——径向方向上的有效应力；

σ_θ'——切向方向上的有效应力；

σ_z'——竖直方向上的有效应力；

将以上关系代入平衡方程可得

$$\frac{\partial\sigma_r'}{\partial r}+\frac{\partial\tau_{zr}}{\partial z}+\frac{\sigma_r'-\sigma_\theta'}{r}+\frac{\partial p_w}{\partial r}=0$$

$$\frac{\partial \tau_{zr}}{\partial r}+\frac{\partial \sigma'_z}{\partial z}+\frac{1}{r}\tau_{zr}+\frac{\partial p_w}{\partial z}=0$$

或

$$\frac{\partial \sigma'_r}{\partial r}+\frac{\partial \tau_{zr}}{\partial z}+\frac{\sigma'_r-\sigma'_\theta}{r}+\frac{\partial \sigma}{\partial r}=0$$

$$\frac{\partial \tau_{zr}}{\partial r}+\frac{\partial \sigma'_z}{\partial z}+\frac{1}{r}\tau_{zr}+\frac{\partial \sigma}{\partial z}=\gamma_w$$

式中,γ_w 为孔隙水的容重。

假设孔隙水是不可压缩的,对于饱和沥青路面,沥青路面单元体内水量的变化率在数值上等于沥青路面体积的变化率,故根据达西定律可得渗流连续方程:

$$\frac{k}{\gamma_w}\nabla^2\sigma=\frac{\partial e_v}{\partial t}$$

式中　k——渗透系数;

$\nabla^2=\frac{\partial^2}{\partial r^2}+\frac{1}{r}\frac{\partial}{\partial r}+\frac{\partial^2}{\partial z^2}$;

e_v——体积应变,

$$e_v=\frac{\partial u}{\partial r}+\frac{u}{r}+\frac{\partial w}{\partial z}$$

式中,u 和 w 分别为沥青路面骨架 r 和 z 方向的位移。

(3)直角坐标系下的问题

以整体沥青路面单元体 $dxdydz$ 为隔离体(沥青路面骨架和孔隙水),不考虑沥青路面的重力,则其平衡方程为

$$\frac{\partial \sigma_x}{\partial x}+\frac{\partial \tau_{yx}}{\partial y}+\frac{\partial \tau_{zx}}{\partial z}=0$$

$$\frac{\partial \tau_{xy}}{\partial x}+\frac{\partial \sigma_y}{\partial y}+\frac{\partial \tau_{zy}}{\partial z}=0$$

$$\frac{\partial \tau_{xz}}{\partial x}+\frac{\partial \tau_{yz}}{\partial y}+\frac{\partial \sigma_z}{\partial z}=0$$

如果以沥青路面骨架为隔离体,以有效应力表示平衡条件,根据有效应力原理可得

$$\sigma'_i=\sigma_i-p_w, i=x,y,z$$

式中　σ'_i——有效应力;

p_w——该点水压力,$p_w=(z_0-z)\gamma_w+\sigma$,其中$(z_0-z)\gamma_w$ 表示该点静水压力,σ 为超静水压力。

根据上式可得有效应力的表达式:

$$\sigma'_x=\sigma_x-p_w$$

$$\sigma'_y=\sigma_y-p_w$$

$$\sigma'_z=\sigma_z-p_w$$

将上述关系代入平衡方程可得

$$\frac{\partial\sigma'_x}{\partial x}+\frac{\partial\tau_{yx}}{\partial y}+\frac{\partial\tau_{zx}}{\partial z}+\frac{\partial p_w}{\partial x}=0$$

$$\frac{\partial\tau_{xy}}{\partial x}+\frac{\partial\sigma'_y}{\partial y}+\frac{\partial\tau_{zy}}{\partial z}+\frac{\partial p_w}{\partial y}=0$$

$$\frac{\partial\tau_{xz}}{\partial x}+\frac{\partial\tau_{yz}}{\partial y}+\frac{\partial\sigma'_z}{\partial z}+\frac{\partial p_w}{\partial z}=0$$

或

$$\frac{\partial\sigma'_x}{\partial x}+\frac{\partial\tau_{yx}}{\partial y}+\frac{\partial\tau_{zx}}{\partial z}+\frac{\partial\sigma}{\partial x}=0$$

$$\frac{\partial\tau_{xy}}{\partial x}+\frac{\partial\sigma'_y}{\partial y}+\frac{\partial\tau_{zy}}{\partial z}+\frac{\partial\sigma}{\partial y}=0$$

$$\frac{\partial\tau_{xz}}{\partial x}+\frac{\partial\tau_{yz}}{\partial y}+\frac{\partial\sigma'_z}{\partial z}+\frac{\partial\sigma}{\partial z}=\gamma_w$$

式中，γ_w 为孔隙水的容重。

假设孔隙水是不可压缩的，对于饱和沥青路面，沥青路面单元体内水量的变化率在数值上等于沥青路面体积的变化率，故根据达西定律可得

$$\frac{k}{\gamma_w}\nabla^2\sigma=\frac{\partial e_v}{\partial t}$$

式中　k——沥青路面的渗透系数；

$\nabla^2=\frac{\partial^2}{\partial x^2}+\frac{\partial^2}{\partial y^2}+\frac{\partial^2}{\partial z^2}$；

e_v——沥青路面的体积应变，

$$e_v=\varepsilon_x+\varepsilon_y+\varepsilon_z=\frac{\partial u}{\partial x}+\frac{\partial v}{\partial y}+\frac{\partial w}{\partial z}$$

式中，u、v 和 w 分别为沥青路面骨架 x、y 和 z 方向的位移。

2. 几何方程

几何方程是一个描述所分析的微元体的位移与应变关系的函数方程。

(1)柱坐标系下的非轴对称问题

对于柱坐标系下的非轴对称问题，几何方程可表示为

$$\varepsilon_r(r,\theta,z,t)=\frac{\partial u(r,\theta,z,t)}{\partial r}$$

$$\varepsilon_\theta(r,\theta,z,t)=\frac{1}{r}\frac{\partial v(r,\theta,z,t)}{\partial\theta}+\frac{u(r,\theta,z,t)}{r}$$

$$\varepsilon_z(r,\theta,z,t)=\frac{\partial w(r,\theta,z,t)}{\partial z}$$

$$\gamma_{r\theta}(r,\theta,z,t)=\frac{\partial v(r,\theta,z,t)}{\partial r}-\frac{v(r,\theta,z,t)}{r}+\frac{1}{r}\frac{\partial u(r,\theta,z,t)}{\partial\theta}$$

$$\gamma_{\theta z}(r,\theta,z,t)=\frac{1}{r}\frac{\partial w(r,\theta,z,t)}{\partial\theta}+\frac{\partial v(r,\theta,z,t)}{\partial z}$$

$$\gamma_{rz}(r,\theta,z,t)=\frac{\partial u(r,\theta,z,t)}{\partial z}+\frac{\partial w(r,\theta,z,t)}{\partial r}$$

式中　u——沿 r 方向的位移,称为径向位移;

w——沿 z 方向的位移,称为轴向位移;

v——沿 θ 方向的位移,称为切向位移;

$\gamma_{r\theta}$——r 与 θ 方向之间的剪应变;

$\gamma_{\theta z}$——z 与 θ 方向之间的剪应变。

对以上几何方程进行关于时间 t 的 Laplace 变换,可得 Laplace 空间中的几何方程:

$$\bar{\varepsilon}_r(r,\theta,z,s)=\frac{\partial\bar{u}(r,\theta,z,s)}{\partial r}$$

$$\bar{\varepsilon}_\theta(r,\theta,z,s)=\frac{1}{r}\frac{\partial\bar{v}(r,\theta,z,s)}{\partial\theta}+\frac{\bar{u}(r,\theta,z,s)}{r}$$

$$\bar{\varepsilon}_z(r,\theta,z,s)=\frac{\partial\bar{w}(r,\theta,z,s)}{\partial z}$$

$$\bar{\gamma}_{r\theta}(r,\theta,z,s)=\frac{\partial\bar{v}(r,\theta,z,s)}{\partial r}-\frac{\bar{v}(r,\theta,z,s)}{r}+\frac{1}{r}\frac{\partial\bar{u}(r,\theta,z,s)}{\partial\theta}$$

$$\bar{\gamma}_{\theta z}(r,\theta,z,s)=\frac{1}{r}\frac{\partial\bar{w}(r,\theta,z,s)}{\partial\theta}+\frac{\partial\bar{v}(r,\theta,z,s)}{\partial z}$$

$$\bar{\gamma}_{rz}(r,\theta,z,s)=\frac{\partial\bar{u}(r,\theta,z,s)}{\partial z}+\frac{\partial\bar{w}(r,\theta,z,s)}{\partial r}$$

(2)柱坐标系下的轴对称问题

对于柱坐标系下的轴对称问题,由于剪应变 $\gamma_{r\theta}$ 和 $\gamma_{\theta z}$ 等于 0,几何方程可表示为

$$\varepsilon_r(r,z,t)=\frac{\partial u(r,z,t)}{\partial r}$$

$$\varepsilon_\theta(r,z,t)=\frac{u(r,z,t)}{r}$$

$$\varepsilon_z(r,z,t)=\frac{\partial w(r,z,t)}{\partial z}$$

$$\gamma_{rz}(r,z,t)=\frac{\partial u(r,z,t)}{\partial z}+\frac{\partial w(r,z,t)}{\partial r}$$

式中　u——沿 r 方向的位移,称为径向位移;

w——沿 z 方向的位移,称为轴向位移;

ε_r——沿 r 方向的正应变,称为径向正应变;

ε_θ——沿 θ 方向的正应变,称为切向正应变;

ε_z——沿 z 方向的正应变,称为轴向正应变;

γ_{rz}——r 与 z 方向之间的剪应变。

对以上几何方程进行关于时间 t 的 Laplace 变换,可得 Laplace 空间中的几何方程:

$$\bar{\varepsilon}_r(r,z,s)=\frac{\partial\bar{u}(r,z,s)}{\partial r}$$

$$\overline{\varepsilon}_{\theta}(r,z,s)=\frac{\overline{u}(r,z,s)}{r}$$

$$\overline{\varepsilon}_{z}(r,z,s)=\frac{\partial\overline{w}(r,z,s)}{\partial z}$$

$$\overline{\gamma}_{rz}(r,z,s)=\frac{\partial\overline{u}(r,z,s)}{\partial z}+\frac{\partial\overline{w}(r,z,s)}{\partial r}$$

(3)直角坐标系下的几何方程

在直角坐标系下的几何方程可表示为

$$\varepsilon_{x}(x,y,z,t)=\frac{\partial u(x,y,z,t)}{\partial x}$$

$$\varepsilon_{y}(x,y,z,t)=\frac{\partial v(x,y,z,t)}{\partial y}$$

$$\varepsilon_{z}(x,y,z,t)=\frac{\partial w(x,y,z,t)}{\partial z}$$

$$\gamma_{yz}(x,y,z,t)=\frac{\partial w(x,y,z,t)}{\partial y}+\frac{\partial v(x,y,z,t)}{\partial z}$$

$$\gamma_{zx}(x,y,z,t)=\frac{\partial u(x,y,z,t)}{\partial z}+\frac{\partial w(x,y,z,t)}{\partial x}$$

$$\gamma_{xy}(x,y,z,t)=\frac{\partial v(x,y,z,t)}{\partial x}+\frac{\partial u(x,y,z,t)}{\partial y}$$

式中　u、v 和 w——x、y 和 z 方向的位移；

ε_x、ε_y 和 ε_z——x、y 和 z 方向的正应变；

γ_{yz}、γ_{zx} 和 γ_{xy}——剪应变。

对以上几何方程进行关于时间 t 的 Laplace 变换，可得 Laplace 空间中的几何方程：

$$\overline{\varepsilon}_{x}(x,y,z,s)=\frac{\partial\overline{u}(x,y,z,s)}{\partial x}$$

$$\overline{\varepsilon}_{y}(x,y,z,s)=\frac{\partial\overline{v}(x,y,z,s)}{\partial y}$$

$$\overline{\varepsilon}_{z}(x,y,z,s)=\frac{\partial\overline{w}(x,y,z,s)}{\partial z}$$

$$\overline{\gamma}_{yz}(x,y,z,s)=\frac{\partial\overline{w}(x,y,z,s)}{\partial y}+\frac{\partial\overline{v}(x,y,z,s)}{\partial z}$$

$$\overline{\gamma}_{zx}(x,y,z,s)=\frac{\partial\overline{u}(x,y,z,s)}{\partial z}+\frac{\partial\overline{w}(x,y,z,s)}{\partial x}$$

$$\overline{\gamma}_{xy}(x,y,z,s)=\frac{\partial\overline{v}(x,y,z,s)}{\partial x}+\frac{\partial\overline{u}(x,y,z,s)}{\partial y}$$

3. 物理方程

物理方程建立了应力与应变之间的关系。通过前面的分析，建立了粘弹性体的三维本构关系，微分型的本构关系为

$$P'S_{ij}=Q'e_{ij}$$

$$P''\sigma_{ii}=Q''\varepsilon_{ii}$$

式中

$$P'=\sum_{k=0}p'_k\frac{\mathrm{d}^k}{\mathrm{d}t^k}$$

$$Q'=\sum_{k=0}q'_k\frac{\mathrm{d}^k}{\mathrm{d}t^k}$$

$$P''=\sum_{k=0}p''_k\frac{\mathrm{d}^k}{\mathrm{d}t^k}$$

$$Q''=\sum_{k=0}q''_k\frac{\mathrm{d}^k}{\mathrm{d}t^k}$$

积分型的本构关系为

$$\sigma_{ij}(t)=\delta_{ij}\lambda(t)*\mathrm{d}\varepsilon_{kk}(t)+2G(t)*\mathrm{d}\varepsilon_{ij}(t)$$

设 $e(t)=\varepsilon_{kk}(t)$,代入上式可得

$$\sigma_{ij}(t)=\delta_{ij}\lambda(t)*\mathrm{d}e(t)+2G(t)*\mathrm{d}\varepsilon_{ij}(t)$$

根据上述张量方程,可得非轴对称问题的物理方程:

$$\sigma_r(t)=\lambda(t)*\mathrm{d}e(t)+2G(t)*\mathrm{d}\varepsilon_r(t)$$
$$\sigma_\theta(t)=\lambda(t)*\mathrm{d}e(t)+2G(t)*\mathrm{d}\varepsilon_\theta(t)$$
$$\sigma_z(t)=\lambda(t)*\mathrm{d}e(t)+2G(t)*\mathrm{d}\varepsilon_z(t)$$
$$\tau_{r\theta}(t)=G(t)*\mathrm{d}\gamma_{r\theta}(t)$$
$$\tau_{\theta z}(t)=G(t)*\mathrm{d}\gamma_{\theta z}(t)$$
$$\tau_{zr}(t)=G(t)*\mathrm{d}\gamma_{zr}(t)$$

对以上物理方程进行关于时间 t 的 Laplace 变换,并根据 Stieltjes 卷积性质,可得

$$\bar{\sigma}_r(s)=\bar{\lambda}(s)\bar{e}(s)+2\bar{G}(s)\bar{\varepsilon}_r(s)$$
$$\bar{\sigma}_\theta(s)=\bar{\lambda}(s)\bar{e}(s)+2\bar{G}(s)\bar{\varepsilon}_\theta(s)$$
$$\bar{\sigma}_z(s)=\bar{\lambda}(s)\bar{e}(s)+2\bar{G}(s)\bar{\varepsilon}_z(s)$$
$$\bar{\tau}_{r\theta}(s)=\bar{G}(s)\bar{\gamma}_{r\theta}(s)$$
$$\bar{\tau}_{\theta z}(s)=\bar{G}(s)\bar{\gamma}_{\theta z}(s)$$
$$\bar{\tau}_{zr}(s)=\bar{G}(s)\bar{\gamma}_{zr}(s)$$

式中

$$\bar{e}(s)=\bar{\varepsilon}_r(s)+\bar{\varepsilon}_\theta(s)+\bar{\varepsilon}_z(s)$$

轴对称问题的物理方程可表示为

$$\sigma_r(t)=\lambda(t)*\mathrm{d}e(t)+2G(t)*\mathrm{d}\varepsilon_r(t)$$
$$\sigma_\theta(t)=\lambda(t)*\mathrm{d}e(t)+2G(t)*\mathrm{d}\varepsilon_\theta(t)$$
$$\sigma_z(t)=\lambda(t)*\mathrm{d}e(t)+2G(t)*\mathrm{d}\varepsilon_z(t)$$
$$\tau_{rz}(t)=G(t)*\mathrm{d}\gamma_{rz}(t)$$

对以上物理方程进行关于时间 t 的 Laplace 变换,并根据 Stieltjes 卷积性质,可得

$$\bar{\sigma}_r(s)=\bar{\lambda}(s)\bar{e}(s)+2\bar{G}(s)\bar{\varepsilon}_r(s)$$

$$\bar{\sigma}_\theta(s)=\bar{\lambda}(s)\bar{e}(s)+2\bar{G}(s)\bar{\varepsilon}_\theta(s)$$

$$\bar{\sigma}_z(s)=\bar{\lambda}(s)\bar{e}(s)+2\bar{G}(s)\bar{\varepsilon}_z(s)$$

$$\bar{\tau}_{rz}(s)=\bar{G}(s)\bar{\gamma}_{rz}(s)$$

在直角坐标系下的物理方程可表示为

$$\sigma_x(t)=\lambda(t)*\mathrm{d}e(t)+2G(t)*\mathrm{d}\varepsilon_x(t)$$

$$\sigma_y(t)=\lambda(t)*\mathrm{d}e(t)+2G(t)*\mathrm{d}\varepsilon_y(t)$$

$$\sigma_z(t)=\lambda(t)*\mathrm{d}e(t)+2G(t)*\mathrm{d}\varepsilon_z(t)$$

$$\tau_{yz}(t)=G(t)*\mathrm{d}\gamma_{yz}(t)$$

$$\tau_{zx}(t)=G(t)*\mathrm{d}\gamma_{zx}(t)$$

$$\tau_{xy}(t)=G(t)*\mathrm{d}\gamma_{xy}(t)$$

对以上物理方程进行关于时间 t 的 Laplace 变换,并根据 Stieltjes 卷积性质,可得

$$\bar{\sigma}_x(s)=\bar{\lambda}(s)\bar{e}(s)+2\bar{G}(s)\bar{\varepsilon}_x(s)$$

$$\bar{\sigma}_y(s)=\bar{\lambda}(s)\bar{e}(s)+2\bar{G}(s)\bar{\varepsilon}_y(s)$$

$$\bar{\sigma}_z(s)=\bar{\lambda}(s)\bar{e}(s)+2\bar{G}(s)\bar{\varepsilon}_z(s)$$

$$\bar{\tau}_{yz}(s)=\bar{G}(s)\bar{\gamma}_{yz}(s)$$

$$\bar{\tau}_{zx}(s)=\bar{G}(s)\bar{\gamma}_{zx}(s)$$

$$\bar{\tau}_{xy}(s)=\bar{G}(s)\bar{\gamma}_{xy}(s)$$

粘弹性材料参数为

$$\bar{E}(s)=\frac{3\bar{Q}'(s)\bar{Q}''(s)}{\bar{Q}'(s)\bar{P}''(s)+2\bar{P}'(s)\bar{Q}''(s)}$$

$$\bar{\mu}(s)=\frac{\bar{P}'(s)\bar{Q}''(s)-\bar{P}''(s)\bar{Q}'(s)}{\bar{Q}'(s)\bar{P}''(s)+2\bar{P}'(s)\bar{Q}''(s)}$$

$$\bar{G}(s)=\frac{1}{2}\frac{\bar{Q}'(s)}{\bar{P}'(s)}$$

$$\bar{K}(s)=\frac{1}{3}\frac{\bar{Q}''(s)}{\bar{P}''(s)}=\bar{\lambda}(s)+\frac{2}{3}\bar{G}(s)$$

$$\bar{\lambda}(s)=\bar{K}(s)-\frac{2}{3}\bar{G}(s)=\frac{2\bar{\mu}(s)\bar{G}(s)}{1-2\bar{\mu}(s)}$$

4.2　行车荷载的简化

车辆行驶在路面上,就会对路面产生荷载,行车荷载包括恒载(车辆自重)和附加动荷载(车辆振动产生的动荷载)两部分。车辆轮胎与路面的接触面可以近似为圆形或矩形,行车荷载作用在接触面内,在接触面以外荷载的大小为0。为了便于分析,这里将行车荷载函数 $p(r,\theta,t)$ 或 $p(x,y,t)$ 采用分离变量法分解成位置函数[$p_1(r,\theta)$ 或 $p_1(x,y)$]和时间函数[$p_2(t)$]的乘积,即

$$p(r,\theta,t)=\begin{cases}p_1(r,\theta)p_2(t) & (r\leqslant r_0)\\ 0 & (r>r_0)\end{cases} \tag{4.2.1}$$

或

$$p(x,y,t)=\begin{cases}p_1(x,y)p_2(t) & (|x|\leqslant x_0 \text{ 且 } |y|\leqslant y_0)\\ 0 & (|x|>x_0 \text{ 或 } |y|>y_0)\end{cases} \tag{4.2.2}$$

式中　r_0——圆形接触面的半径;

x_0 和 y_0——矩形接触面沿 x 方向和 y 方向的长度。

引起车辆振动的原因主要有以下三类:

(1)由车辆自身因素产生的振动。包括由发动机偏心转动引起的周期性振动,由轮胎花纹引起的周期性振动,由燃油不均匀燃烧引起的随机振动,由驾驶员的不稳定性操作引起的振动,等等。

(2)由路面不平整造成的振动。路面在施工和使用过程中,不可避免地出现凸凹不平和高低起伏。大量的统计结果表明,路面不平度可以视为具有零均值、各态历经的高斯随机过程。因此,路面就会对车辆产生一个随机的位移激励,导致车辆产生振动。

(3)由车辆-路面耦合作用产生的振动。当车辆作用在路面上时,路面在行车荷载作用下产生位移,会引起路面的运动,路面的运动也会作用给车辆,从而产生车辆-路面的耦合作用。

4.2.1　行车荷载的位置函数

对于轴对称问题,行车荷载 p 是沿着 z 轴对称的,因此位置函数只是关于坐标 r 的函数,即行车荷载可以简化为

$$p(r,t)=\begin{cases}p_1(r)p_2(t) & (r\leqslant r_0)\\ 0 & (r>r_0)\end{cases} \tag{4.2.3}$$

行车荷载的位置函数可以简化为均匀分布、曲线分布和线性分布三种形式,如图4.2.1所示。

1. 均匀分布荷载

均匀分布的行车荷载的位置函数表达式为

$$p_1(r)=\begin{cases}p_0 & (r\leqslant r_0)\\ 0 & (r>r_0)\end{cases} \tag{4.2.4}$$

式中，p_0 为均布荷载的大小。

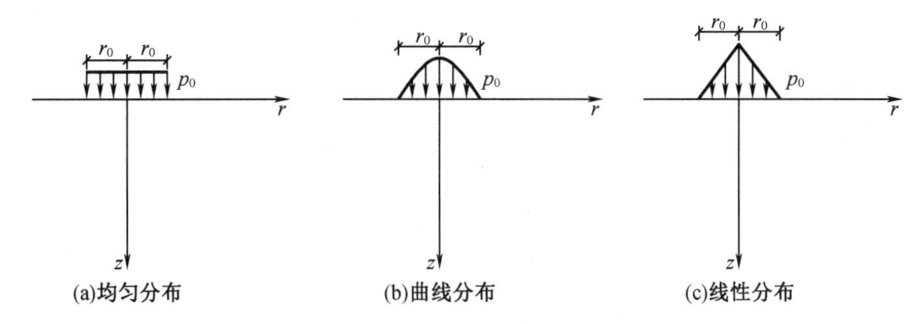

图 4.2.1　行车荷载分布

对上式施加 0 阶 Hankel 变换，可得

$$\hat{p}_1(\xi)=\frac{p_0 r_0 \mathrm{J}_1(\xi r_0)}{\xi} \tag{4.2.5}$$

式中，ξ 为 Hankel 变换参数。

2. 曲线分布荷载

曲线分布的行车荷载的位置函数表达式为

$$p_1(r)=\begin{cases} m p_0\left(1-\dfrac{r^2}{r_0^2}\right)^{m-1} & (r \leqslant r_0) \\ 0 \quad r>r_0 \end{cases} \tag{4.2.6}$$

式中　m——荷载类型系数，$m>0$；

　　p_0——圆心处荷载的大小。

对上式进行 0 阶 Hankel 变换，可得

$$\hat{p}_1(\xi)=\int_0^{r_0} r m p_0\left(1-\frac{r^2}{r_0^2}\right)^{m-1} \mathrm{J}_0(\xi r)\,\mathrm{d}r \tag{4.2.7}$$

在含贝塞尔函数的有限积分中，第一索宁（Sonine）有限积分公式在对荷载进行 Hankel 变换时经常会使用到，这里简单介绍一下。

设 $\mu>-1, \nu>-1$，第一索宁有限积分公式可表示为

$$\int_0^{\frac{\pi}{2}} \mathrm{J}_\mu(x\sin\theta)\sin^{\mu+1}\theta\cos^{2\nu+1}\mathrm{d}\theta=\frac{2^\nu\Gamma(\nu+1)}{x^{\nu+1}}\mathrm{J}_{\mu+\nu+1}(x) \tag{4.2.8}$$

下面利用索宁有限积分公式确定 $\hat{p}_1(\xi)$，令 $r=r_0\sin\theta$，则有

$$\mathrm{d}r=r_0\cos\theta\mathrm{d}\theta$$

当 $r=0$ 时，$\theta=0$；当 $r=r_0$，$\theta=\dfrac{\pi}{2}$，可得

$$\hat{p}_1(\xi)=m p_0 r_0^2\int_0^{\frac{\pi}{2}}\sin\theta\cos^{2m-1}\theta\mathrm{J}_0(\xi r_0\sin\theta)\,\mathrm{d}\theta$$

根据索宁有限积分公式，当 $\mu=0, \nu=m-1, x=\xi r_0$ 时，可得

$$\hat{p}_1(\xi)=\frac{2^{m-1}\Gamma(m+1)p_0 r_0}{\xi(\xi r_0)^{m-1}}\mathrm{J}_m(\xi r_0)$$

当 $m=1$ 时，行车荷载为圆形均布荷载，表达式为

$$p_1(r)=\begin{cases}p_0 & (r\leqslant r_0)\\ 0 & (r>r_0)\end{cases}$$

上式的 0 阶 Hankel 变换为

$$\hat{p}_1(\xi)=\frac{p_0 r_0 \mathrm{J}_1(\xi r_0)}{\xi} \tag{4.2.9}$$

当 $m=\frac{3}{2}$ 时，行车荷载为半球形荷载，表达式为

$$p_1(r)=\begin{cases}\dfrac{3p_0}{2}\sqrt{1-\dfrac{r^2}{r_0^2}} & (r\leqslant r_0)\\ 0 & (r>r_0)\end{cases}$$

0 阶 Hankel 变换为

$$\hat{p}_1(\xi)=\frac{3p_0 r_0}{2\xi}\frac{\sin(\xi r_0)-\xi r_0\cos(\xi r_0)}{(\xi r_0)^2} \tag{4.2.10}$$

当 $m=\frac{1}{2}$ 时，可以表示刚性承载板下的压力荷载，表达式为

$$p_1(r)=\begin{cases}\dfrac{p_0}{2}\left(1-\dfrac{r^2}{r_0^2}\right)^{-\frac{1}{2}} & (r\leqslant r_0)\\ 0 & (r>r_0)\end{cases}$$

0 阶 Hankel 变换为

$$\hat{p}_1(\xi)=\frac{p_0 r_0\sin(\xi r_0)}{2\xi} \tag{4.2.11}$$

3. 线性分布荷载

线性分布的行车荷载的位置函数表达式为

$$p_1(r)=\begin{cases}p_0\left(1-\dfrac{r}{r_0}\right) & (r\leqslant r_0)\\ 0 & (r>r_0)\end{cases} \tag{4.2.12}$$

式中，p_0 为圆心处荷载的大小。

对上式进行 0 阶 Hankel 变换，可得

$$\hat{p}_1(\xi)=\int_0^{r_0} r p_0\left(1-\frac{r}{r_0}\right)\mathrm{J}_0(\xi r)\,\mathrm{d}r$$

令 $r=r_0\sin\theta$，则有

$$\mathrm{d}r=r_0\cos\theta\,\mathrm{d}\theta$$

当 $r=0$ 时，$\theta=0$；当 $r=r_0$，$\theta=\frac{\pi}{2}$，可得

$$\hat{p}_1(\xi)=p_0 r_0^2\int_0^{\frac{\pi}{2}}\sin\theta\cos\theta(1-\sin\theta)\mathrm{J}_0(\xi r_0\sin\theta)\,\mathrm{d}\theta$$

将上式展开，可得

$$\hat{p}_1(\xi)=p_0r_0^2\int_0^{\frac{\pi}{2}}\sin\theta\cos\theta J_0(\xi r_0\sin\theta)\,d\theta-p_0r_0^2\int_0^{\frac{\pi}{2}}\sin^2\theta\cos\theta J_0(\xi r_0\sin\theta)\,d\theta$$

利用第一索宁有限积分公式，对于上式右侧的第一项，当 $\mu=0,\nu=0,x=\xi r_0$ 时，可得

$$p_0r_0^2\int_0^{\frac{\pi}{2}}\sin\theta\cos\theta J_0(\xi r_0\sin\theta)\,d\theta=\frac{p_0r_0}{\xi}J_1(\xi r_0)$$

对于右侧的第二项，当 $\mu=1,\nu=0,x=\xi r_0$ 时，可得

$$p_0r_0^2\int_0^{\frac{\pi}{2}}\sin^2\theta\cos\theta J_0(\xi r_0\sin\theta)\,d\theta=\frac{p_0r_0}{\xi}J_2(\xi r_0)$$

可得

$$\hat{p}_1(\xi)=\frac{p_0r_0}{\xi}\left[J_1(\xi r_0)-J_2(\xi r_0)\right] \tag{4.2.13}$$

4.2.2　行车荷载的时间函数

对路面进行受力分析时，根据不同的情况对行车荷载进行简化，主要包括以下四种荷载类型。

当路面的平整度非常好且车辆行驶缓慢时，没有产生动力响应，可以将车辆荷载简化为恒定荷载，如图 4.2.2(a)所示，荷载的表达式为

$$p_2(t)=p_0 \tag{4.2.14}$$

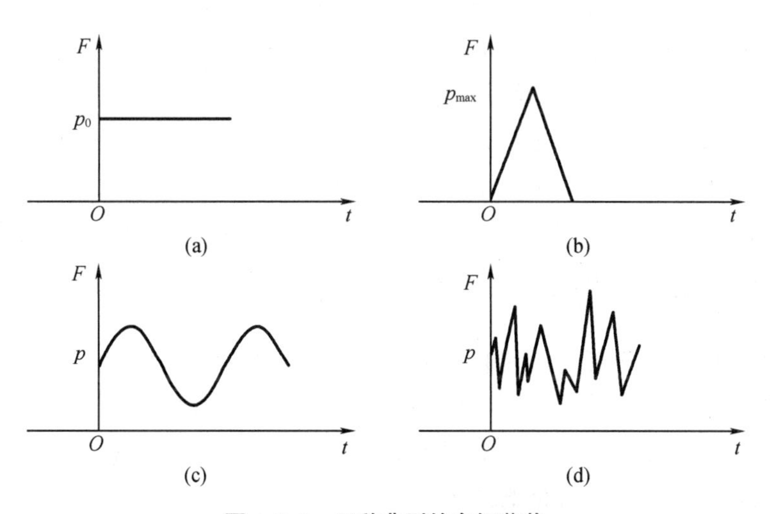

图 4.2.2　四种典型的车辆荷载

由于在求解偏微分方程时，常常使用 Laplace 变换来消去对时间 t 的偏微分，对式(4.2.14)进行 Laplace 变换可得

$$\bar{p}_2(s)=\frac{p_0}{s} \tag{4.2.15}$$

车辆在行驶过程中会突然发生剧烈振动，甚至“跳离”路面，为了研究车辆在落到路面之后的路面动力响应，这种情况下可将车辆荷载视为冲击荷载，如图 4.2.2(b)所示。

$$p_2(t)=p_{\max} \tag{4.2.16}$$

对式(4.2.16)进行 Laplace 变换可得

$$\bar{p}_2(s)=\frac{p_{\max}}{s} \tag{4.2.17}$$

对路面进行动态分析时,不希望对车辆荷载的描述过于复杂,这时可以将车辆荷载简化为稳态荷载,如图 4.2.2(c)所示,荷载的表达式为

$$p_2(t)=p_0+p_{\mathrm{d}}\sin\omega t \tag{4.2.18}$$

对式(4.2.18)进行 Laplace 变换,可得

$$\bar{p}_2(s)=\frac{p_0}{s}+p_{\mathrm{d}}\frac{\omega}{s^2+\omega^2} \tag{4.2.19}$$

考虑车辆自身振动、路面不平度和车辆-路面的耦合作用,将车辆荷载视为一个随机过程,如图 4.2.2(d)所示,采用谐波叠加法模拟附加动荷载,则荷载的表达式为

$$p_2(t)=p_0+\sum_{i=1}^{n}\sqrt{2}A_i\cdot\sin(2\pi vt\omega_{\mathrm{mid\_}i}+\theta_i) \tag{4.2.20}$$

对式(4.2.20)进行 Laplace 变换,可得

$$\bar{p}_2(s)=\frac{p_0}{s}+\sum_{i=1}^{n}\sqrt{2}A_i\left(\frac{a_i}{s^2+a_i^2}\cos\theta_i+\frac{s}{s^2+a_i^2}\sin\theta_i\right) \tag{4.2.21}$$

4.2.3 随机荷载的模拟

车辆自身振动、路面不平度和车辆-路面的耦合作用,导致车辆作用在路面的荷载除了车辆静荷载外还包括附加动荷载。因此,车辆荷载可以视为随机荷载,其大小和作用位置都随时间变化。如何能够更加准确地描述车辆荷载,将成为路面受力分析和车辆平顺性研究的前提。路面不平度对于车辆附加动荷载的影响要大于车辆振动和车辆-路面耦合,所以在模拟车辆随机荷载时,只考虑路面不平度的影响。当车速一定时,路面不平度服从高斯分布,是一个具有零均值的平稳各态历经的随机过程,因此,由于路面不平度的激励而产生的车辆附加动荷载,可以视为具有各态历经性的平稳随机过程,必须用随机过程理论进行描述。

行驶的车辆作用在路面上的荷载除了车辆自重荷载外还包括附加动荷载。附加动荷载可以描述为一个随机过程,车辆参数对于附加动荷载的贡献是不同的。将车辆简化为具有两个自由度的四分之一车辆模型(图 4.2.3),将车辆荷载视为一个随机过程,根据车辆附加动荷载的功率谱密度,使用谐波叠加法进行模拟,再加上车辆自重荷载,从而得到车辆随机荷载。

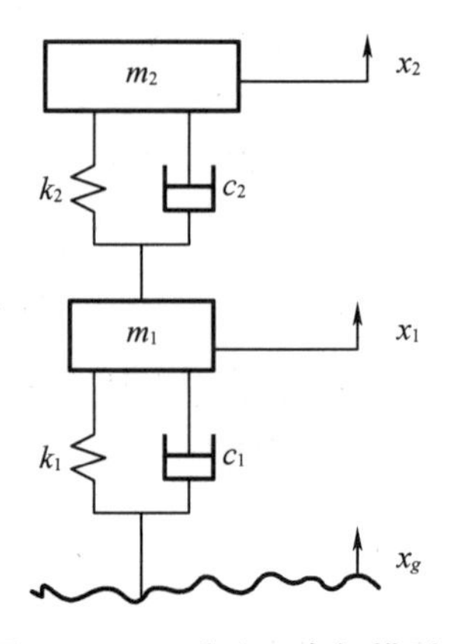

图 4.2.3 四分之一车辆模型

1. 路面不平度的功率谱密度

路面不平度的功率谱密度为

$$G_q(n)=G_q(n_0)\left(\frac{n}{n_0}\right)^{-w} \tag{4.2.22}$$

式中　n——空间频率，m^{-1}；

n_0——参考空间频率，$n_0=0.1\ m^{-1}$；

$G_q(n_0)$——路面平整度系数；

w——频率指数，$w=2$。

按路面功率谱密度把路面不平度状况分为 8 级，从 A 到 H，路面质量逐渐下降，如表 4.2.1 所示。

表 4.2.1　路面不平度 8 级分类标准

路面等级	路面平度系数 $G_q(n_0)$　$10^{-6}\ m^2/m^{-1}$　$(n_0=0.1\ m^{-1})$		
	下限	几何平均	上限
A	8	16	32
B	32	64	128
C	128	256	512
D	512	1 024	2 048
E	2 048	4 096	8 192
F	8 192	16 384	32 768
G	32 768	65 536	131 072
H	131 072	262 144	524 288

当车辆以速度 v 行驶时，可以把空间域的路面不平度功率谱密度转换成时间域的，其关系为 $f=vn$，$\omega=2\pi vn$。利用空间频率 n、时间频率 f 和角频率 ω 表示的路面不平度功率谱密度具有如下关系：

$$G_q(n)=vG_q(f)=2\pi vG_q(\omega) \tag{4.2.23}$$

将式(4.2.22)和 $\omega=2\pi vn$ 代入式(4.2.23)，得到角频率 ω 表示的路面功率谱密度 $G_q(\omega)$ 的表达式。当 $w=2$ 时，有

$$G_q(\omega)=\frac{2\pi vn_0^2G_q(n_0)}{\omega^2} \tag{4.2.24}$$

2. 车辆附加动荷载的功率谱密度

邓学钧和孙璐建立了路面不平度和车辆附加动荷载功率谱密度之间的关系，车辆附加动荷载 $p(t)$ 的功率谱密度可表示为

$$G_p(\omega)=(k_1^2+c_1^2\omega^2)\,|H_1(\omega)|^2G_q(\omega) \tag{4.2.25}$$

式中　$G_p(\omega)$——车辆附加动荷载的功率谱密度；

$G_q(\omega)$——路面不平度功率谱密度；

$H_1(\omega)$——双自由度车辆模型中第1个自由度的频率响应函数，由下式确定：

$$H_1(\omega)=\frac{D_1(\omega)}{D(\omega)}$$

其中

$$D_1(\omega)=m_1m_2\omega^4-(c_2m_1+c_2m_2)\mathrm{i}\omega^3-(k_2m_1+k_2m_2)\omega^2$$

$$D(\omega)=m_1m_2\omega^4+(c_1m_2-c_2m_2-c_2m_1)\mathrm{i}\omega^3+(c_1c_2+k_1m_2-k_2m_1-k_2m_2)\omega^2+(c_1k_2+c_2k_1)\mathrm{i}\omega-k_1k_2$$

式中 m_1——非悬挂部分质量；

m_2——悬挂部分质量；

k_1——轮胎刚度系数；

k_2——悬挂系刚度系数；

c_1——轮胎阻尼系数；

c_2——悬挂系阻尼系数(图4.2.3)。

将式(4.2.24)代入式(4.2.25)，可得车辆附加动荷载的功率谱密度：

$$G_{\mathrm{p}}(\omega)=\frac{2\pi vn_0^2G_{\mathrm{q}}(n_0)(k_1^2+c_1^2\omega^2)\,|H_1(\omega)|^2}{\omega^2}\tag{4.2.26}$$

3. 车辆随机荷载的模拟

将路面不平度激励下的车辆附加动荷载视为零均值、各态历经的平稳随机过程。采用谐波叠加法模拟车辆附加动荷载，加上车辆自重荷载得到车辆随机荷载。谐波叠加法的主要原理是：将车辆附加动荷载表示成大量的随机相位的正弦波或余弦波的叠加。

由于车辆隔振系统的作用，车辆对某些频率的路面激励响应很小，所以要对式(4.2.26)进行简化。当车速为10~50 m/s时，路面作用于轮胎的时间频率一般为0.5~30 Hz。利用关系$\omega=2\pi f$，可以得到车辆振动的有效角频率范围$[\omega_1,\omega_2]$为$[\pi,60\pi]$，则式(4.2.26)可简化为

$$G_{\mathrm{p}}(\omega)=\begin{cases}\dfrac{2\pi vn_0^2G_{\mathrm{q}}(n_0)(k_1^2+c_1^2\omega^2)\,|H_1(\omega)|^2}{\omega^2} & (\omega_1\leqslant\omega\leqslant\omega_2)\\ 0\quad(\omega_1>\omega\text{ 或 }\omega>\omega_2)\end{cases}\tag{4.2.27}$$

在计算功率谱密度时，为避免采样频率混叠，采样的距离间隔Δx应该满足

$$\Delta x\leqslant\frac{1}{2\omega_2}$$

由式(4.2.27)可以得到车辆附加动荷载的方差：

$$\sigma_{\mathrm{p}}^2=\int_{\omega_1}^{\omega_2}G_{\mathrm{p}}(\omega)\,\mathrm{d}\omega\tag{4.2.28}$$

将区间$[\omega_1,\omega_2]$划分为n个小区间，用每个小区间的中心值$\omega_{\mathrm{mid_}i}(i=1\sim n)$处的功率谱密度值$G_{\mathrm{p}}(\omega_{\mathrm{mid_}i})$来代替$G_{\mathrm{p}}(\omega)$在整个小区间内的值，则式(4.2.28)就可以近似写为

$$\sigma_{\mathrm{p}}^2\approx\sum_{i=1}^{n}G_{\mathrm{p}}(\omega_{\mathrm{mid\_}i})\cdot\Delta\omega_i\tag{4.2.29}$$

n取值越大，式(4.2.29)计算的结果就越接近式(4.2.28)的积分式。令

$$A_i=\sqrt{G_{\mathrm{p}}(\omega_{\mathrm{mid\_}i})\cdot\Delta\omega_i}\quad(i=1\sim n)\tag{4.2.30}$$

式中，A_i^2为每个小区间所包含的功率。

正弦波$\sqrt{2}A_i \cdot \sin(2\pi \cdot x \cdot \omega_{mid_i}+\theta_i)$的标准差为 A_i，将 n 个这样的正弦波叠加起来，就可以得到车辆附加动荷载的值：

$$p(x) = \sum_{i=1}^{n} \sqrt{2}A_i \cdot \sin(2\pi \cdot x \cdot \omega_{mid\_i} + \theta_i) \tag{4.2.31}$$

式中　x——路面水平位移；

θ_i——$[0,2\pi]$上的随机数，满足均匀分布。

将 $x=vt$ 代入式(4.2.31)，设 $a_i=2\pi v\omega_{mid\_i}$，则有

$$p(t) = \sum_{i=1}^{n} \sqrt{2}A_i \sin(a_i t + \theta_i) = \sum_{i=1}^{n} \sqrt{2}A_i(\sin a_i t\cos \theta_i + \cos a_i t\sin \theta_i) \tag{4.2.32}$$

将式(4.2.31)和式(4.2.32)的结果(车辆附加动荷载)加上车辆自重，得到车辆随机荷载：

$$p(x) = p_0 + \sum_{i=1}^{n} \sqrt{2}A_i \cdot \sin(2\pi \cdot x \cdot \omega_{mid\_i} + \theta_i) \tag{4.2.33}$$

或

$$p(t) = p_0 + \sum_{i=1}^{n} \sqrt{2}A_i \sin(a_i t + \theta_i) \tag{4.2.34}$$

车辆参数如表 4.2.2 所示，利用谐波叠加法模拟车辆随机荷载，如图 4.2.4 所示。

表 4.2.2　车辆参数

车辆参数	小汽车
非悬挂部分的质量 m_1	40 kg
悬挂部分的质量 m_2	320 kg
轮胎的刚度系数 k_1	200 kN/m
悬挂系的刚度系数 k_2	18 kN/m
轮胎的阻尼系数 c_1	3 kNs/m
悬挂系的阻尼系数 c_2	1 kNs/m
轮胎质量	15 kg
车辆自重荷载	3.75 kN

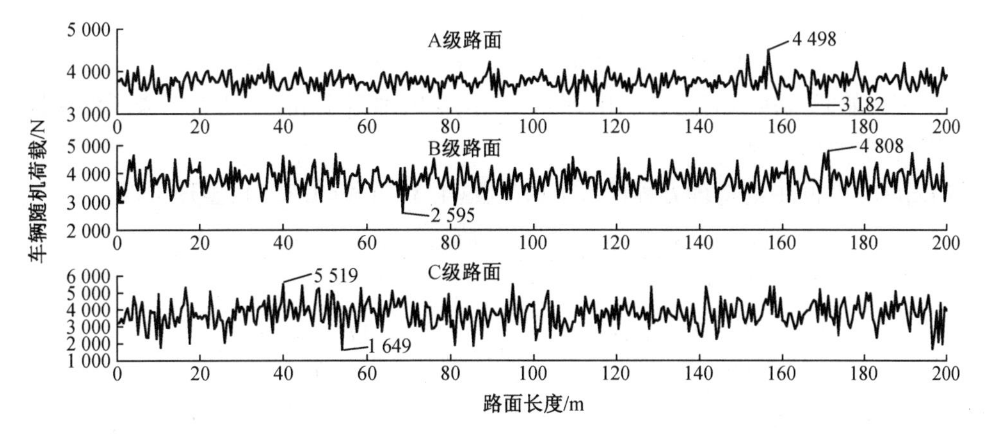

图 4.2.4　车辆随机荷载

4.3 饱和层状粘弹性体系的一般解

在轴对称情形下，不考虑重力荷载和惯性力的作用，有效应力和超孔隙水压力表示的 Biot 固结方程为

$$\frac{\partial\sigma_r'(r,z,t)}{\partial r}+\frac{\partial\tau_{rz}(r,z,t)}{\partial z}+\frac{\sigma_r'(r,z,t)-\sigma_\theta'(r,z,t)}{r}-\frac{\partial\sigma(r,z,t)}{\partial r}=0 \tag{4.3.1}$$

$$\frac{\partial\tau_{rz}(r,z,t)}{\partial r}+\frac{\partial\sigma_z'(r,z,t)}{\partial z}+\frac{\tau_{rz}(r,z,t)}{r}-\frac{\partial\sigma(r,z,t)}{\partial z}=0 \tag{4.3.2}$$

式中　σ_r'、σ_θ'和 σ_z'——径向、切向和竖直方向上的有效应力；

τ_{rz}——剪应力；

σ——超孔隙水压力。

推导过程中有效应力以拉为正、压为负；超孔隙水压力以压为正，表示该位置向外排水。

假设孔隙水是不可压缩的，对于饱和沥青路面，沥青路面单元体内水量的变化率在数值上等于沥青路面体积的变化率，故根据达西定律，可得渗流连续方程：

$$k'\nabla^2\sigma(r,z,t)=\frac{\partial e(r,z,t)}{\partial t} \tag{4.3.3}$$

式中　$k'=\dfrac{k}{\gamma_w}$，其中 k 为渗透系数，γ_w 为水的重度；

e——体积应变；

$\nabla^2=\dfrac{\partial^2}{\partial r^2}+\dfrac{1}{r}\dfrac{\partial}{\partial r}+\dfrac{\partial^2}{\partial z^2}$。

对 Biot 固结方程和渗流连续方程进行关于时间 t 的 Laplace 变换，可得

$$\frac{\partial\overline{\sigma}_r'(r,z,s)}{\partial r}+\frac{\partial\overline{\tau}_{rz}(r,z,s)}{\partial z}+\frac{\overline{\sigma}_r'(r,z,s)-\overline{\sigma}_\theta'(r,z,s)}{r}-\frac{\partial\overline{\sigma}(r,z,s)}{\partial r}=0 \tag{4.3.4}$$

$$\frac{\partial\overline{\tau}_{rz}(r,z,s)}{\partial r}+\frac{\partial\overline{\sigma}_z'(r,z,s)}{\partial z}+\frac{\overline{\tau}_{rz}(r,z,s)}{r}-\frac{\partial\overline{\sigma}(r,z,s)}{\partial z}=0 \tag{4.3.5}$$

$$k'\nabla^2\overline{\sigma}(r,z,s)=s\overline{e}(r,z,s)-e(r,z,0)=s\overline{e}(r,z,s) \tag{4.3.6}$$

假设在初始时刻体积应变等于 0，即 $e(r,z,0)=0$，通过 Laplace 变换消去了渗流连续方程中关于时间 t 的偏导数。

将 Laplace 空间中的物理方程代入平衡方程(4.3.4)和(4.3.5)，整理可得

$$\frac{1}{1-2\overline{\mu}}\frac{\partial\overline{e}(r,z,s)}{\partial r}+\nabla^2\overline{u}(r,z,s)-\frac{\overline{u}(r,z,s)}{r^2}-\frac{1}{\overline{G}}\frac{\partial\overline{\sigma}(r,z,s)}{\partial r}=0 \tag{4.3.7}$$

$$\frac{1}{1-2\overline{\mu}}\frac{\partial\overline{e}(r,z,s)}{\partial z}+\nabla^2\overline{w}(r,z,s)-\frac{1}{\overline{G}}\frac{\partial\overline{\sigma}(r,z,s)}{\partial z}=0 \tag{4.3.8}$$

式中　u——径向位移；

w——竖向位移；

$\bar{\mu}$ 和 $\bar{G}$——Laplace 空间中的粘弹性参数。

将式(4.3.7)乘以微分算子$\frac{\partial}{\partial r}+\frac{1}{r}$,式(4.3.8)对 z 求偏导数,相加可得

$$\nabla^2\bar{\sigma}(r,z,s)=M\,\nabla^2\bar{e}(r,z,s) \tag{4.3.9}$$

式中,$M=\frac{2\bar{G}(1-\bar{\mu})}{1-2\bar{\mu}}$。

公式的推导中应用了

$$\nabla^2 e=\left(\frac{\partial}{\partial r}+\frac{1}{r}\right)\left(\nabla^2 u-\frac{u}{r^2}\right)+\frac{\partial}{\partial z}\nabla^2 w$$

将式(4.3.9)代入渗流连续方程式(4.3.6),可得

$$c\,\nabla^2\bar{e}(r,z,s)=s\bar{e}(r,z,s) \tag{4.3.10}$$

式中,$c=\frac{kM}{\gamma_w}=k'M$。

联立式(4.3.7)~式(4.3.10),可得 Laplace 空间中的偏微分方程组:

$$\begin{cases}\frac{1}{1-2\bar{\mu}}\frac{\partial\bar{e}(r,z,s)}{\partial r}+\nabla^2\bar{u}(r,z,s)-\frac{\bar{u}(r,z,s)}{r^2}-\frac{1}{k'}\frac{\partial\bar{\sigma}(r,z,s)}{\partial r}=0 & (4.3.11)\\ \frac{1}{1-2\bar{\mu}}\frac{\partial\bar{e}(r,z,s)}{\partial z}+\nabla^2\bar{w}(r,z,s)-\frac{1}{k'}\frac{\partial\bar{\sigma}(r,z,s)}{\partial z}=0 & (4.3.12)\\ \nabla^2\bar{\sigma}(r,z,s)=\frac{\gamma_w s}{k}\bar{e}(r,z,s) & (4.3.13)\\ c\,\nabla^2\bar{e}(r,z,s)=s\bar{e}(r,z,s) & (4.3.14)\end{cases}$$

对式(4.3.11)进行 1 阶 Hankel 变换,可得

$$-\frac{\xi}{1-2\bar{\mu}}\hat{\bar{e}}_0(\xi,z,s)+\frac{\mathrm{d}^2\hat{\bar{u}}_1(\xi,z,s)}{\mathrm{d}z^2}-\xi^2\hat{\bar{u}}_1(\xi,z,s)+\frac{\xi}{\bar{G}}\hat{\bar{\sigma}}_0(\xi,z,s)=0 \tag{4.3.15}$$

对式(4.3.12)~式(4.3.14)分别进行 0 阶 Hankel 变换,可得

$$\frac{1}{1-2\bar{\mu}}\frac{\mathrm{d}\hat{\bar{e}}_0(\xi,z,s)}{\mathrm{d}z}+\frac{\mathrm{d}^2\hat{\bar{w}}_0(\xi,z,s)}{\mathrm{d}z^2}-\xi^2\hat{\bar{w}}_0(\xi,z,s)-\frac{1}{\bar{G}}\frac{\mathrm{d}\hat{\bar{\sigma}}_0(\xi,z,s)}{\mathrm{d}z}=0 \tag{4.3.16}$$

$$\frac{\mathrm{d}^2\hat{\bar{\sigma}}_0(\xi,z,s)}{\mathrm{d}z^2}-\xi^2\hat{\bar{\sigma}}_0(\xi,z,s)=\frac{\gamma_w s}{k}\hat{\bar{e}}_0(\xi,z,s) \tag{4.3.17}$$

$$\frac{\mathrm{d}^2\hat{\bar{e}}_0(\xi,z,s)}{\mathrm{d}z^2}-q^2\hat{\bar{e}}_0(\xi,z,s)=0 \tag{4.3.18}$$

式中,下标 0 和 1 分别表示 0 阶和 1 阶 Hankel 变换。

$$q^2=\xi^2+\frac{s}{c}$$

通过两次积分变换将偏微分方程组简化为常微分方程,求解可得

$$\hat{\bar{e}}_0(\xi,z,s)=A_1\mathrm{e}^{qz}+B_1\mathrm{e}^{-qz} \tag{4.3.19}$$

$$\hat{\bar{\sigma}}_0(\xi,z,s)=2\overline{G}(A_2e^{\xi z}+B_2e^{-\xi z})+M(A_1e^{qz}+B_1e^{-qz}) \tag{4.3.20}$$

$$\hat{\bar{u}}_1(\xi,z,s)=\frac{1}{\xi}(A_3e^{\xi z}+B_3e^{-\xi z})-\frac{c\xi}{s}(A_1e^{qz}+B_1e^{-qz})-z(A_2e^{\xi z}-B_2e^{-\xi z}) \tag{4.3.21}$$

$$\hat{\bar{w}}_0(\xi,z,s)=\frac{1}{\xi}(A_4e^{\xi z}+B_4e^{-\xi z})+\frac{cq}{s}(A_1e^{qz}-B_1e^{-qz})+z(A_2e^{\xi z}+B_2e^{-\xi z}) \tag{4.3.22}$$

式中　$q=\sqrt{\xi^2+\dfrac{s}{c}}$；

ξ、s——Hankel 变换和 Laplace 变换的积分变换量；

$A_1\sim A_4$ 和 $B_1\sim B_4$——与 ξ、s 有关的系数，其值可由边界条件和层间接触条件确定。

利用物理方程和 Hankel 变换的性质，可以得到其他应力的表达式：

$$\begin{aligned}\hat{\bar{\tau}}_{rz1}(\xi,z,s)&=\overline{G}\left[\frac{\partial\hat{\bar{u}}_1(\xi,z,s)}{\partial z}-\xi\hat{\bar{w}}_0(\xi,z,s)\right]\\&=\overline{G}\left\{-\frac{2cq\xi}{s}(A_1e^{qz}-B_1e^{-qz})-[(1+2z\xi)A_2e^{\xi z}+(-1+2z\xi)B_2e^{-\xi z}]+\right.\\&\left.\quad(A_3e^{\xi z}-B_3e^{-\xi z})-(A_4e^{\xi z}+B_4e^{-\xi z})\right\}\end{aligned} \tag{4.3.23}$$

$$\begin{aligned}\hat{\bar{\sigma}}'_{z0}(\xi,z,s)&=2\overline{G}\left[\frac{\bar{\mu}}{1-2\bar{\mu}}\hat{\bar{e}}_0(\xi,z,s)+\frac{\partial\hat{\bar{w}}_0(\xi,z,s)}{\partial z}\right]\\&=2\overline{G}\left\{\left(\frac{\bar{\mu}}{1-2\bar{\mu}}+\frac{cq^2}{s}\right)(A_1e^{qz}+B_1e^{-qz})+[(1+z\xi)A_2e^{\xi z}+(1-z\xi)B_2e^{-\xi z}]+\right.\\&\left.\quad(A_4e^{\xi z}-B_4e^{-\xi z})\right\}\end{aligned} \tag{4.3.24}$$

$$\hat{\bar{v}}_0(\xi,z,s)=-k'[Mq(A_1e^{qz}-B_1e^{-qz})+2\overline{G}\xi(A_2e^{\xi z}-B_2e^{-\xi z})] \tag{4.3.25}$$

$$\hat{\bar{\sigma}}'_{r1}(\xi,z,s)=2\overline{G}\left[\frac{\bar{\mu}}{1-2\bar{\mu}}\hat{\bar{e}}_1(\xi,z,s)-\xi\hat{\bar{u}}_0(\xi,z,s)\right] \tag{4.3.26}$$

$$\hat{\bar{\sigma}}'_{\theta 0}(\xi,z,s)=2\overline{G}\left[\frac{\bar{\mu}}{1-2\bar{\mu}}\hat{\bar{e}}_0(\xi,z,s)-\xi\hat{\bar{u}}_1(\xi,z,s)\right]-\hat{\bar{\sigma}}_{r0}(\xi,z,s) \tag{4.3.27}$$

式中，v 为孔隙水竖向的渗流速度。

体积应变为

$$e=\frac{\partial u}{\partial r}+\frac{u}{r}+\frac{\partial w}{\partial z} \tag{4.3.28}$$

对式(4.3.28)进行 Laplace 变换和 0 阶 Hankel 变换，应用 Hankel 变换的性质，可得

$$\hat{\bar{e}}_0=\xi\hat{\bar{u}}_1+\frac{\partial\hat{\bar{w}}_0}{\partial z} \tag{4.3.29}$$

将式(4.3.19)、式(4.3.21)和式(4.3.22)代入式(4.3.29)，整理可得

$$A_2+A_3+A_4=0$$

$$B_2+B_3-B_4=0$$

即

$$A_4=-A_2-A_3 \tag{4.3.30}$$

$$B_4=B_2+B_3 \tag{4.3.31}$$

将式(4.3.30)和式(4.3.31)代入式(4.3.19)~式(4.3.27),应力和位移的表达式只有6个未知的系数($A_1 \sim A_3$ 和 $B_1 \sim B_3$),饱和粘弹性体的一般解为

$$\hat{\bar{u}}_1(\xi,z,s)=-\frac{c\xi}{s}(A_1\mathrm{e}^{qz}+B_1\mathrm{e}^{-qz})-z(A_2\mathrm{e}^{\xi z}-B_2\mathrm{e}^{-\xi z})+\frac{1}{\xi}(A_3\mathrm{e}^{\xi z}+B_3\mathrm{e}^{-\xi z}) \tag{4.3.32}$$

$$\hat{\bar{w}}_0(\xi,z,s)=\frac{cq}{s}(A_1\mathrm{e}^{qz}-B_1\mathrm{e}^{-qz})+\left[\left(z-\frac{1}{\xi}\right)A_2\mathrm{e}^{\xi z}+\left(z+\frac{1}{\xi}\right)B_2\mathrm{e}^{-\xi z}\right]+\frac{1}{\xi}(-A_3\mathrm{e}^{\xi z}+B_3\mathrm{e}^{-\xi z}) \tag{4.3.33}$$

$$\hat{\bar{\sigma}}'_{z0}(\xi,z,s)=2\bar{G}\left[\left(\frac{\bar{\mu}}{1-2\bar{\mu}}+\frac{cq^2}{s}\right)(A_1\mathrm{e}^{qz}+B_1\mathrm{e}^{-qz})+z\xi(A_2\mathrm{e}^{\xi z}-B_2\mathrm{e}^{-\xi z})-(A_3\mathrm{e}^{\xi z}+B_3\mathrm{e}^{-\xi z})\right] \tag{4.3.34}$$

$$\hat{\bar{\tau}}_{rz1}(\xi,z,s)=\bar{G}\left[-\frac{2cq\xi}{s}(A_1\mathrm{e}^{qz}-B_1\mathrm{e}^{-qz})-2z\xi(A_2\mathrm{e}^{\xi z}+B_2\mathrm{e}^{-\xi z})+2(A_3\mathrm{e}^{\xi z}-B_3\mathrm{e}^{-\xi z})\right] \tag{4.3.35}$$

$$\hat{\bar{\sigma}}_0(\xi,z,s)=M(A_1\mathrm{e}^{qz}+B_1\mathrm{e}^{-qz})+2\bar{G}(A_2\mathrm{e}^{\xi z}+B_2\mathrm{e}^{-\xi z}) \tag{4.3.36}$$

$$\hat{\bar{v}}_0(\xi,z,s)=-k'\frac{\partial\hat{\bar{\sigma}}_0}{\partial z}=-k'[Mq(A_1\mathrm{e}^{qz}-B_1\mathrm{e}^{-qz})+2\bar{G}\xi(A_2\mathrm{e}^{\xi z}-B_2\mathrm{e}^{-\xi z})] \tag{4.3.37}$$

4.4　饱和半空间体的求解

粘弹性半空间体是以 $z=0$ 的水平面为边界,由无限大的半径 r 和深度 z 围成的半无限粘弹性均质体,它是层状粘弹性体系中最简单的一种模式,在道路工程中,可将路基视为粘弹性半空间体,如图 4.4.1 所示。本节将利用表面和无限远处的边界条件求解饱和粘弹性半空间体的应力和位移的表达式。设上表面作用着轴对称圆形均布荷载:

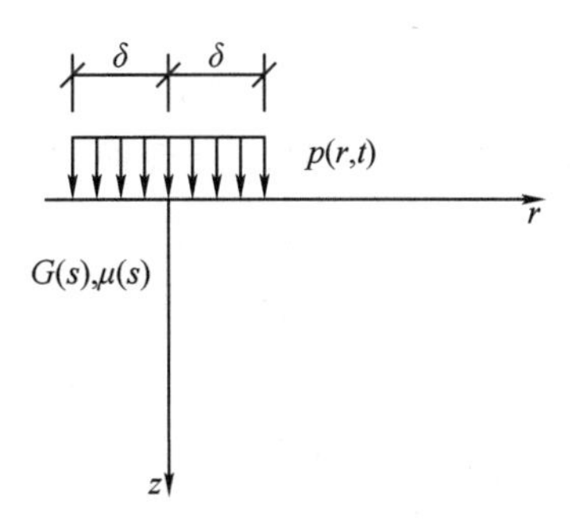

图 4.4.1　轴对称半空间体

$$p(r,t)=\begin{cases}p_0H(t) & (r\leqslant\delta)\\ 0 & (r>\delta)\end{cases} \tag{4.4.1}$$

式中,$H(t)$为单位阶梯函数,即

$$H(t)=\begin{cases}1 & (t\geqslant 0)\\ 0 & (t<0)\end{cases}$$

根据无穷远处应力和位移等于0的假设,当$z\to\infty$时,所有的应力和位移分量都趋于0,即

$$\lim_{z\to\infty}\langle \sigma'_r,\sigma'_\theta,\sigma'_z,\tau_{zr},\sigma,u,w\rangle=0$$

显然在饱和粘弹性体的一般解中含有e^{qz}、$\mathrm{e}^{\xi z}$项,这与该边界条件不符,所以系数$A_1=A_2=A_3=A_4=0$,代入可得饱和半空间粘弹性体的一般解:

$$\hat{\bar{e}}_0(\xi,z,s)=B_1\mathrm{e}^{-qz} \tag{4.4.2}$$

$$\hat{\bar{\sigma}}_0(\xi,z,s)=MB_1\mathrm{e}^{-qz}+2\bar{G}B_2\mathrm{e}^{-\xi z} \tag{4.4.3}$$

$$\hat{\bar{u}}_1(\xi,z,s)=-\frac{c\xi}{s}B_1\mathrm{e}^{-qz}+zB_2\mathrm{e}^{-\xi z}+\frac{1}{\xi}B_3\mathrm{e}^{-\xi z} \tag{4.4.4}$$

$$\hat{\bar{w}}_0(\xi,z,s)=-\frac{cq}{s}B_1\mathrm{e}^{-qz}+zB_2\mathrm{e}^{-\xi z}+\frac{1}{\xi}B_4\mathrm{e}^{-\xi z} \tag{4.4.5}$$

$$\hat{\bar{\sigma}}'_{z0}(\xi,z,s)=2\bar{G}\left[\left(\frac{\bar{\mu}}{1-2\bar{\mu}}+\frac{cq^2}{s}\right)B_1\mathrm{e}^{-qz}+(1-z\xi)B_2\mathrm{e}^{-\xi z}-B_4\mathrm{e}^{-\xi z}\right] \tag{4.4.6}$$

$$\hat{\bar{\tau}}_{rz1}(\xi,z,s)=\bar{G}\left[\frac{2cq\xi}{s}B_1\mathrm{e}^{-qz}-(-1+2z\xi)B_2\mathrm{e}^{-\xi z}-B_3\mathrm{e}^{-\xi z}-B_4\mathrm{e}^{-\xi z}\right] \tag{4.4.7}$$

$$\hat{\bar{v}}_0(\xi,z,s)=k'(MqB_1\mathrm{e}^{-qz}+2\bar{G}\xi B_2\mathrm{e}^{-\xi z}) \tag{4.4.8}$$

如图4.4.1所示,上表面作用着竖向均布荷载$p(r,t)=p_0H(t)$,剪应力等于0,边界条件可以表示为

$$\sigma'_z(r,0,t)=-p_0H(t)\quad (r\leqslant\delta) \tag{4.4.9}$$

$$\tau_{rz}(r,0,t)=0 \tag{4.4.10}$$

假设上表面为排水条件,即超孔隙水压力等于0,则有

$$\sigma(r,0,t)=0 \tag{4.4.11}$$

对式(4.4.9)和式(4.4.11)进行Laplace变换和0阶Hankel变换,可得

$$\hat{\bar{\sigma}}'_{z0}(\xi,0,s)=\frac{-p_0}{s}\int_0^\delta rJ_0(\xi r)\,\mathrm{d}r=\frac{-p_0\delta\mathrm{J}_1(\xi\delta)}{s\xi} \tag{4.4.12}$$

$$\hat{\bar{\sigma}}_0(\xi,0,s)=0 \tag{4.4.13}$$

对式(4.4.10)进行Laplace变换和1阶Hankel变换,可得

$$\hat{\bar{\tau}}_{rz1}(\xi,0,s)=0 \tag{4.4.14}$$

将$z=0$分别代入式(4.4.6)、式(4.4.3)、式(4.4.7),根据边界条件表达式(4.4.12)~式(4.4.14),可得

$$\hat{\bar{\sigma}}'_{z0}(\xi,0,s)=2\bar{G}\left[\left(\frac{\bar{\mu}}{1-2\bar{\mu}}+\frac{cq^2}{s}\right)B_1+B_2-B_4\right]=\frac{-p_0\delta\mathrm{J}_1(\xi\delta)}{s\xi} \tag{4.4.15}$$

$$\hat{\bar{\sigma}}_0(\xi,0,s)=MB_1+2\bar{G}B_2=0 \tag{4.4.16}$$

$$\hat{\bar{\tau}}_{rz1}(\xi,0,s)=\bar{G}\left(\frac{2c\xi q}{s}B_1+B_2-B_3-B_4\right)=0 \tag{4.4.17}$$

联立式(4. 3. 31)、式(4. 4. 15)~式(4. 4. 17)可得关于 $B_1 \sim B_4$ 的方程组：

$$\begin{cases} B_2+B_3-B_4=0 \\ 2\bar{G}\left[\left(\dfrac{\bar{\mu}}{1-2\bar{\mu}}+\dfrac{cq^2}{s}\right)B_1+B_2-B_4\right]=-\dfrac{p_0\delta \mathrm{J}_1(\xi\delta)}{s\xi} \\ MB_1+2\bar{G}B_2=0 \\ \dfrac{2c\xi q}{s}B_1+B_2-B_3-B_4=0 \end{cases} \tag{4.4.18}$$

求解上式，可得

$$\begin{cases} B_1=\dfrac{-p_0\delta \mathrm{J}_1(\xi\delta)}{2\bar{G}s\xi\left[\dfrac{\bar{\mu}}{1-2\bar{\mu}}+\dfrac{c}{s}(q^2-q\xi)\right]} \\ B_2=-\dfrac{M}{2\bar{G}}B_1 \\ B_3=\dfrac{c\xi q}{s}B_1 \\ B_4=\left(\dfrac{c\xi q}{s}-\dfrac{M}{2\bar{G}}\right)B_1 \end{cases} \tag{4.4.19}$$

将 $B_1 \sim B_4$ 代入积分空间中的应力和位移，如下：

$$\hat{\bar{e}}_0(\xi,z,s)=B\mathrm{e}^{-qz} \tag{4.4.20}$$

$$\hat{\bar{\sigma}}_0(\xi,z,s)=MB(\mathrm{e}^{-qz}-\mathrm{e}^{-\xi z}) \tag{4.4.21}$$

$$\hat{\bar{u}}_1(\xi,z,s)=B\left[-\frac{c\xi}{s}\mathrm{e}^{-qz}+\left(-\frac{Mz}{2\bar{G}}+\frac{cq}{s}\right)\mathrm{e}^{-\xi z}\right] \tag{4.4.22}$$

$$\hat{\bar{w}}_0(\xi,z,s)=B\left[-\frac{cq}{s}\mathrm{e}^{-qz}+\left(\frac{cq}{s}-\frac{M}{2\xi\bar{G}}-\frac{Mz}{2\bar{G}}\right)\mathrm{e}^{-\xi z}\right] \tag{4.4.23}$$

$$\hat{\bar{\tau}}_{rz1}(\xi,z,s)=\bar{G}B\left[\frac{2c\xi q}{s}\mathrm{e}^{-qz}+\left(\frac{z\xi M}{}-\frac{2c\xi q}{s}\right)\mathrm{e}^{-\xi z}\right] \tag{4.4.24}$$

$$\hat{\bar{\sigma}}'_{z0}(\xi,z,s)=2\bar{G}B\left[\left(\frac{\bar{\mu}}{1-2\bar{\mu}}+\frac{cq^2}{s}\right)\mathrm{e}^{-qz}+\left(\frac{z\xi M}{2\bar{G}}-\frac{c\xi q}{s}\right)\mathrm{e}^{-\xi z}\right] \tag{4.4.25}$$

式中　$B=\dfrac{-p_0\delta \mathrm{J}_1(\xi\delta)}{2\bar{G}s\xi\left[\dfrac{\bar{\mu}}{1-2\bar{\mu}}+\dfrac{c}{s}(q^2-q\xi)\right]}$；

$M=\dfrac{2\bar{G}(1-\bar{\mu})}{1-2\bar{\mu}}$；

$c=k'M$；

$q=\sqrt{\xi^2+\dfrac{s}{c}}$。

对上述公式进行 Hankel 逆变换和 Laplace 逆变换就可以得到应力和位移的表达式：

$$\sigma(r,z,t)=\frac{1}{2\pi i}\int_{\beta-i\infty}^{\beta+i\infty}\int_0^{\infty}\xi\hat{\bar{\sigma}}_0(\xi,z,s)\,J_0(\xi r)e^{st}d\xi ds$$

$$=\frac{1}{2\pi i}\int_{\beta-i\infty}^{\beta+i\infty}\int_0^{\infty}\xi[MB(e^{-qz}-e^{-\xi z})]J_0(\xi r)e^{st}d\xi ds \tag{4.4.26}$$

$$u(r,z,t)=\frac{1}{2\pi i}\int_{\beta-i\infty}^{\beta+i\infty}\int_0^{\infty}\xi\hat{\bar{u}}_1(\xi,z,s)\,J_1(\xi r)e^{st}d\xi ds$$

$$=\frac{1}{2\pi i}\int_{\beta-i\infty}^{\beta+i\infty}\int_0^{\infty}\xi B\left[-\frac{c\xi}{s}e^{-qz}+\left(-\frac{Mz}{2\bar{G}}+\frac{cq}{s}\right)e^{-\xi z}\right]J_1(\xi r)e^{st}d\xi ds \tag{4.4.27}$$

$$w(r,z,t)=\frac{1}{2\pi i}\int_{\beta-i\infty}^{\beta+i\infty}\int_0^{\infty}\xi\hat{\bar{w}}_0(\xi,z,s)\,J_0(\xi r)e^{st}d\xi ds$$

$$=\frac{1}{2\pi i}\int_{\beta-i\infty}^{\beta+i\infty}\int_0^{\infty}\xi B\left[-\frac{cq}{s}e^{-qz}+\left(\frac{cq}{s}-\frac{M}{2\xi\bar{G}}-\frac{Mz}{2\bar{G}}\right)e^{-\xi z}\right]J_0(\xi r)e^{st}d\xi ds \tag{4.4.28}$$

$$\tau_{rz}(r,z,t)=\frac{1}{2\pi i}\int_{\beta-i\infty}^{\beta+i\infty}\int_0^{\infty}\xi\hat{\bar{\tau}}_{rz1}(\xi,z,s)\,J_1(\xi r)e^{st}d\xi ds$$

$$=\frac{1}{2\pi i}\int_{\beta-i\infty}^{\beta+i\infty}\int_0^{\infty}\xi\bar{G}B\left[\frac{2c\xi q}{s}e^{-qz}+\left(\frac{z\xi M}{}-\frac{2c\xi q}{s}\right)e^{-\xi z}\right]J_1(\xi r)e^{st}d\xi ds \tag{4.4.29}$$

$$\sigma'_z(r,z,t)=\frac{1}{2\pi i}\int_{\beta-i\infty}^{\beta+i\infty}\int_0^{\infty}\xi\hat{\bar{\sigma}}'_{z0}(\xi,z,s)\,J_0(\xi r)e^{st}d\xi ds$$

$$=\frac{1}{2\pi i}\int_{\beta-i\infty}^{\beta+i\infty}\int_0^{\infty}2\xi\bar{G}B\left[\left(\frac{\bar{\mu}}{1-2\bar{\mu}}+\frac{cq^2}{s}\right)e^{-qz}+\left(\frac{z\xi M}{2\bar{G}}-\frac{c\xi q}{s}\right)e^{-\xi z}\right]J_0(\xi r)e^{st}d\xi ds \tag{4.4.30}$$

第 5 章　饱和轴对称双层粘弹性体系

双层粘弹性体系是层状粘弹性体系中最简单的一种,可以直接应用在单层路面。双层体系是指具有一定厚度的水平方向无限延伸的上面层连续支承在粘弹性半空间体上所构成的路面结构体系,根据层间接触条件,可分为双层粘弹性连续体系、双层粘弹性滑动体系和双层粘弹性相对滑动体系。本章针对这三种双层体系进行求解。

通过第 4 章的推导得到了任意一层的应力和位移的一般解,表达式中共有 $A_1 \sim A_3$、$B_1 \sim B_3$ 等 6 个未知的系数。如果知道了这 6 个未知的系数,就可以得到应力和位移的解析表达式。本章则根据边界条件和层间接触条件求解这些未知系数。

5.1　边界条件和层间接触条件

5.1.1　边界条件

车辆在行驶过程中会对路面产生垂直作用力和水平作用力(横向水平力和纵向水平力),若不考虑水平作用力,只考虑垂直作用力对路面结构的影响,并将轮胎与路面的接触面近似为一个圆形,则路面结构可以视为轴对称层状粘弹性体系,如图 5.1.1 所示。

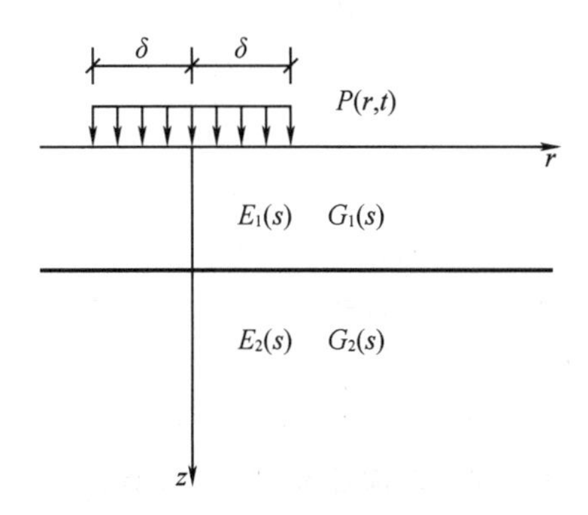

图 5.1.1　双层粘弹性体系

行车荷载视为圆形均布荷载,可以表示为

$$p(r,t)=\begin{cases}p_0H(t) & (r\leqslant\delta)\\ 0 & (r>\delta)\end{cases} \tag{5.1.1}$$

式中,$H(t)$为单位阶梯函数,$H(t)=\begin{cases}1 & (t>0)\\ 0 & (t<0)\end{cases}$。

考虑路面排水和不排水两种情况,排水条件是指孔隙水可以从双层粘弹性体系的表面排出,即超孔隙水压力等于0,竖向的有效应力等于行车荷载,由于不考虑水平力的作用,剪应力等于0,则排水情况的边界条件可表示为

$$\begin{cases}\sigma_z'(r,0,t)=-p(r,t)\\ \tau_{rz}(r,0,t)=0\\ \sigma(r,0,t)=0\end{cases} \tag{5.1.2}$$

对上式进行 Laplace 变换和 0 阶、1 阶 Hankel 变换,可得

$$\begin{cases}\hat{\bar{\sigma}}_{z0}'(\xi,0,s)=-\hat{\bar{p}}(\xi,s)=\dfrac{-p_0\delta \mathrm{J}_1(\xi\delta)}{s\xi}\\ \hat{\bar{\tau}}_{rz1}(\xi,0,s)=0\\ \hat{\bar{\sigma}}_0(\xi,0,s)=0\end{cases} \tag{5.1.3}$$

式中,0 和 1 分别表示 0 阶和 1 阶 Hankel 变换。

如果沥青路面的面层加铺稀浆封层等作为封水或者防水处理措施时,可以将路面表面视为不排水条件,即孔隙水不能够从路面表面排出,孔隙水竖直方向的流速等于0。竖向的有效应力等于行车荷载,由于不考虑水平力的作用,剪应力等于0,则不排水情况的边界条件可以表示为

$$\begin{cases}\sigma_z'(r,0,t)=-p(r,t)\\ \tau_{rz}(r,0,t)=0\\ v(r,0,t)=0\end{cases} \tag{5.1.4}$$

对上式进行 Laplace 变换和 0 阶、1 阶 Hankel 变换,可得

$$\begin{cases}\hat{\bar{\sigma}}_{z0}'(\xi,0,s)=-\hat{\bar{p}}(\xi,s)=\dfrac{-p_0\delta \mathrm{J}_1(\xi\delta)}{s\xi}\\ \hat{\bar{\tau}}_{rz1}(\xi,0,s)=0\\ \hat{\bar{v}}_0(\xi,0,s)=0\end{cases} \tag{5.1.5}$$

5.1.2 层间接触条件

层间接触条件能够反映层状体系内各层之间的结合状态,也会影响层状体系的应力状态和位移的大小。层间接触条件有完全连续条件、完全滑动条件和相对滑动条件三种。

当沥青路面连续施工时,层间结合得很好,可以认为层间是完全连续的。双层粘弹性连续体系是指上下两层紧密相连,在层间接触面上,上下两层的径向位移、竖向位移、竖向有效应力、剪应力、超孔隙水压力和水的流速完全相等,则层间连续接触条件可表示为

$$\begin{cases}u_1(r,z,t)\big|_{z=h}=u_2(r,z,t)\big|_{z=h}\\ w_1(r,z,t)\big|_{z=h}=w_2(r,z,t)\big|_{z=h}\\ \sigma_{z1}'(r,z,t)\big|_{z=h}=\sigma_{z2}'(r,z,t)\big|_{z=h}\\ \tau_{rz1}(r,z,t)\big|_{z=h}=\tau_{rz2}(r,z,t)\big|_{z=h}\\ \sigma_1(r,z,t)\big|_{z=h}=\sigma_2(r,z,t)\big|_{z=h}\\ v_1(r,z,t)\big|_{z=h}=v_2(r,z,t)\big|_{z=h}\end{cases} \tag{5.1.6}$$

对上式进行 Laplace 变换和 0 阶、1 阶 Hankel 变换，可得积分空间中的层间连续接触条件：

$$\begin{cases}\hat{\bar{u}}_{11}(\xi,z,s)\big|_{z=h}=\hat{\bar{u}}_{21}(\xi,z,s)\big|_{z=h}\\ \hat{\bar{w}}_{10}(\xi,z,s)\big|_{z=h}=\hat{\bar{w}}_{20}(\xi,z,s)\big|_{z=h}\\ \hat{\bar{\sigma}}'_{z10}(\xi,z,s)\big|_{z=h}=\hat{\bar{\sigma}}'_{z20}(\xi,z,s)\big|_{z=h}\\ \hat{\bar{\tau}}_{rz11}(\xi,z,s)\big|_{z=h}=\hat{\bar{\tau}}_{rz21}(\xi,z,s)\big|_{z=h}\\ \hat{\bar{\sigma}}_{10}(\xi,z,s)\big|_{z=h}=\hat{\bar{\sigma}}_{20}(\xi,z,s)\big|_{z=h}\\ \hat{\bar{v}}_{10}(\xi,z,s)\big|_{z=h}=\hat{\bar{v}}_{20}(\xi,z,s)\big|_{z=h}\end{cases}\tag{5.1.7}$$

式中，下标中的第一个数字表示层数，1 表示上层，2 表示下层；第二个数字表示 Hankel 变换的阶数；h 为上层的厚度。

若沥青路面间断施工，或者两层材料性质差别过大，层间结合得不好，可以认为层间是完全滑动的。双层粘弹性滑动体系是指上下两层的层间接触条件为完全滑动条件，上下两层之间是可以滑动的，完全无摩阻力。在层间接触面上的竖向位移、竖向有效应力、超孔隙水压力和水的流速相等，而上下两层的剪应力等于 0，则层间滑动接触条件可以表示为

$$\begin{cases}w_1(r,z,t)\big|_{z=h}=w_2(r,z,t)\big|_{z=h}\\ \sigma'_{z1}(r,z,t)\big|_{z=h}=\sigma'_{z2}(r,z,t)\big|_{z=h}\\ \tau_{rz1}(r,z,t)\big|_{z=h}=0\\ \tau_{rz2}(r,z,t)\big|_{z=h}=0\\ \sigma_1(r,z,t)\big|_{z=h}=\sigma_2(r,z,t)\big|_{z=h}\\ v_1(r,z,t)\big|_{z=h}=v_2(r,z,t)\big|_{z=h}\end{cases}\tag{5.1.8}$$

对上式进行 Laplace 变换和 0 阶、1 阶 Hankel 变换，可得积分空间中的层间滑动接触条件：

$$\begin{cases}\hat{\bar{w}}_{10}(\xi,z,s)\big|_{z=h}=\hat{\bar{w}}_{20}(\xi,z,s)\big|_{z=h}\\ \hat{\bar{\sigma}}'_{z10}(\xi,z,s)\big|_{z=h}=\hat{\bar{\sigma}}'_{z20}(\xi,z,s)\big|_{z=h}\\ \hat{\bar{\tau}}_{rz11}(\xi,z,s)\big|_{z=h}=0\\ \hat{\bar{\tau}}_{rz21}(\xi,z,s)\big|_{z=h}=0\\ \hat{\bar{\sigma}}_{10}(\xi,z,s)\big|_{z=h}=\hat{\bar{\sigma}}_{20}(\xi,z,s)\big|_{z=h}\\ \hat{\bar{v}}_{10}(\xi,z,s)\big|_{z=h}=\hat{\bar{v}}_{20}(\xi,z,s)\big|_{z=h}\end{cases}\tag{5.1.9}$$

利用古德曼模型来描述相对滑动层间接触条件，即层间接触面上的剪应力等于粘结系数乘以上下两层的相对水平位移，则相对滑动层间接触条件可表示为

$$\begin{cases}w_1(r,z,t)\big|_{z=h}=w_2(r,z,t)\big|_{z=h}\\ \sigma'_{z1}(r,z,t)\big|_{z=h}=\sigma'_{z2}(r,z,t)\big|_{z=h}\\ \tau_{rz1}(r,z,t)\big|_{z=h}=\tau_{rz2}(r,z,t)\big|_{z=h}\\ \tau_{rz2}(r,z,t)\big|_{z=h}=K[u_2(r,z,t)-u_1(r,z,t)]\big|_{z=h}\\ \sigma_1(r,z,t)\big|_{z=h}=\sigma_2(r,z,t)\big|_{z=h}\\ v_1(r,z,t)\big|_{z=h}=v_2(r,z,t)\big|_{z=h}\end{cases}$$

式中，K 为层间粘结系数。

对上式分别进行 Laplace 和 0 阶、1 阶 Hankel 变换，可得积分空间中的层间接触条件：

$$\begin{cases}\hat{\bar{w}}_{10}(\xi,z,s)\big|_{z=h}=\hat{\bar{w}}_{20}(\xi,z,s)\big|_{z=h}\\ \hat{\bar{\sigma}}'_{z10}(\xi,z,s)\big|_{z=h}=\hat{\bar{\sigma}}'_{z20}(\xi,z,s)\big|_{z=h}\\ \hat{\bar{\tau}}_{rz11}(\xi,z,s)\big|_{z=h}=\hat{\bar{\tau}}_{rz21}(\xi,z,s)\big|_{z=h}\\ \hat{\bar{\tau}}_{rz21}(\xi,z,s)\big|_{z=h}=K[\hat{\bar{u}}_{21}(\xi,z,s)-\hat{\bar{u}}_{11}(\xi,z,s)]\big|_{z=h}\\ \hat{\bar{\sigma}}_{10}(\xi,z,s)\big|_{z=h}=\hat{\bar{\sigma}}_{20}(\xi,z,s)\big|_{z=h}\\ \hat{\bar{v}}_{10}(\xi,z,s)\big|_{z=h}=\hat{\bar{v}}_{20}(\xi,z,s)\big|_{z=h}\end{cases}\tag{5.1.10}$$

5.2 表面排水条件下的双层粘弹性连续体系

将饱和粘弹性体系的一般解(4.3.32)~(4.3.37)和半空间无限体的解(4.4.20)~(4.4.25)代入边界条件式(5.1.3)和层间接触条件式(5.1.7)，可得：

边界条件

$$\hat{\bar{\sigma}}'_{z0}(\xi,0,s)=2\bar{G}_1\left[\left(\frac{\bar{\mu}_1}{1-2\bar{\mu}_1}+\frac{c_1q_1^{\ 2}}{s}\right)(A_{11}+B_{11})+(A_{12}+B_{12})+(A_{14}-B_{14})\right]=-\hat{\bar{p}}(\xi,s)$$

$$\hat{\bar{\tau}}_{rz1}(\xi,0,s)=\bar{G}_1\left[-\frac{2c_1q_1\xi}{s}(A_{11}-B_{11})-(A_{12}-B_{12})+(A_{13}-B_{13})-(A_{14}+B_{14})\right]=0$$

$$\hat{\bar{\sigma}}_0(\xi,0,s)=2\bar{G}_1(A_{12}+B_{12})+M_1(A_{11}+B_{11})=0$$

层间接触条件

$$-\frac{c_1\xi}{s}(A_{11}e^{q_1h}+B_{11}e^{-q_1h})-h(A_{12}e^{\xi h}-B_{12}e^{-\xi h})+\frac{1}{\xi}(A_{13}e^{\xi h}+B_{13}e^{-\xi h})$$

$$=-\frac{c_2\xi}{s}B_{21}e^{-q_2h}+hB_{22}e^{-\xi h}+\frac{1}{\xi}B_{23}e^{-\xi h}$$

$$\frac{1}{\xi}(A_{14}e^{\xi h}+B_{14}e^{-\xi h})+\frac{c_1q_1}{s}(A_{11}e^{q_1h}-B_{11}e^{-q_1h})+h(A_{12}e^{\xi h}+B_{12}e^{-\xi h})$$

$$=-\frac{c_2q_2}{s}B_{21}e^{-q_2h}+hB_{22}e^{-\xi h}+\frac{1}{\xi}B_{24}e^{-\xi h}$$

$$2\bar{G}_1\left\{\left(\frac{\bar{\mu}_1}{1-2\bar{\mu}_1}+\frac{c_1q_1^{\ 2}}{s}\right)(A_{11}e^{q_1h}+B_{11}e^{-q_1h})+[(1+h\xi)A_{12}e^{\xi h}+(1-h\xi)B_{12}e^{-\xi h}]+(A_{14}e^{\xi h}-B_{14}e^{-\xi h})\right\}$$

$$=2\bar{G}_2\left[\left(\frac{\bar{\mu}_2}{1-2\bar{\mu}_2}+\frac{c_2q_2^{\ 2}}{s}\right)B_{21}e^{-q_2h}+(1-h\xi)B_{22}e^{-\xi h}-B_{24}e^{-\xi h}\right]$$

$$\bar{G}_1\left\{-\frac{2c_1q_1\xi}{s}(A_{11}e^{q_1h}-B_{11}e^{-q_1h})-[(1+2h\xi)A_{12}e^{\xi h}+(-1+2h\xi)B_{12}e^{-\xi h}]+(A_{13}e^{\xi h}-B_{13}e^{-\xi h})-(A_{14}e^{\xi h}+B_{14}e^{-\xi h})\right\}$$

$$=\bar{G}_2\left[\frac{2c_2q_2\xi}{s}B_{21}e^{-q_2h}+(1-2h\xi)B_{22}e^{-\xi h}-B_{23}e^{-\xi h}-B_{24}e^{-\xi h}\right]$$

$$2\bar{G}_1(A_{12}e^{\xi h}+B_{12}e^{-\xi h})+M_1(A_{11}e^{q_1h}+B_{11}e^{-q_1h})=M_2B_{21}e^{-q_2h}+2\bar{G}_2B_{22}e^{-\xi h}$$

$$-k_1' M_1 q_1 (A_{11} e^{q_1 h} - B_{11} e^{-q_1 h}) - 2k_1' \bar{G}_1 \xi (A_{12} e^{\xi h} - B_{12} e^{-\xi h}) = k_2' (M_2 q_2 B_{21} e^{-q_2 h} + 2\bar{G}_2 \xi B_{22} e^{-\xi h})$$

式中　$k_i' = \dfrac{k_i}{\gamma_w}$，其中 k_i 为第 i 层的渗透系数，γ_w 为水的重度；

$\bar{G}_i$、$\bar{\mu}_i$——第 i 层 Laplace 空间中的材料参数；

$M_i = \dfrac{2\bar{G}_i(1-\bar{\mu}_i)}{1-2\bar{\mu}_i}$；

$c_i = k_i' M_i$；

$q_i = \sqrt{\xi^2 + \dfrac{s}{c_i}}$，$i=1,2$。

将式(4.3.30)和式(4.3.31)应用到上下两层：

$$B_{12}+B_{13}-B_{14}=0$$

$$A_{12}+A_{13}+A_{14}=0$$

$$B_{22}+B_{23}-B_{24}=0$$

式中，下标中的第一个数字表示层数，第二个数字表示系数的编号。

通过上面 12 个等式可以建立关于 $A_{11} \sim A_{14}$、$B_{11} \sim B_{14}$ 和 $B_{21} \sim B_{24}$ 的线性方程组，矩阵形式如下：

$$[\boldsymbol{C}]\{\boldsymbol{A}\} = \{\boldsymbol{B}\} \tag{5.2.1}$$

式中

$$[\boldsymbol{C}] = \begin{bmatrix}
\dfrac{\bar{\mu}_1}{1-2\bar{\mu}_1} + \dfrac{c_1 q_1{}^2}{s} & 1 & 0 & 1 & \dfrac{\bar{\mu}_1}{1-2\bar{\mu}_1} + \dfrac{c_1 q_1{}^2}{s} & 1 \\
-\dfrac{2c_1 q_1 \xi}{s} & -1 & 1 & -1 & \dfrac{2c_1 q_1 \xi}{s} & 1 \\
M_1 & 2\bar{G}_1 & 0 & 0 & M_1 & 2\bar{G}_1 \\
-\dfrac{c_1 \xi}{s} e^{q_1 h} & -h e^{\xi h} & \dfrac{1}{\xi} e^{\xi h} & 0 & -\dfrac{c_1 \xi}{s} e^{-q_1 h} & h e^{-\xi h} \\
\dfrac{c_1 q_1}{s} e^{q_1 h} & h e^{\xi h} & 0 & \dfrac{1}{\xi} e^{\xi h} & -\dfrac{c_1 q_1}{s} e^{-q_1 h} & h e^{-\xi h} \\
2\bar{G}_1 \left(\dfrac{\bar{\mu}_1}{1-2\bar{\mu}_1} + \dfrac{c_1 q_1{}^2}{s} \right) e^{q_1 h} & 2\bar{G}_1 (1+h\xi) e^{\xi h} & 0 & 2\bar{G}_1 e^{\xi h} & 2\bar{G}_1 \left(\dfrac{\bar{\mu}_1}{1-2\bar{\mu}_1} + \dfrac{c_1 q_1{}^2}{s} \right) e^{-q_1 h} & 2\bar{G}_1 (1-h\xi) e^{-\xi h} \\
-2\bar{G}_1 \dfrac{c_1 q_1 \xi}{s} e^{q_1 h} & -\bar{G}_1 (1+2h\xi) e^{\xi h} & \bar{G}_1 e^{\xi h} & -\bar{G}_1 e^{\xi h} & 2\bar{G}_1 \dfrac{c_1 q_1 \xi}{s} e^{-q_1 h} & \bar{G}_1 (1-2h\xi) e^{-\xi h} \\
M_1 e^{q_1 h} & 2\bar{G}_1 e^{\xi h} & 0 & 0 & M_1 e^{-q_1 h} & 2\bar{G}_1 e^{-\xi h} \\
-k_1' M_1 q_1 e^{q_1 h} & -2k_1' \bar{G}_1 \xi e^{\xi h} & 0 & 0 & k_1' M_1 q_1 e^{-q_1 h} & 2k_1' \bar{G}_1 \xi e^{-\xi h} \\
0 & 0 & 0 & 0 & 0 & 1 \\
0 & 1 & 1 & 1 & 0 & 0 \\
0 & 0 & 0 & 0 & 0 & 0
\end{bmatrix}$$

$$
\left.\begin{matrix}
0 & -1 & 0 & 0 & 0 & 0 \\
-1 & -1 & 0 & 0 & 0 & 0 \\
0 & 0 & 0 & 0 & 0 & 0 \\
\frac{1}{\xi}\mathrm{e}^{-\xi h} & 0 & \frac{c_2\xi}{s}\mathrm{e}^{-q_2 h} & -h\mathrm{e}^{-\xi h} & -\frac{1}{\xi}\mathrm{e}^{-\xi h} & 0 \\
0 & \frac{1}{\xi}\mathrm{e}^{-\xi h} & \frac{c_2 q_2}{s}\mathrm{e}^{-q_2 h} & -h\mathrm{e}^{-\xi h} & 0 & -\frac{1}{\xi}\mathrm{e}^{-\xi h} \\
0 & -2\bar{G}_1\mathrm{e}^{-\xi h} & -2\bar{G}_2\left(\frac{\bar{\mu}_2}{1-2\bar{\mu}_2}+\frac{c_2 q_2^2}{s}\right)\mathrm{e}^{-q_2 h} & -2\bar{G}_2(1-h\xi)\mathrm{e}^{-\xi h} & 0 & 2\bar{G}_2\mathrm{e}^{-\xi h} \\
-\bar{G}_1\mathrm{e}^{-\xi h} & -\bar{G}_1\mathrm{e}^{-\xi h} & -2\bar{G}_2\frac{c_2 q_2\xi}{s}\mathrm{e}^{-q_2 h} & -\bar{G}_2(1-2h\xi)\mathrm{e}^{-\xi h} & \bar{G}_2\mathrm{e}^{-\xi h} & \bar{G}_2\mathrm{e}^{-\xi h} \\
0 & 0 & -M_2\mathrm{e}^{-q_2 h} & -2\bar{G}_2\mathrm{e}^{-\xi h} & 0 & 0 \\
0 & 0 & -k_2' M_2 q_2\mathrm{e}^{-q_2 h} & -2k_2'\bar{G}_2\xi\mathrm{e}^{-\xi h} & 0 & 0 \\
1 & -1 & 0 & 0 & 0 & 0 \\
0 & 0 & 0 & 0 & 0 & 0 \\
0 & 0 & 0 & 1 & 1 & -1
\end{matrix}\right]
$$

$$
\{\boldsymbol{A}\}=\begin{Bmatrix} A_{11} \\ A_{12} \\ A_{13} \\ A_{14} \\ B_{11} \\ B_{12} \\ B_{13} \\ B_{14} \\ B_{21} \\ B_{22} \\ B_{23} \\ B_{24} \end{Bmatrix}
$$

$$\{\boldsymbol{B}\}=\begin{Bmatrix} -\dfrac{\hat{\bar{p}}(\xi,s)}{2\overline{G}_1} \\ 0 \\ 0 \\ 0 \\ 0 \\ 0 \\ 0 \\ 0 \\ 0 \\ 0 \\ 0 \\ 0 \end{Bmatrix}$$

根据克拉默法则可以得到方程组(5.2.1)的解：

$$A_i=\frac{|C_i|}{|C|}, i=1,2,\cdots,12 \tag{5.2.2}$$

即

$$A_{11}=\frac{|C_1|}{|C|},A_{12}=\frac{|C_2|}{|C|},A_{13}=\frac{|C_3|}{|C|},A_{14}=\frac{|C_4|}{|C|}$$

$$B_{11}=\frac{|C_5|}{|C|},B_{12}=\frac{|C_6|}{|C|},B_{13}=\frac{|C_7|}{|C|},B_{14}=\frac{|C_8|}{|C|}$$

$$B_{21}=\frac{|C_9|}{|C|},B_{22}=\frac{|C_{10}|}{|C|},B_{23}=\frac{|C_{11}|}{|C|},B_{24}=\frac{|C_{12}|}{|C|}$$

式中　A_i 为向量$\{\boldsymbol{A}\}$中第 i 元素；

$|C|$为矩阵$[\boldsymbol{C}]$的行列式；

$|C_i|$为把矩阵$[\boldsymbol{C}]$中的第 i 列元素用向量$\{\boldsymbol{B}\}$代替后得到的行列式，例如：

$$
[\boldsymbol{C}_1]=\begin{bmatrix}
-\frac{\hat{\bar{p}}(\xi,s)}{2\bar{G}_1} & 1 & 0 & 1 & \frac{\bar{\mu}_1}{1-2\bar{\mu}_1}+\frac{c_1q_1^2}{s} & 1 & 0 & -1 & 0 & 0 & 0 & 0 \\
0 & -1 & 1 & -1 & \frac{2c_1q_1\xi}{s} & 1 & -1 & -1 & 0 & 0 & 0 & 0 \\
0 & 2\bar{G}_1 & 0 & 0 & M_1 & 2\bar{G}_1 & 0 & 0 & 0 & 0 & 0 & 0 \\
0 & -h\mathrm{e}^{\xi h} & \frac{1}{\xi}\mathrm{e}^{\xi h} & 0 & -\frac{c_1\xi}{s}\mathrm{e}^{-q_1h} & h\mathrm{e}^{-\xi h} & \frac{1}{\xi}\mathrm{e}^{-\xi h} & 0 & \frac{c_2\xi}{s}\mathrm{e}^{-q_2h} & -h\mathrm{e}^{-\xi h} & -\frac{1}{\xi}\mathrm{e}^{-\xi h} & 0 \\
0 & h\mathrm{e}^{\xi h} & 0 & \frac{1}{\xi}\mathrm{e}^{\xi h} & -\frac{c_1q_1}{s}\mathrm{e}^{-q_1h} & h\mathrm{e}^{-\xi h} & 0 & \frac{1}{\xi}\mathrm{e}^{-\xi h} & \frac{c_2q_2}{s}\mathrm{e}^{-q_2h} & -h\mathrm{e}^{-\xi h} & 0 & -\frac{1}{\xi}\mathrm{e}^{-\xi h} \\
0 & 2\bar{G}_1(1+h\xi)\mathrm{e}^{\xi h} & 0 & 2\bar{G}_1\mathrm{e}^{\xi h} & 2\bar{G}_1\left(\frac{\bar{\mu}_1}{1-2\bar{\mu}_1}+\frac{c_1q_1^2}{s}\right)\mathrm{e}^{-q_1h} & 2\bar{G}_1(1-h\xi)\mathrm{e}^{-\xi h} & 0 & -2\bar{G}_1\mathrm{e}^{-\xi h} & -2\bar{G}_2\left(\frac{\bar{\mu}_2}{1-2\bar{\mu}_2}+\frac{c_2q_2^2}{s}\right)\mathrm{e}^{-q_2h} & -2\bar{G}_2(1-h\xi)\mathrm{e}^{-\xi h} & 0 & 2\bar{G}_2\mathrm{e}^{-\xi h} \\
0 & -\bar{G}_1(1+2h\xi)\mathrm{e}^{\xi h} & \bar{G}_1\mathrm{e}^{\xi h} & -\bar{G}_1\mathrm{e}^{\xi h} & 2\bar{G}_1\frac{c_1q_1\xi}{s}\mathrm{e}^{-q_1h} & \bar{G}_1(1-2h\xi)\mathrm{e}^{-\xi h} & -\bar{G}_1\mathrm{e}^{-\xi h} & -\bar{G}_1\mathrm{e}^{-\xi h} & -2\bar{G}_2\frac{c_2q_2\xi}{s}\mathrm{e}^{-q_2h} & -\bar{G}_2(1-2h\xi)\mathrm{e}^{-\xi h} & \bar{G}_2\mathrm{e}^{-\xi h} & \bar{G}_2\mathrm{e}^{-\xi h} \\
0 & 2\bar{G}_1\mathrm{e}^{\xi h} & 0 & 0 & M_1\mathrm{e}^{-q_1h} & 2\bar{G}_1\mathrm{e}^{-\xi h} & 0 & 0 & -M_2\mathrm{e}^{-q_2h} & -2\bar{G}_2\mathrm{e}^{-\xi h} & 0 & 0 \\
0 & -2k_1'\bar{G}_1\xi\mathrm{e}^{\xi h} & 0 & 0 & k_1'M_1q_1\mathrm{e}^{-q_1h} & 2k_1'\bar{G}_1\xi\mathrm{e}^{-\xi h} & 0 & 0 & -k_2'M_2q_2\mathrm{e}^{-q_2h} & -2k_2'\bar{G}_2\xi\mathrm{e}^{-\xi h} & 0 & 0 \\
0 & 0 & 0 & 0 & 0 & 1 & 1 & -1 & 0 & 0 & 0 & 0 \\
0 & 1 & 1 & 1 & 0 & 0 & 0 & 0 & 0 & 0 & 0 & 0 \\
0 & 0 & 0 & 0 & 0 & 0 & 0 & 0 & 0 & 1 & 1 & -1
\end{bmatrix}
$$

将式(5.2.2)代入式(4.3.32)~式(4.3.37),可得上层的应力和位移的积分空间中的表达式:

$$\hat{\bar{\sigma}}_0(\xi,z,s)=2\bar{G}_1\left(\frac{|C_2|}{|C|}e^{\xi z}+\frac{|C_6|}{|C|}e^{-\xi z}\right)+M_1\left(\frac{|C_1|}{|C|}e^{q_1 z}+\frac{|C_5|}{|C|}e^{-q_1 z}\right)$$

$$\hat{\bar{u}}_1(\xi,z,s)=\frac{1}{\xi}\left(\frac{|C_3|}{|C|}e^{\xi z}+\frac{|C_7|}{|C|}e^{-\xi z}\right)-\frac{c_1\xi}{s}\left(\frac{|C_1|}{|C|}e^{q_1 z}+\frac{|C_5|}{|C|}e^{-q_1 z}\right)-z\left(\frac{|C_2|}{|C|}e^{\xi z}-\frac{|C_6|}{|C|}e^{-\xi z}\right)$$

$$\hat{\bar{w}}_0(\xi,z,s)=\frac{c_1q_1}{s}\left(\frac{|C_1|}{|C|}e^{q_1 z}-\frac{|C_5|}{|C|}e^{-q_1 z}\right)+z\left(\frac{|C_2|}{|C|}e^{\xi z}+\frac{|C_6|}{|C|}e^{-\xi z}\right)+\frac{1}{\xi}\left(\frac{|C_4|}{|C|}e^{\xi z}+\frac{|C_8|}{|C|}e^{-\xi z}\right)$$

$$\hat{\bar{\sigma}}'_{z0}(\xi,z,s)=2\bar{G}_1\left\{\left(\frac{\bar{\mu}_1}{1-2\bar{\mu}_1}+\frac{c_1q_1^2}{s}\right)\left(\frac{|C_1|}{|C|}e^{q_1 z}+\frac{|C_5|}{|C|}e^{-q_1 z}\right)+\right.$$
$$\left.\left[(1+z\xi)\frac{|C_2|}{|C|}e^{\xi z}+(1-z\xi)\frac{|C_6|}{|C|}e^{-\xi z}\right]+\left(\frac{|C_4|}{|C|}e^{\xi z}-\frac{|C_8|}{|C|}e^{-\xi z}\right)\right\}$$

$$\hat{\bar{\tau}}_{rz1}(\xi,z,s)=\bar{G}_1\left\{-\frac{2c_1q_1\xi}{s}\left(\frac{|C_1|}{|C|}e^{q_1 z}-\frac{|C_5|}{|C|}e^{-q_1 z}\right)-\left[(1+2z\xi)\frac{|C_2|}{|C|}e^{\xi z}+(-1+2z\xi)\frac{|C_6|}{|C|}e^{-\xi z}\right]+\right.$$
$$\left.\left(\frac{|C_3|}{|C|}e^{\xi z}-\frac{|C_7|}{|C|}B_3e^{-\xi z}\right)-\left(\frac{|C_4|}{|C|}e^{\xi z}+\frac{|C_8|}{|C|}e^{-\xi z}\right)\right\}$$

将式(5.2.2)代入式(4.4.20)~式(4.4.25),可得下层的应力和位移的积分空间中的表达式:

$$\hat{\bar{\sigma}}_0(\xi,z,s)=M_2\frac{|C_9|}{|C|}e^{-q_2 z}+2\bar{G}_2\frac{|C_{10}|}{|C|}e^{-\xi z}$$

$$\hat{\bar{u}}_1(\xi,z,s)=-\frac{c_2\xi}{s}\frac{|C_9|}{|C|}e^{-q_2 z}+z\frac{|C_{10}|}{|C|}e^{-\xi z}+\frac{1}{\xi}\frac{|C_{11}|}{|C|}e^{-\xi z}$$

$$\hat{\bar{w}}_0(\xi,z,s)=-\frac{c_2q_2}{s}\frac{|C_9|}{|C|}e^{-q_2 z}+z\frac{|C_{10}|}{|C|}e^{-\xi z}+\frac{1}{\xi}\frac{|C_{12}|}{|C|}e^{-\xi z}$$

$$\hat{\bar{\sigma}}'_{z0}(\xi,z,s)=2\bar{G}_2\left[\left(\frac{\bar{\mu}_2}{1-2\bar{\mu}_2}+\frac{c_2q_2^2}{s}\right)\frac{|C_9|}{|C|}e^{-q_2 z}+(1-z\xi)\frac{|C_{10}|}{|C|}e^{-\xi z}-\frac{|C_{12}|}{|C|}e^{-\xi z}\right]$$

$$\hat{\bar{\tau}}_{rz1}(\xi,z,s)=\bar{G}_2\left[\frac{2c_2q_2\xi}{s}\frac{|C_9|}{|C|}e^{-q_2 z}-(-1+2z\xi)\frac{|C_{10}|}{|C|}e^{-\xi z}-\frac{|C_{11}|}{|C|}e^{-\xi z}-\frac{|C_{12}|}{|C|}e^{-\xi z}\right]$$

对上述公式进行 Laplace 和 Hankel 逆变换,得到了位移和应力的解析解。

当 $z\leqslant h$ 时:

$$\sigma(r,z,t)=\frac{1}{2\pi i}\int_{\beta-i\infty}^{\beta+i\infty}\int_0^{\infty}\xi\hat{\bar{\sigma}}_0(\xi,z,s)J_0(\xi r)e^{st}d\xi ds$$
$$=\frac{1}{2\pi i}\int_{\beta-i\infty}^{\beta+i\infty}\int_0^{\infty}\xi\left[M_1\left(\frac{|C_1|}{|C|}e^{q_1 z}+\frac{|C_5|}{|C|}e^{-q_1 z}\right)+2\bar{G}_1\left(\frac{|C_2|}{|C|}e^{\xi z}+\frac{|C_6|}{|C|}e^{-\xi z}\right)\right]\cdot$$
$$J_0(\xi r)e^{st}d\xi ds$$

$$u(r,z,t)=\frac{1}{2\pi i}\int_{\beta-i\infty}^{\beta+i\infty}\int_0^{\infty}\xi\hat{\bar{u}}_1(\xi,z,s)J_1(\xi r)e^{st}d\xi ds$$
$$=\frac{1}{2\pi i}\int_{\beta-i\infty}^{\beta+i\infty}\int_0^{\infty}\xi\left[\frac{1}{\xi}\left(\frac{|C_3|}{|C|}e^{\xi z}+\frac{|C_7|}{|C|}e^{-\xi z}\right)-\frac{c_1\xi}{s}\left(\frac{|C_1|}{|C|}e^{q_1 z}+\frac{|C_5|}{|C|}e^{-q_1 z}\right)-\right.$$

$$z\left(\frac{|C_2|}{|C|}e^{\xi z}-\frac{|C_6|}{|C|}e^{-\xi z}\right)\Bigg]J_1(\xi r)e^{st}d\xi ds$$

$$w(r,z,t)=\frac{1}{2\pi i}\int_{\beta-i\infty}^{\beta+i\infty}\int_0^{\infty}\xi\hat{\bar{w}}_0(\xi,z,s)J_0(\xi r)e^{st}d\xi ds$$

$$=\frac{1}{2\pi i}\int_{\beta-i\infty}^{\beta+i\infty}\int_0^{\infty}\xi\Bigg[\frac{c_1q_1}{s}\left(\frac{|C_1|}{|C|}e^{q_1z}-\frac{|C_5|}{|C|}e^{-q_1z}\right)+z\left(\frac{|C_2|}{|C|}e^{\xi z}+\frac{|C_6|}{|C|}e^{-\xi z}\right)+$$

$$\frac{1}{\xi}\left(\frac{|C_4|}{|C|}e^{\xi z}+\frac{|C_8|}{|C|}e^{-\xi z}\right)\Bigg]J_0(\xi r)e^{st}d\xi ds$$

$$\sigma'_z(r,z,t)=\frac{1}{2\pi i}\int_{\beta-i\infty}^{\beta+i\infty}\int_0^{\infty}\xi\hat{\bar{\sigma}}_{z0}(\xi,z,s)J_0(\xi r)e^{st}d\xi ds$$

$$=\frac{1}{2\pi i}\int_{\beta-i\infty}^{\beta+i\infty}\int_0^{\infty}2\xi\bar{G}_1\Bigg\{\left(\frac{\bar{\mu}_1}{1-2\bar{\mu}_1}+\frac{c_1q_1^{\,2}}{s}\right)\left(\frac{|C_1|}{|C|}e^{q_1z}+\frac{|C_5|}{|C|}e^{-q_1z}\right)+$$

$$\left[(1+z\xi)\frac{|C_2|}{|C|}e^{\xi z}+(1-z\xi)\frac{|C_6|}{|C|}e^{-\xi z}\right]+\left(\frac{|C_4|}{|C|}e^{\xi z}-\frac{|C_8|}{|C|}e^{-\xi z}\right)\Bigg\}\cdot$$

$$J_0(\xi r)e^{st}d\xi ds$$

$$\tau_{rz}(r,z,t)=\frac{1}{2\pi i}\int_{\beta-i\infty}^{\beta+i\infty}\int_0^{\infty}\xi\hat{\bar{\tau}}_{rz1}(\xi,z,s)J_1(\xi r)e^{st}d\xi ds$$

$$=\frac{1}{2\pi i}\int_{\beta-i\infty}^{\beta+i\infty}\int_0^{\infty}\xi\Bigg(\bar{G}_1\Bigg\{-\frac{2c_1q_1\xi}{s}\left(\frac{|C_1|}{|C|}e^{q_1z}-\frac{|C_5|}{|C|}e^{-q_1z}\right)-$$

$$\left[(1+2z\xi)\frac{|C_2|}{|C|}e^{\xi z}+(-1+2z\xi)\frac{|C_6|}{|C|}e^{-\xi z}\right]+\left(\frac{|C_3|}{|C|}e^{\xi z}-\frac{|C_7|}{|C|}B_3e^{-\xi z}\right)-$$

$$\left(\frac{|C_4|}{|C|}e^{\xi z}+\frac{|C_8|}{|C|}e^{-\xi z}\right)\Bigg\}\Bigg)J_1(\xi r)e^{st}d\xi ds$$

当 $z>h$ 时：

$$\sigma(r,z,t)=\frac{1}{2\pi i}\int_{\beta-i\infty}^{\beta+i\infty}\int_0^{\infty}\xi\hat{\bar{\sigma}}_0(\xi,z,s)J_0(\xi r)e^{st}d\xi ds$$

$$=\frac{1}{2\pi i}\int_{\beta-i\infty}^{\beta+i\infty}\int_0^{\infty}\xi\left(M_2\frac{|C_9|}{|C|}e^{-q_2z}+2\bar{G}_2\frac{|C_{10}|}{|C|}e^{-\xi z}\right)J_0(\xi r)e^{st}d\xi ds$$

$$u(r,z,t)=\frac{1}{2\pi i}\int_{\beta-i\infty}^{\beta+i\infty}\int_0^{\infty}\xi\hat{\bar{u}}_1(\xi,z,s)J_1(\xi r)e^{st}d\xi ds$$

$$=\frac{1}{2\pi i}\int_{\beta-i\infty}^{\beta+i\infty}\int_0^{\infty}\xi\left(-\frac{c_2\xi}{s}\frac{|C_9|}{|C|}e^{-q_2z}+z\frac{|C_{10}|}{|C|}e^{-\xi z}+\frac{1}{\xi}\frac{|C_{11}|}{|C|}e^{-\xi z}\right)J_1(\xi r)e^{st}d\xi ds$$

$$w(r,z,t)=\frac{1}{2\pi i}\int_{\beta-i\infty}^{\beta+i\infty}\int_0^{\infty}\xi\hat{\bar{w}}_0(\xi,z,s)J_0(\xi r)e^{st}d\xi ds$$

$$=\frac{1}{2\pi i}\int_{\beta-i\infty}^{\beta+i\infty}\int_0^{\infty}\xi\left(-\frac{c_2q_2}{s}\frac{|C_9|}{|C|}e^{-q_2z}+z\frac{|C_{10}|}{|C|}e^{-\xi z}+\frac{1}{\xi}\frac{|C_{12}|}{|C|}e^{-\xi z}\right)J_0(\xi r)e^{st}d\xi ds$$

$$\sigma'_z(r,z,t)=\frac{1}{2\pi i}\int_{\beta-i\infty}^{\beta+i\infty}\int_0^{\infty}\xi\hat{\bar{\sigma}}_{z0}(\xi,z,s)J_0(\xi r)e^{st}d\xi ds$$
$$=\frac{1}{2\pi i}\int_{\beta-i\infty}^{\beta+i\infty}\int_0^{\infty}\xi\left\{2\bar{G}_2\left[\left(\frac{\bar{\mu}_2}{1-2\bar{\mu}_2}+\frac{c_2q_2^2}{s}\right)\frac{|C_9|}{|C|}e^{-q_2z}+(1-z\xi)\frac{|C_{10}|}{|C|}e^{-\xi z}-\frac{|C_{12}|}{|C|}e^{-\xi z}\right]\right\}\cdot$$
$$J_0(\xi r)e^{st}d\xi ds$$

$$\tau_{rz}(r,z,t)=\frac{1}{2\pi i}\int_{\beta-i\infty}^{\beta+i\infty}\int_0^{\infty}\xi\hat{\bar{\tau}}_{rz1}(\xi,z,s)J_1(\xi r)e^{st}d\xi ds$$
$$=\frac{1}{2\pi i}\int_{\beta-i\infty}^{\beta+i\infty}\int_0^{\infty}\xi\left\{\bar{G}_2\left[\frac{2c_2q_2\xi}{s}\frac{|C_9|}{|C|}e^{-q_2z}-(-1+2z\xi)\frac{|C_{10}|}{|C|}e^{-\xi z}-\frac{|C_{11}|}{|C|}e^{-\xi z}-\frac{|C_{12}|}{|C|}e^{-\xi z}\right]\right\}\cdot$$
$$J_1(\xi r)e^{st}d\xi ds$$

5.3　表面不排水条件下的双层粘弹性连续体系

将式(4.3.24)、式(4.3.23)和(4.3.25)分别代入式(5.1.5),可得

$$2\bar{G}_1\left[\left(\frac{\bar{\mu}_1}{1-2\bar{\mu}_1}+\frac{c_1q_1^{\ 2}}{s}\right)(A_{11}+B_{11})-(A_{13}+B_{13})\right]=-\hat{\bar{p}}(\xi,s)\tag{5.3.1}$$

$$\bar{G}_1\left[-\frac{2c_1q_1\xi}{s}(A_{11}-B_{11})+2(A_{13}-B_{13})\right]=0\tag{5.3.2}$$

$$M_1q_1(A_{11}e^{q_1z}-B_{11}e^{-q_1z})+2\bar{G}_1\xi(A_{12}e^{\xi z}-B_{12}e^{-\xi z})=0\tag{5.3.3}$$

将式(4.3.32)~式(4.3.37)分别代入式(5.1.7),可得

$$-\frac{c_1\xi}{s}(A_{11}e^{q_1h}+B_{11}e^{-q_1h})-h(A_{12}e^{\xi h}-B_{12}e^{-\xi h})+\frac{1}{\xi}(A_{13}e^{\xi h}+B_{13}e^{-\xi h})$$
$$=-\frac{c_2\xi}{s}B_{21}e^{-q_2h}+hB_{22}e^{-\xi h}+\frac{1}{\xi}B_{23}e^{-\xi h}\tag{5.3.4}$$

$$\frac{c_1q_1}{s}(A_{11}e^{q_1h}-B_{11}e^{-q_1h})+\left[\left(h-\frac{1}{\xi}\right)A_{12}e^{\xi h}+\left(h+\frac{1}{\xi}\right)B_{12}e^{-\xi h}\right]+\frac{1}{\xi}(-A_{13}e^{\xi h}+B_{13}e^{-\xi h})$$
$$=-\frac{c_2q_2}{s}B_{21}e^{-q_2h}+\left(h+\frac{1}{\xi}\right)B_{22}e^{-\xi h}+\frac{1}{\xi}B_{23}e^{-\xi h}\tag{5.3.5}$$

$$2\bar{G}_1\left[\left(\frac{\bar{\mu}_1}{1-2\bar{\mu}_1}+\frac{c_1q_1^2}{s}\right)(A_{11}e^{q_1h}+B_{11}e^{-q_1h})+h\xi(A_{12}e^{\xi h}-B_{12}e^{-\xi h})-(A_{13}e^{\xi h}+B_{13}e^{-\xi h})\right]$$
$$=2\bar{G}_2\left[\left(\frac{\bar{\mu}_2}{1-2\bar{\mu}_2}+\frac{c_2q_2^2}{s}\right)B_{21}e^{-q_2h}-h\xi B_{22}e^{-\xi h}-B_{23}e^{-\xi h}\right]\tag{5.3.6}$$

$$\bar{G}_1\left[-\frac{2c_1q_1\xi}{s}(A_{11}e^{q_1h}-B_{11}e^{-q_1z})-2h\xi(A_{12}e^{\xi h}+B_{12}e^{-\xi h})+2(A_{13}e^{\xi h}-B_{13}e^{-\xi h})\right]$$
$$=\bar{G}_2\left(\frac{2c_2q_2\xi}{s}B_{21}e^{-q_2h}-2h\xi B_{22}e^{-\xi h}-2B_{23}e^{-\xi h}\right)\tag{5.3.7}$$

$$M_1(A_{11}e^{q_1h}+B_{11}e^{-q_1h})+2\overline{G}_1(A_{12}e^{\xi h}+B_{12}e^{-\xi h})=M_2B_{21}e^{-q_2h}+2G_2B_{22}e^{-\xi h} \tag{5.3.8}$$

$$-k_1'M_1q_1(A_{11}e^{q_1h}-B_{11}e^{-q_1h})-2k_1'\overline{G}_1\xi(A_{12}e^{\xi h}-B_{12}e^{-\xi h})=k_2'(M_2q_2B_{21}e^{-q_2h}+2\overline{G}_2\xi B_{22}e^{-\xi h}) \tag{5.3.9}$$

通过上面9个等式可以建立关于 $A_{11}\sim A_{13}$、$B_{11}\sim B_{13}$ 和 $B_{21}\sim B_{23}$ 的线性方程组,矩阵形式如下:

$$[\boldsymbol{C}]\{\boldsymbol{A}\}=\{\boldsymbol{B}\} \tag{5.3.10}$$

式中

$$\{\boldsymbol{A}\}=\begin{Bmatrix} A_{11} \\ A_{12} \\ A_{13} \\ B_{11} \\ B_{12} \\ B_{13} \\ B_{21} \\ B_{22} \\ B_{23} \end{Bmatrix}$$

$$\{\boldsymbol{B}\}=\begin{Bmatrix} -\dfrac{\hat{\bar{p}}(\xi,s)}{2\overline{G}_1} \\ 0 \\ 0 \\ 0 \\ 0 \\ 0 \\ 0 \\ 0 \\ 0 \end{Bmatrix}$$

$$
[\boldsymbol{C}]=\begin{bmatrix}
\dfrac{\bar{\mu}_1}{1-2\bar{\mu}_1}+\dfrac{c_1q_1{}^2}{s} & 0 & -1 & \dfrac{\bar{\mu}_1}{1-2\bar{\mu}_1}+\dfrac{c_1q_1{}^2}{s} & 0 & -1 & 0 & 0 & 0 \\
-\dfrac{2c_1q_1\xi}{s} & 0 & 2 & \dfrac{2c_1q_1\xi}{s} & 0 & -2 & 0 & 0 & 0 \\
M_1q_1 & 2\bar{G}_1\xi & 0 & -M_1q_1 & -2\bar{G}_1\xi & 0 & 0 & 0 & 0 \\
-\dfrac{c_1\xi}{s}\mathrm{e}^{q_1h} & -h\mathrm{e}^{\xi h} & \dfrac{1}{\xi}\mathrm{e}^{\xi h} & -\dfrac{c_1\xi}{s}\mathrm{e}^{-q_1h} & h\mathrm{e}^{-\xi h} & \dfrac{1}{\xi}\mathrm{e}^{-\xi h} & \dfrac{c_2\xi}{s}\mathrm{e}^{-q_2h} & -h\mathrm{e}^{-\xi h} & -\dfrac{1}{\xi}\mathrm{e}^{-\xi h} \\
\dfrac{c_1q_1}{s}\mathrm{e}^{q_1h} & \left(h-\dfrac{1}{\xi}\right)\mathrm{e}^{\xi h} & -\dfrac{1}{\xi}\mathrm{e}^{\xi h} & -\dfrac{c_1q_1}{s}\mathrm{e}^{-q_1h} & \left(h+\dfrac{1}{\xi}\right)\mathrm{e}^{-\xi h} & \dfrac{1}{\xi}\mathrm{e}^{-\xi h} & \dfrac{c_2q_2}{s}\mathrm{e}^{-q_2h} & -\left(h+\dfrac{1}{\xi}\right)\mathrm{e}^{-\xi h} & -\dfrac{1}{\xi}\mathrm{e}^{-\xi h} \\
2\bar{G}_1\left(\dfrac{\bar{\mu}_1}{1-2\bar{\mu}_1}+\dfrac{c_1q_1{}^2}{s}\right)\mathrm{e}^{q_1h} & 2\bar{G}_1h\xi\mathrm{e}^{\xi h} & -2\bar{G}_1\mathrm{e}^{\xi h} & 2\bar{G}_1\left(\dfrac{\bar{\mu}_1}{1-2\bar{\mu}_1}+\dfrac{c_1q_1^2}{s}\right)\mathrm{e}^{-q_1h} & -2\bar{G}_1h\xi\mathrm{e}^{-\xi h} & -2\bar{G}_1\mathrm{e}^{-\xi h} & -2\bar{G}_2\left(\dfrac{\bar{\mu}_2}{1-2\bar{\mu}_2}+\dfrac{c_2q_2{}^2}{s}\right)\mathrm{e}^{-q_2h} & 2\bar{G}_2h\xi\mathrm{e}^{-\xi h} & 2\bar{G}_2\mathrm{e}^{-\xi h} \\
-\bar{G}_1\dfrac{2c_1q_1\xi}{s}\mathrm{e}^{q_1h} & -2\bar{G}_1h\xi\mathrm{e}^{\xi h} & 2\bar{G}_1\mathrm{e}^{\xi h} & \bar{G}_1\dfrac{2c_1q_1\xi}{s}\mathrm{e}^{-q_1z} & -2\bar{G}_1h\xi\mathrm{e}^{-\xi h} & -2\bar{G}_1\mathrm{e}^{-\xi h} & -\bar{G}_2\dfrac{2c_2q_2\xi}{s}\mathrm{e}^{-q_2h} & 2\bar{G}_2h\xi\mathrm{e}^{-\xi h} & 2\bar{G}_2\mathrm{e}^{-\xi h} \\
M_1\mathrm{e}^{q_1h} & 2\bar{G}_1\mathrm{e}^{\xi h} & 0 & M_1\mathrm{e}^{-q_1h} & 2\bar{G}_1\mathrm{e}^{-\xi h} & 0 & -M_2\mathrm{e}^{-q_2h} & -2\bar{G}_2\mathrm{e}^{-\xi h} & 0 \\
k_1'M_1q_1\mathrm{e}^{q_1h} & 2k_1'\bar{G}_1\xi\mathrm{e}^{\xi h} & 0 & -k_1'M_1q_1\mathrm{e}^{-q_1h} & -2k_1'\bar{G}_1\xi\mathrm{e}^{-\xi h} & 0 & k_2'M_2q_2\mathrm{e}^{-q_2h} & 2k_2'\bar{G}_2\xi\mathrm{e}^{-\xi h} & 0
\end{bmatrix}
$$

根据克拉默法则可以求出方程组(5.3.10)的解：

$$A_i=\frac{|C_i|}{|C|},i=1,2,\cdots,9 \tag{5.3.11}$$

即

$$A_{11}=\frac{|C_1|}{|C|},A_{12}=\frac{|C_2|}{|C|},A_{13}=\frac{|C_3|}{|C|}$$

$$B_{11}=\frac{|C_4|}{|C|},B_{12}=\frac{|C_5|}{|C|},B_{13}=\frac{|C_6|}{|C|}$$

$$B_{21}=\frac{|C_7|}{|C|},B_{22}=\frac{|C_8|}{|C|},B_{23}=\frac{|C_9|}{|C|}$$

式中 A_i——向量$\{\boldsymbol{A}\}$的第 i 元素；

$|C|$——矩阵$[\boldsymbol{C}]$的行列式；

$|C_i|$——把矩阵$[\boldsymbol{C}]$中的第 i 列元素用向量$\{\boldsymbol{B}\}$代替后得到的行列式，例如：

$$[\boldsymbol{C}_1]=\begin{bmatrix}
-\dfrac{\hat{\bar{p}}(\xi,s)}{2\bar{G}_1} & 0 & -1 & \dfrac{\bar{\mu}_1}{1-2\bar{\mu}_1}+\dfrac{c_1q_1{}^2}{s} \\
0 & 0 & 2 & \dfrac{2c_1q_1\xi}{s} \\
0 & 2\bar{G}_1\xi & 0 & -M_1q_1 \\
0 & -h\mathrm{e}^{\xi h} & \dfrac{1}{\xi}\mathrm{e}^{\xi h} & -\dfrac{c_1\xi}{s}\mathrm{e}^{-q_1h} \\
0 & \left(h-\dfrac{1}{\xi}\right)\mathrm{e}^{\xi h} & -\dfrac{1}{\xi}\mathrm{e}^{\xi h} & -\dfrac{c_1q_1}{s}\mathrm{e}^{-q_1h} \\
0 & 2\bar{G}_1h\xi\mathrm{e}^{\xi h} & -2\bar{G}_1\mathrm{e}^{\xi h} & 2\bar{G}_1\left(\dfrac{\bar{\mu}_1}{1-2\bar{\mu}_1}+\dfrac{c_1q_1^2}{s}\right)\mathrm{e}^{-q_1h} \\
0 & -2\bar{G}_1h\xi\mathrm{e}^{\xi h} & 2\bar{G}_1\mathrm{e}^{\xi h} & \bar{G}_1\dfrac{2c_1q_1\xi}{s}\mathrm{e}^{-q_1z} \\
0 & 2\bar{G}_1\mathrm{e}^{\xi h} & 0 & M_1\mathrm{e}^{-q_1h} \\
0 & 2k_1'\bar{G}_1\xi\mathrm{e}^{\xi h} & 0 & -k_1'M_1q_1\mathrm{e}^{-q_1h}
\end{bmatrix}$$

$$
\left.\begin{array}{ccccc}
0 & -1 & 0 & 0 & 0 \\
0 & -2 & 0 & 0 & 0 \\
-2\overline{G}_1\xi & 0 & 0 & 0 & 0 \\
h\mathrm{e}^{-\xi h} & \dfrac{1}{\xi}\mathrm{e}^{-\xi h} & \dfrac{c_2\xi}{s}\mathrm{e}^{-q_2 h} & -h\mathrm{e}^{-\xi h} & -\dfrac{1}{\xi}\mathrm{e}^{-\xi h} \\
\left(h+\dfrac{1}{\xi}\right)\mathrm{e}^{-\xi h} & \dfrac{1}{\xi}\mathrm{e}^{-\xi h} & \dfrac{c_2 q_2}{s}\mathrm{e}^{-q_2 h} & -\left(h+\dfrac{1}{\xi}\right)\mathrm{e}^{-\xi h} & -\dfrac{1}{\xi}\mathrm{e}^{-\xi h} \\
-2\overline{G}_1 h\xi\mathrm{e}^{-\xi h} & -2\overline{G}_1\mathrm{e}^{-\xi h} & -2\overline{G}_2\left(\dfrac{\overline{\mu}_2}{1-2\overline{\mu}_2}+\dfrac{c_2 q_2^{\ 2}}{s}\right)\mathrm{e}^{-q_2 h} & 2\overline{G}_2 h\xi\mathrm{e}^{-\xi h} & 2\overline{G}_2\mathrm{e}^{-\xi h} \\
-2\overline{G}_1 h\xi\mathrm{e}^{-\xi h} & -2\overline{G}_1\mathrm{e}^{-\xi h} & -\overline{G}_2\dfrac{2c_2 q_2\xi}{s}\mathrm{e}^{-q_2 h} & 2\overline{G}_2 h\xi\mathrm{e}^{-\xi h} & 2\overline{G}_2\mathrm{e}^{-\xi h} \\
2\overline{G}_1\mathrm{e}^{-\xi h} & 0 & -M_2\mathrm{e}^{-q_2 h} & -2\overline{G}_2\mathrm{e}^{-\xi h} & 0 \\
-2k_1'\overline{G}_1\xi\mathrm{e}^{-\xi h} & 0 & k_2' M_2 q_2\mathrm{e}^{-q_2 h} & 2k_2'\overline{G}_2\xi\mathrm{e}^{-\xi h} & 0
\end{array}\right]
$$

将式(5.3.11)代入饱和粘弹性体系的一般解中，可得上层的应力和位移的积分空间中的表达式：

$$
\hat{\overline{u}}_1(\xi,z,s)=-\frac{c_1\xi}{s}\left(\frac{|C_1|}{|C|}\mathrm{e}^{q_1 z}+\frac{|C_4|}{|C|}\mathrm{e}^{-q_1 z}\right)-z\left(\frac{|C_2|}{|C|}\mathrm{e}^{\xi z}-\frac{|C_5|}{|C|}\mathrm{e}^{-\xi z}\right)+\frac{1}{\xi}\left(\frac{|C_3|}{|C|}\mathrm{e}^{\xi z}+\frac{|C_6|}{|C|}\mathrm{e}^{-\xi z}\right)
$$

$$
\hat{\overline{w}}_0(\xi,z,s)=\frac{c_1 q_1}{s}\left(\frac{|C_1|}{|C|}\mathrm{e}^{q_1 z}-\frac{|C_4|}{|C|}\mathrm{e}^{-q_1 z}\right)+\left[\left(z-\frac{1}{\xi}\right)\frac{|C_2|}{|C|}\mathrm{e}^{\xi z}+\left(z+\frac{1}{\xi}\right)\frac{|C_5|}{|C|}\mathrm{e}^{-\xi z}\right]+
\frac{1}{\xi}\left(-\frac{|C_3|}{|C|}\mathrm{e}^{\xi z}+\frac{|C_6|}{|C|}\mathrm{e}^{-\xi z}\right)
$$

$$
\hat{\overline{\sigma}}_{z0}'(\xi,z,s)=2\overline{G}_1\left[\left(\frac{\overline{\mu}_1}{1-2\overline{\mu}_1}+\frac{c_1 q_1^{\ 2}}{s}\right)\left(\frac{|C_1|}{|C|}\mathrm{e}^{q_1 z}+\frac{|C_4|}{|C|}\mathrm{e}^{-q_1 z}\right)+z\xi\left(\frac{|C_2|}{|C|}\mathrm{e}^{\xi z}-\frac{|C_5|}{|C|}\mathrm{e}^{-\xi z}\right)-
\left(\frac{|C_3|}{|C|}\mathrm{e}^{\xi z}+\frac{|C_6|}{|C|}\mathrm{e}^{-\xi z}\right)\right]
$$

$$
\hat{\overline{\tau}}_{rz1}(\xi,z,s)=\overline{G}_1\left[-\frac{2c_1 q_1\xi}{s}\left(\frac{|C_1|}{|C|}\mathrm{e}^{q_1 z}-\frac{|C_4|}{|C|}\mathrm{e}^{-q_1 z}\right)-2z\xi\left(\frac{|C_2|}{|C|}\mathrm{e}^{\xi z}+\frac{|C_5|}{|C|}\mathrm{e}^{-\xi z}\right)+
2\left(\frac{|C_3|}{|C|}\mathrm{e}^{\xi z}-\frac{|C_6|}{|C|}\mathrm{e}^{-\xi z}\right)\right]
$$

$$
\hat{\overline{\sigma}}_0(\xi,z,s)=M_1\left(\frac{|C_1|}{|C|}\mathrm{e}^{q_1 z}+\frac{|C_4|}{|C|}\mathrm{e}^{-q_1 z}\right)+2\overline{G}_1\left(\frac{|C_2|}{|C|}\mathrm{e}^{\xi z}+\frac{|C_5|}{|C|}\mathrm{e}^{-\xi z}\right)
$$

将式(5.3.11)和 $A_{21}=A_{22}=A_{23}=0$ 代入饱和半空间粘弹性体的一般解，可得下层的应力和位移的积分空间中的表达式：

$$
\hat{\overline{u}}_1(\xi,z,s)=-\frac{c_2\xi}{s}\frac{|C_7|}{|C|}\mathrm{e}^{-q_2 z}+z\frac{|C_8|}{|C|}\mathrm{e}^{-\xi z}+\frac{1}{\xi}\frac{|C_9|}{|C|}\mathrm{e}^{-\xi z}
$$

$$
\hat{\overline{w}}_0(\xi,z,s)=-\frac{c_2 q_2}{s}\frac{|C_7|}{|C|}\mathrm{e}^{-q_2 z}+\left(z+\frac{1}{\xi}\right)\frac{|C_8|}{|C|}\mathrm{e}^{-\xi z}+\frac{1}{\xi}\frac{|C_9|}{|C|}\mathrm{e}^{-\xi z}
$$

$$\hat{\bar{\sigma}}'_{z0}(\xi,z,s)=2\bar{G}_2\left[\left(\frac{\bar{\mu}_2}{1-2\bar{\mu}_2}+\frac{c_2q_2^2}{s}\right)\frac{|C_7|}{|C|}\mathrm{e}^{-q_2z}-z\xi\frac{|C_8|}{|C|}\mathrm{e}^{-\xi z}-\frac{|C_9|}{|C|}\mathrm{e}^{-\xi z}\right]$$

$$\hat{\bar{\tau}}_{rz1}(\xi,z,s)=\bar{G}_2\left[\frac{2c_2q_2\xi}{s}\frac{|C_7|}{|C|}\mathrm{e}^{-q_2z}-2z\xi\frac{|C_8|}{|C|}\mathrm{e}^{-\xi z}-2\frac{|C_9|}{|C|}\mathrm{e}^{-\xi z}\right]$$

$$\hat{\bar{\sigma}}_0(\xi,z,s)=M_2\frac{|C_7|}{|C|}\mathrm{e}^{-q_2z}+2\bar{G}_2\frac{|C_8|}{|C|}\mathrm{e}^{-\xi z}$$

对上述公式进行 Laplace 逆变换和 Hankel 逆变换,得到应力和位移的解析解。

当 $z\leqslant h$ 时:

$$u(r,z,t)=\frac{1}{2\pi\mathrm{i}}\int_{\beta-\mathrm{i}\infty}^{\beta+\mathrm{i}\infty}\int_0^{\infty}\xi\left[-\frac{c_1\xi}{s}\left(\frac{|C_1|}{|C|}\mathrm{e}^{q_1z}+\frac{|C_4|}{|C|}\mathrm{e}^{-q_1z}\right)-z\left(\frac{|C_2|}{|C|}\mathrm{e}^{\xi z}-\frac{|C_5|}{|C|}\mathrm{e}^{-\xi z}\right)+\frac{1}{\xi}\left(\frac{|C_3|}{|C|}\mathrm{e}^{\xi z}+\frac{|C_6|}{|C|}\mathrm{e}^{-\xi z}\right)\right]\mathrm{J}_1(\xi r)\mathrm{e}^{st}\mathrm{d}\xi\mathrm{d}s$$

$$w(r,z,t)=\frac{1}{2\pi\mathrm{i}}\int_{\beta-\mathrm{i}\infty}^{\beta+\mathrm{i}\infty}\int_0^{\infty}\xi\left\{\frac{c_1q_1}{s}\left(\frac{|C_1|}{|C|}\mathrm{e}^{q_1z}-\frac{|C_4|}{|C|}\mathrm{e}^{-q_1z}\right)+\left[\left(z-\frac{1}{\xi}\right)\frac{|C_2|}{|C|}\mathrm{e}^{\xi z}+\left(z+\frac{1}{\xi}\right)\frac{|C_5|}{|C|}\mathrm{e}^{-\xi z}\right]+\frac{1}{\xi}\left(-\frac{|C_3|}{|C|}\mathrm{e}^{\xi z}+\frac{|C_6|}{|C|}\mathrm{e}^{-\xi z}\right)\right\}\mathrm{J}_0(\xi r)\mathrm{e}^{st}\mathrm{d}\xi\mathrm{d}s$$

$$\sigma'_z(r,z,t)=\frac{1}{2\pi\mathrm{i}}\int_{\beta-\mathrm{i}\infty}^{\beta+\mathrm{i}\infty}\int_0^{\infty}2\xi\bar{G}_1\left[\left(\frac{\bar{\mu}_1}{1-2\bar{\mu}_1}+\frac{c_1q_1^2}{s}\right)\left(\frac{|C_1|}{|C|}\mathrm{e}^{q_1z}+\frac{|C_4|}{|C|}\mathrm{e}^{-q_1z}\right)+z\xi\left(\frac{|C_2|}{|C|}\mathrm{e}^{\xi z}-\frac{|C_5|}{|C|}\mathrm{e}^{-\xi z}\right)-\left(\frac{|C_3|}{|C|}\mathrm{e}^{\xi z}+\frac{|C_6|}{|C|}\mathrm{e}^{-\xi z}\right)\right]\mathrm{J}_0(\xi r)\mathrm{e}^{st}\mathrm{d}\xi\mathrm{d}s$$

$$\tau_{rz}(r,z,t)=\frac{1}{2\pi\mathrm{i}}\int_{\beta-\mathrm{i}\infty}^{\beta+\mathrm{i}\infty}\int_0^{\infty}\xi\bar{G}_1\left[-\frac{2c_1q_1\xi}{s}\left(\frac{|C_1|}{|C|}\mathrm{e}^{q_1z}-\frac{|C_4|}{|C|}\mathrm{e}^{-q_1z}\right)-2z\xi\left(\frac{|C_2|}{|C|}\mathrm{e}^{\xi z}+\frac{|C_5|}{|C|}\mathrm{e}^{-\xi z}\right)+2\left(\frac{|C_3|}{|C|}\mathrm{e}^{\xi z}-\frac{|C_6|}{|C|}\mathrm{e}^{-\xi z}\right)\right]\mathrm{J}_1(\xi r)\mathrm{e}^{st}\mathrm{d}\xi\mathrm{d}s$$

$$\sigma(r,z,t)=\frac{1}{2\pi\mathrm{i}}\int_{\beta-\mathrm{i}\infty}^{\beta+\mathrm{i}\infty}\int_0^{\infty}\xi\left[M_1\left(\frac{|C_1|}{|C|}\mathrm{e}^{q_1z}+\frac{|C_4|}{|C|}\mathrm{e}^{-q_1z}\right)+2\bar{G}_1\left(\frac{|C_2|}{|C|}\mathrm{e}^{\xi z}+\frac{|C_5|}{|C|}\mathrm{e}^{-\xi z}\right)\right]\mathrm{J}_0(\xi r)\mathrm{e}^{st}\mathrm{d}\xi\mathrm{d}s$$

当 $z>h$ 时:

$$u(r,z,t)=\frac{1}{2\pi\mathrm{i}}\int_{\beta-\mathrm{i}\infty}^{\beta+\mathrm{i}\infty}\int_0^{\infty}\xi\left(-\frac{c_2\xi}{s}\frac{|C_7|}{|C|}\mathrm{e}^{-q_2z}+z\frac{|C_8|}{|C|}\mathrm{e}^{-\xi z}+\frac{1}{\xi}\frac{|C_9|}{|C|}\mathrm{e}^{-\xi z}\right)\mathrm{J}_1(\xi r)\mathrm{e}^{st}\mathrm{d}\xi\mathrm{d}s$$

$$w(r,z,t)=\frac{1}{2\pi\mathrm{i}}\int_{\beta-\mathrm{i}\infty}^{\beta+\mathrm{i}\infty}\int_0^{\infty}\xi\left[-\frac{c_2q_2}{s}\frac{|C_7|}{|C|}\mathrm{e}^{-q_2z}+\left(z+\frac{1}{\xi}\right)\frac{|C_8|}{|C|}\mathrm{e}^{-\xi z}+\frac{1}{\xi}\frac{|C_9|}{|C|}\mathrm{e}^{-\xi z}\right]\mathrm{J}_0(\xi r)\mathrm{e}^{st}\mathrm{d}\xi\mathrm{d}s$$

$$\sigma'_z(r,z,t)=\frac{1}{2\pi\mathrm{i}}\int_{\beta-\mathrm{i}\infty}^{\beta+\mathrm{i}\infty}\int_0^{\infty}2\xi\bar{G}_2\left[\left(\frac{\bar{\mu}_2}{1-2\bar{\mu}_2}+\frac{c_2q_2^2}{s}\right)\frac{|C_7|}{|C|}\mathrm{e}^{-q_2z}-z\xi\frac{|C_8|}{|C|}\mathrm{e}^{-\xi z}-\frac{|C_9|}{|C|}\mathrm{e}^{-\xi z}\right]\cdot\mathrm{J}_0(\xi r)\mathrm{e}^{st}\mathrm{d}\xi\mathrm{d}s$$

$$\tau_{rz}(r,z,t)=\frac{1}{2\pi\mathrm{i}}\int_{\beta-\mathrm{i}\infty}^{\beta+\mathrm{i}\infty}\int_{0}^{\infty}\xi\overline{G}_2\left[\frac{2c_2q_2\xi}{s}\frac{|C_7|}{|C|}\mathrm{e}^{-q_2z}-2z\xi\frac{|C_8|}{|C|}\mathrm{e}^{-\xi z}-2\frac{|C_9|}{|C|}\mathrm{e}^{-\xi z}\right]\mathrm{J}_0(\xi r)\mathrm{e}^{st}\mathrm{d}\xi\mathrm{d}s$$

$$\sigma(r,z,t)=\frac{1}{2\pi\mathrm{i}}\int_{\beta-\mathrm{i}\infty}^{\beta+\mathrm{i}\infty}\int_{0}^{\infty}\xi\left(M_2\frac{|C_7|}{|C|}\mathrm{e}^{-q_2z}+2\overline{G}_2\frac{|C_8|}{|C|}\mathrm{e}^{-\xi z}\right)\mathrm{J}_0(\xi r)\mathrm{e}^{st}\mathrm{d}\xi\mathrm{d}s$$

5.4　表面排水条件下的双层粘弹性滑动体系

利用边界条件和层间接触条件来求解表达式的系数，将层状体系的一般解和半空间无限体的解代入式(5.1.3)和式(5.1.9)，可得

$$\hat{\bar{\sigma}}'_{z0}(\xi,0,s)=2\overline{G}_1\left[\left(\frac{\bar{\mu}_1}{1-2\bar{\mu}_1}+\frac{c_1q_1^2}{s}\right)(A_{11}+B_{11})+(A_{12}+B_{12})+(A_{14}-B_{14})\right]=-\hat{\bar{p}}(\xi,s)$$

$$\hat{\bar{\tau}}_{rz1}(\xi,0,s)=\overline{G}_1\left[-\frac{2c_1q_1\xi}{s}(A_{11}-B_{11})-(A_{12}-B_{12})+(A_{13}-B_{13})-(A_{14}+B_{14})\right]=0$$

$$\hat{\bar{\sigma}}_0(\xi,0,s)=2\overline{G}_1(A_{12}+B_{12})+M_1(A_{11}+B_{11})=0$$

和

$$\frac{1}{\xi}(A_{14}\mathrm{e}^{\xi h}+B_{14}\mathrm{e}^{-\xi h})+\frac{c_1q_1}{s}(A_{11}\mathrm{e}^{q_1h}-B_{11}\mathrm{e}^{-q_1h})+h(A_{12}\mathrm{e}^{\xi h}+B_{12}\mathrm{e}^{-\xi h})$$
$$=-\frac{c_2q_2}{s}B_{21}\mathrm{e}^{-q_2h}+hB_{22}\mathrm{e}^{-\xi h}+\frac{1}{\xi}B_{24}\mathrm{e}^{-\xi h}$$

$$2\overline{G}_1\left\{\left(\frac{\bar{\mu}_1}{1-2\bar{\mu}_1}+\frac{c_1q_1^2}{s}\right)(A_{11}\mathrm{e}^{q_1h}+B_{11}\mathrm{e}^{-q_1h})+[(1+h\xi)A_{12}\mathrm{e}^{\xi h}+(1-h\xi)B_{12}\mathrm{e}^{-\xi h}]+(A_{14}\mathrm{e}^{\xi h}-B_{14}\mathrm{e}^{-\xi h})\right\}$$
$$=2\overline{G}_2\left[\left(\frac{\bar{\mu}_2}{1-2\bar{\mu}_2}+\frac{c_2q_2^2}{s}\right)B_{21}\mathrm{e}^{-q_2h}+(1-h\xi)B_{22}\mathrm{e}^{-\xi h}-B_{24}\mathrm{e}^{-\xi h}\right]$$

$$\overline{G}_1\left\{-\frac{2c_1q_1\xi}{s}(A_{11}\mathrm{e}^{q_1h}-B_{11}\mathrm{e}^{-q_1h})-[(1+2h\xi)A_{12}\mathrm{e}^{\xi h}+(-1+2h\xi)B_{12}\mathrm{e}^{-\xi h}]+\right.$$
$$\left.(A_{13}\mathrm{e}^{\xi h}-B_{13}\mathrm{e}^{-\xi h})-(A_{14}\mathrm{e}^{\xi h}+B_{14}\mathrm{e}^{-\xi h})\right\}=0$$

$$\overline{G}_2\left[\frac{2c_2q_2\xi}{s}B_{21}\mathrm{e}^{-q_2h}+(1-2h\xi)B_{22}\mathrm{e}^{-\xi h}-B_{23}\mathrm{e}^{-\xi h}-B_{24}\mathrm{e}^{-\xi h}\right]=0$$

$$2\overline{G}_1(A_{12}\mathrm{e}^{\xi h}+B_{12}\mathrm{e}^{-\xi h})+M_1(A_{11}\mathrm{e}^{q_1h}+B_{11}\mathrm{e}^{-q_1h})=M_2B_{21}\mathrm{e}^{-q_2h}+2\overline{G}_2B_{22}\mathrm{e}^{-\xi h}$$

$$-k_1'M_1q_1(A_{11}\mathrm{e}^{q_1h}-B_{11}\mathrm{e}^{-q_1h})-2k_1'\overline{G}_1\xi(A_{12}\mathrm{e}^{\xi h}-B_{12}\mathrm{e}^{-\xi h})=k_2'(M_2q_2B_{21}\mathrm{e}^{-q_2h}+2\overline{G}_2\xi B_{22}\mathrm{e}^{-\xi h})$$

将以上公式与式(5.1.10)联合可以建立关于 $A_{11}\sim A_{14}$，$B_{11}\sim B_{14}$，$B_{21}\sim B_{24}$ 的线性方程组，矩阵形式如下：

$$[\boldsymbol{C}]\{\boldsymbol{A}\}=\{\boldsymbol{B}\}\tag{5.4.1}$$

式中

$$
[\boldsymbol{C}]=\begin{bmatrix}
\frac{\bar{\mu}_1}{1-2\bar{\mu}_1}+\frac{c_1q_1^2}{s} & 1 & 0 & 1 & \frac{\bar{\mu}_1}{1-2\bar{\mu}_1}+\frac{c_1q_1^2}{s} & 1 & 0 & -1 & 0 & 0 & 0 & 0 \\
-\frac{2c_1q_1\xi}{s} & -1 & 1 & -1 & \frac{2c_1q_1\xi}{s} & 1 & -1 & -1 & 0 & 0 & 0 & 0 \\
M_1 & 2\bar{G}_1 & 0 & 0 & M_1 & 2\bar{G}_1 & 0 & 0 & 0 & 0 & 0 & 0 \\
\frac{c_1q_1}{s}\mathrm{e}^{q_1h} & h\mathrm{e}^{\xi h} & 0 & \frac{1}{\xi}\mathrm{e}^{\xi h} & -\frac{c_1q_1}{s}\mathrm{e}^{-q_1h} & h\mathrm{e}^{-\xi h} & 0 & \frac{1}{\xi}\mathrm{e}^{-\xi h} & \frac{c_2q_2}{s}\mathrm{e}^{-q_2h} & -h\mathrm{e}^{-\xi h} & 0 & -\frac{1}{\xi}\mathrm{e}^{-\xi h} \\
2\bar{G}_1\left(\frac{\bar{\mu}_1}{1-2\bar{\mu}_1}+\frac{c_1q_1^2}{s}\right)\mathrm{e}^{q_1h} & 2\bar{G}_1(1+h\xi)\mathrm{e}^{\xi h} & 0 & 2\bar{G}_1\mathrm{e}^{\xi h} & 2\bar{G}_1\left(\frac{\bar{\mu}_1}{1-2\bar{\mu}_1}+\frac{c_1q_1^2}{s}\right)\mathrm{e}^{-q_1h} & 2\bar{G}_1(1-h\xi)\mathrm{e}^{-\xi h} & 0 & -2\bar{G}_1\mathrm{e}^{-\xi h} & -2\bar{G}_2\left(\frac{\bar{\mu}_2}{1-2\bar{\mu}_2}+\frac{c_2q_2^2}{s}\right)\mathrm{e}^{-q_2h} & -2\bar{G}_2(1-h\xi)\mathrm{e}^{-\xi h} & 0 & 2\bar{G}_2\mathrm{e}^{-\xi h} \\
-\bar{G}_1\frac{2c_1q_1\xi}{s}\mathrm{e}^{q_1h} & -\bar{G}_1(1+2h\xi)\mathrm{e}^{\xi h} & \bar{G}_1\mathrm{e}^{\xi h} & -\bar{G}_1\mathrm{e}^{\xi h} & \bar{G}_1\frac{2c_1q_1\xi}{s}\mathrm{e}^{-q_1h} & \bar{G}_1(1-2h\xi)\mathrm{e}^{-\xi h} & -\bar{G}_1\mathrm{e}^{-\xi h} & -\bar{G}_1\mathrm{e}^{-\xi h} & 0 & 0 & 0 & 0 \\
0 & 0 & 0 & 0 & 0 & 0 & 0 & 0 & -\bar{G}_2\frac{2c_2q_2\xi}{s}\mathrm{e}^{-q_2h} & -\bar{G}_2(1-2h\xi)\mathrm{e}^{-\xi h} & \bar{G}_2\mathrm{e}^{-\xi h} & \bar{G}_2\mathrm{e}^{-\xi h} \\
M_1\mathrm{e}^{q_1h} & 2\bar{G}_1\mathrm{e}^{\xi h} & 0 & 0 & M_1\mathrm{e}^{-q_1h} & 2\bar{G}_1\mathrm{e}^{-\xi h} & 0 & 0 & -M_2\mathrm{e}^{-q_2h} & -2\bar{G}_2\mathrm{e}^{-\xi h} & 0 & 0 \\
-k_1'M_1q_1\mathrm{e}^{q_1h} & -2k_1'\bar{G}_1\xi\mathrm{e}^{\xi h} & 0 & 0 & k_1'M_1q_1\mathrm{e}^{-q_1h} & 2k_1'\bar{G}_1\xi\mathrm{e}^{-\xi h} & 0 & 0 & -k_2'M_2q_2\mathrm{e}^{-q_2h} & -2k_2'\bar{G}_2\xi\mathrm{e}^{-\xi h} & 0 & 0 \\
0 & 0 & 0 & 0 & 0 & 1 & 1 & -1 & 0 & 0 & 0 & 0 \\
0 & 1 & 1 & 1 & 0 & 0 & 0 & 0 & 0 & 0 & 0 & 0 \\
0 & 0 & 0 & 0 & 0 & 0 & 0 & 0 & 0 & 1 & 1 & -1
\end{bmatrix}
$$

$$\{\boldsymbol{A}\}=\begin{Bmatrix} A_{11} \\ A_{12} \\ A_{13} \\ A_{14} \\ B_{11} \\ B_{12} \\ B_{13} \\ B_{14} \\ B_{21} \\ B_{22} \\ B_{23} \\ B_{24} \end{Bmatrix}$$

$$\{\boldsymbol{B}\}=\begin{Bmatrix} -\dfrac{\hat{\bar{p}}(\xi,s)}{2\bar{G}_1} \\ 0 \\ 0 \\ 0 \\ 0 \\ 0 \\ 0 \\ 0 \\ 0 \\ 0 \\ 0 \\ 0 \end{Bmatrix}$$

根据克拉默法则可以得到方程组(5.4.1)的解:

$$A_i=\frac{|C_i|}{|C|}\quad (i=1,2,\cdots,12) \tag{5.4.2}$$

即

$$A_{11}=\frac{|C_1|}{|C|},A_{12}=\frac{|C_2|}{|C|},A_{13}=\frac{|C_3|}{|C|},A_{14}=\frac{|C_4|}{|C|}$$

$$B_{11}=\frac{|C_5|}{|C|},B_{12}=\frac{|C_6|}{|C|},B_{13}=\frac{|C_7|}{|C|},B_{14}=\frac{|C_8|}{|C|}$$

$$B_{21}=\frac{|C_9|}{|C|},B_{22}=\frac{|C_{10}|}{|C|},B_{23}=\frac{|C_{11}|}{|C|},B_{24}=\frac{|C_{12}|}{|C|}$$

式中　A_i——向量$\{\boldsymbol{A}\}$的第 i 元素;

$|C|$——矩阵$[\boldsymbol{C}]$的行列式；

$|C_i|$——把矩阵$[\boldsymbol{C}]$中的第 i 列元素用向量$\{\boldsymbol{B}\}$代替后得到的行列式，例如：

$$
[\boldsymbol{C}_1]=\left[\begin{array}{cccccccccccc}
-\frac{\hat{\bar{p}}(\xi,s)}{2\bar{G}_1} & 1 & 0 & 1 & \frac{\bar{\mu}_1}{1-2\bar{\mu}_1}+\frac{c_1q_1^2}{s} & 1 & 0 & -1 & 0 & 0 & 0 & 0 \\
0 & -1 & 1 & -1 & \frac{2c_1q_1\xi}{s} & 1 & -1 & -1 & 0 & 0 & 0 & 0 \\
0 & 2\bar{G}_1 & 0 & 0 & M_1 & 2\bar{G}_1 & 0 & 0 & 0 & 0 & 0 & 0 \\
0 & he^{\xi h} & 0 & \frac{1}{\xi}e^{\xi h} & -\frac{c_1q_1}{s}e^{-q_1h} & he^{-\xi h} & 0 & \frac{1}{\xi}e^{-\xi h} & \frac{c_2q_2}{s}e^{-q_2h} & -he^{-\xi h} & 0 & -\frac{1}{\xi}e^{-\xi h} \\
0 & 2\bar{G}_1(1+h\xi)e^{\xi h} & 0 & 2\bar{G}_1e^{\xi h} & 2\bar{G}_1\left(\frac{\bar{\mu}_1}{1-2\bar{\mu}_1}+\frac{c_1q_1^2}{s}\right)e^{-q_1h} & 2\bar{G}_1(1-h\xi)e^{-\xi h} & 0 & -2\bar{G}_1e^{-\xi h} & -2\bar{G}_2\left(\frac{\bar{\mu}_2}{1-2\bar{\mu}_2}+\frac{c_2q_2^2}{s}\right)e^{-q_2h} & -2\bar{G}_2(1-h\xi)e^{-\xi h} & 0 & 2\bar{G}_2e^{-\xi h} \\
0 & -\bar{G}_1(1+2h\xi)e^{\xi h} & \bar{G}_1e^{\xi h} & -\bar{G}_1e^{\xi h} & \bar{G}_1\frac{2c_1q_1\xi}{s}e^{-q_1h} & \bar{G}_1(1-2h\xi)e^{-\xi h} & -\bar{G}_1e^{-\xi h} & -\bar{G}_1e^{-\xi h} & 0 & 0 & 0 & 0 \\
0 & 0 & 0 & 0 & 0 & 0 & 0 & 0 & -\bar{G}_2\frac{2c_2q_2\xi}{s}e^{-q_2h} & -\bar{G}_2(1-2h\xi)e^{-\xi h} & \bar{G}_2e^{-\xi h} & \bar{G}_2e^{-\xi h} \\
0 & 2\bar{G}_1e^{\xi h} & 0 & 0 & M_1e^{-q_1h} & 2\bar{G}_1e^{-\xi h} & 0 & 0 & -M_2e^{-q_2h} & -2\bar{G}_2e^{-\xi h} & 0 & 0 \\
0 & -2k_1'\bar{G}_1\xi e^{\xi h} & 0 & 0 & k_1'M_1q_1e^{-q_1h} & 2k_1'\bar{G}_1\xi e^{-\xi h} & 0 & 0 & -k_2'M_2q_2e^{-q_2h} & -2k_2'\bar{G}_2\xi e^{-\xi h} & 0 & 0 \\
0 & 0 & 0 & 0 & 0 & 1 & 1 & -1 & 0 & 0 & 0 & 0 \\
0 & 1 & 1 & 1 & 0 & 0 & 0 & 0 & 0 & 0 & 0 & 0 \\
0 & 0 & 0 & 0 & 0 & 0 & 0 & 0 & 0 & 1 & 1 & -1
\end{array}\right]
$$

将式(5.4.2)代入饱和层状粘弹性体的一般解，可得上层的应力和位移的积分空间中的表达式：

$$\hat{\bar{\sigma}}_0(\xi,z,s)=2\bar{G}_1\left(\frac{|C_2|}{|C|}e^{\xi z}+\frac{|C_6|}{|C|}e^{-\xi z}\right)+M_1\left(\frac{|C_1|}{|C|}e^{q_1 z}+\frac{|C_5|}{|C|}e^{-q_1 z}\right)$$

$$\hat{\bar{u}}_1(\xi,z,s)=\frac{1}{\xi}\left(\frac{|C_3|}{|C|}e^{\xi z}+\frac{|C_7|}{|C|}e^{-\xi z}\right)-\frac{c_1\xi}{s}\left(\frac{|C_1|}{|C|}e^{q_1 z}+\frac{|C_5|}{|C|}e^{-q_1 z}\right)-z\left(\frac{|C_2|}{|C|}e^{\xi z}-\frac{|C_6|}{|C|}e^{-\xi z}\right)$$

$$\hat{\bar{w}}_0(\xi,z,s)=\frac{c_1 q_1}{s}\left(\frac{|C_1|}{|C|}e^{q_1 z}-\frac{|C_5|}{|C|}e^{-q_1 z}\right)+z\left(\frac{|C_2|}{|C|}e^{\xi z}+\frac{|C_6|}{|C|}e^{-\xi z}\right)+\frac{1}{\xi}\left(\frac{|C_4|}{|C|}e^{\xi z}+\frac{|C_8|}{|C|}e^{-\xi z}\right)$$

$$\hat{\bar{\sigma}}'_{z0}(\xi,z,s)=2\bar{G}_1\left\{\left(\frac{\bar{\mu}_1}{1-2\bar{\mu}_1}+\frac{c_1 q_1^2}{s}\right)\left(\frac{|C_1|}{|C|}e^{q_1 z}+\frac{|C_5|}{|C|}e^{-q_1 z}\right)+\right.$$
$$\left.\left[(1+z\xi)\frac{|C_2|}{|C|}e^{\xi z}+(1-z\xi)\frac{|C_6|}{|C|}e^{-\xi z}\right]+\left(\frac{|C_4|}{|C|}e^{\xi z}-\frac{|C_8|}{|C|}e^{-\xi z}\right)\right\}$$

$$\hat{\bar{\tau}}_{rz1}(\xi,z,s)=\bar{G}_1\left\{-\frac{2c_1 q_1\xi}{s}\left(\frac{|C_1|}{|C|}e^{q_1 z}-\frac{|C_5|}{|C|}e^{-q_1 z}\right)-\left[(1+2z\xi)\frac{|C_2|}{|C|}e^{\xi z}+(-1+2z\xi)\frac{|C_6|}{|C|}e^{-\xi z}\right]+\right.$$
$$\left.\left(\frac{|C_3|}{|C|}e^{\xi z}-\frac{|C_7|}{|C|}B_3 e^{-\xi z}\right)-\left(\frac{|C_4|}{|C|}e^{\xi z}+\frac{|C_8|}{|C|}e^{-\xi z}\right)\right\}$$

将式(5.4.2)代入饱和半空间体的一般解,可得下层的应力和位移的积分空间中的表达式:

$$\hat{\bar{\sigma}}_0(\xi,z,s)=M_2\frac{|C_9|}{|C|}e^{-q_2 z}+2\bar{G}_2\frac{|C_{10}|}{|C|}e^{-\xi z}$$

$$\hat{\bar{u}}_1(\xi,z,s)=-\frac{c_2\xi}{s}\frac{|C_9|}{|C|}e^{-q_2 z}+z\frac{|C_{10}|}{|C|}e^{-\xi z}+\frac{1}{\xi}\frac{|C_{11}|}{|C|}e^{-\xi z}$$

$$\hat{\bar{w}}_0(\xi,z,s)=-\frac{c_2 q_2}{s}\frac{|C_9|}{|C|}e^{-q_2 z}+z\frac{|C_{10}|}{|C|}e^{-\xi z}+\frac{1}{\xi}\frac{|C_{12}|}{|C|}e^{-\xi z}$$

$$\hat{\bar{\sigma}}'_{z0}(\xi,z,s)=2\bar{G}_2\left[\left(\frac{\bar{\mu}_2}{1-2\bar{\mu}_2}+\frac{c_2 q_2^2}{s}\right)\frac{|C_9|}{|C|}e^{-q_2 z}+(1-z\xi)\frac{|C_{10}|}{|C|}e^{-\xi z}-\frac{|C_{12}|}{|C|}e^{-\xi z}\right]$$

$$\hat{\bar{\tau}}_{rz1}(\xi,z,s)=\bar{G}_2\left[\frac{2c_2 q_2\xi}{s}\frac{|C_9|}{|C|}e^{-q_2 z}-(-1+2z\xi)\frac{|C_{10}|}{|C|}e^{-\xi z}-\frac{|C_{11}|}{|C|}e^{-\xi z}-\frac{|C_{12}|}{|C|}e^{-\xi z}\right]$$

对上述公式进行 Laplace 逆变换和 Hankel 逆变换,得到位移和应力的解析表达式。

当 $z\leqslant h$ 时:

$$\sigma(r,z,t)=\frac{1}{2\pi i}\int_{\beta-i\infty}^{\beta+i\infty}\int_0^{\infty}\xi\hat{\bar{\sigma}}_0(\xi,z,s)J_0(\xi r)e^{st}d\xi ds$$
$$=\frac{1}{2\pi i}\int_{\beta-i\infty}^{\beta+i\infty}\int_0^{\infty}\xi\left[M_1\left(\frac{|C_1|}{|C|}e^{q_1 z}+\frac{|C_5|}{|C|}e^{-q_1 z}\right)+2\bar{G}_1\left(\frac{|C_2|}{|C|}e^{\xi z}+\frac{|C_6|}{|C|}e^{-\xi z}\right)\right]\cdot$$
$$J_0(\xi r)e^{st}d\xi ds$$

$$u(r,z,t)=\frac{1}{2\pi i}\int_{\beta-i\infty}^{\beta+i\infty}\int_0^{\infty}\xi\hat{\bar{u}}_1(\xi,z,s)J_1(\xi r)e^{st}d\xi ds$$
$$=\frac{1}{2\pi i}\int_{\beta-i\infty}^{\beta+i\infty}\int_0^{\infty}\xi\left[\frac{1}{\xi}\left(\frac{|C_3|}{|C|}e^{\xi z}+\frac{|C_7|}{|C|}e^{-\xi z}\right)-\frac{c_1\xi}{s}\left(\frac{|C_1|}{|C|}e^{q_1 z}+\frac{|C_5|}{|C|}e^{-q_1 z}\right)-\right.$$

$$z\left(\frac{|C_2|}{|C|}e^{\xi z}-\frac{|C_6|}{|C|}e^{-\xi z}\right)\Bigg]J_1(\xi r)e^{st}d\xi ds$$

$$w(r,z,t)=\frac{1}{2\pi i}\int_{\beta-i\infty}^{\beta+i\infty}\int_0^{\infty}\xi\hat{\bar{w}}_0(\xi,z,s)J_0(\xi r)e^{st}d\xi ds$$

$$=\frac{1}{2\pi i}\int_{\beta-i\infty}^{\beta+i\infty}\int_0^{\infty}\xi\left[\frac{c_1q_1}{s}\left(\frac{|C_1|}{|C|}e^{q_1z}-\frac{|C_5|}{|C|}e^{-q_1z}\right)+z\left(\frac{|C_2|}{|C|}e^{\xi z}+\frac{|C_6|}{|C|}e^{-\xi z}\right)+\right.$$

$$\left.\frac{1}{\xi}\left(\frac{|C_4|}{|C|}e^{\xi z}+\frac{|C_8|}{|C|}e^{-\xi z}\right)\right]J_0(\xi r)e^{st}d\xi ds$$

$$\sigma'_z(r,z,t)=\frac{1}{2\pi i}\int_{\beta-i\infty}^{\beta+i\infty}\int_0^{\infty}\xi\hat{\bar{\sigma}}_{z0}(\xi,z,s)J_0(\xi r)e^{st}d\xi ds$$

$$=\frac{1}{2\pi i}\int_{\beta-i\infty}^{\beta+i\infty}\int_0^{\infty}2\xi\bar{G}_1\left\{\left(\frac{\bar{\mu}_1}{1-2\bar{\mu}_1}+\frac{c_1q_1^2}{s}\right)\left(\frac{|C_1|}{|C|}e^{q_1z}+\frac{|C_5|}{|C|}e^{-q_1z}\right)+\right.$$

$$\left.\left[(1+z\xi)\frac{|C_2|}{|C|}e^{\xi z}+(1-z\xi)\frac{|C_6|}{|C|}e^{-\xi z}\right]+\left(\frac{|C_4|}{|C|}e^{\xi z}-\frac{|C_8|}{|C|}e^{-\xi z}\right)\right\}\cdot$$

$$J_0(\xi r)e^{st}d\xi ds$$

$$\tau_{rz}(r,z,t)=\frac{1}{2\pi i}\int_{\beta-i\infty}^{\beta+i\infty}\int_0^{\infty}\xi\hat{\bar{\tau}}_{rz1}(\xi,z,s)J_1(\xi r)e^{st}d\xi ds$$

$$=\frac{1}{2\pi i}\int_{\beta-i\infty}^{\beta+i\infty}\int_0^{\infty}\xi\left\{\bar{G}_1\left[-\frac{2c_1q_1\xi}{s}\left(\frac{|C_1|}{|C|}e^{q_1z}-\frac{|C_5|}{|C|}e^{-q_1z}\right)\right]-\right.$$

$$\left[(1+2z\xi)\frac{|C_2|}{|C|}e^{\xi z}+(-1+2z\xi)\frac{|C_6|}{|C|}e^{-\xi z}\right]+\left(\frac{|C_3|}{|C|}e^{\xi z}-\frac{|C_7|}{|C|}B_3e^{-\xi z}\right)-$$

$$\left.\left(\frac{|C_4|}{|C|}e^{\xi z}+\frac{|C_8|}{|C|}e^{-\xi z}\right)\right\}J_1(\xi r)e^{st}d\xi ds$$

当 $z>h$ 时：

$$\sigma(r,z,t)=\frac{1}{2\pi i}\int_{\beta-i\infty}^{\beta+i\infty}\int_0^{\infty}\xi\hat{\bar{\sigma}}_0(\xi,z,s)J_0(\xi r)e^{st}d\xi ds$$

$$=\frac{1}{2\pi i}\int_{\beta-i\infty}^{\beta+i\infty}\int_0^{\infty}\xi\left(M_2\frac{|C_9|}{|C|}e^{-q_2z}+2\bar{G}_2\frac{|C_{10}|}{|C|}e^{-\xi z}\right)J_0(\xi r)e^{st}d\xi ds$$

$$u(r,z,t)=\frac{1}{2\pi i}\int_{\beta-i\infty}^{\beta+i\infty}\int_0^{\infty}\xi\hat{\bar{u}}_1(\xi,z,s)J_1(\xi r)e^{st}d\xi ds$$

$$=\frac{1}{2\pi i}\int_{\beta-i\infty}^{\beta+i\infty}\int_0^{\infty}\xi\left(-\frac{c_2\xi}{s}\frac{|C_9|}{|C|}e^{-q_2z}+z\frac{|C_{10}|}{|C|}e^{-\xi z}+\frac{1}{\xi}\frac{|C_{11}|}{|C|}e^{-\xi z}\right)J_1(\xi r)e^{st}d\xi ds$$

$$w(r,z,t)=\frac{1}{2\pi i}\int_{\beta-i\infty}^{\beta+i\infty}\int_0^{\infty}\xi\hat{\bar{w}}_0(\xi,z,s)J_0(\xi r)e^{st}d\xi ds$$

$$=\frac{1}{2\pi i}\int_{\beta-i\infty}^{\beta+i\infty}\int_0^{\infty}\xi\left(-\frac{c_2q_2}{s}\frac{|C_9|}{|C|}e^{-q_2z}+z\frac{|C_{10}|}{|C|}e^{-\xi z}+\frac{1}{\xi}\frac{|C_{12}|}{|C|}e^{-\xi z}\right)J_0(\xi r)e^{st}d\xi ds$$

$$\sigma'_z(r,z,t)=\frac{1}{2\pi i}\int_{\beta-i\infty}^{\beta+i\infty}\int_0^{\infty}\xi\hat{\bar{\sigma}}_{z0}(\xi,z,s)J_0(\xi r)e^{st}d\xi ds$$
$$=\frac{1}{2\pi i}\int_{\beta-i\infty}^{\beta+i\infty}\int_0^{\infty}\xi\left\{2\bar{G}_2\left[\left(\frac{\bar{\mu}_2}{1-2\bar{\mu}_2}+\frac{c_2q_2^2}{s}\right)\frac{|C_9|}{|C|}e^{-q_2z}+(1-z\xi)\frac{|C_{10}|}{|C|}e^{-\xi z}-\frac{|C_{12}|}{|C|}e^{-\xi z}\right]\right\}\cdot$$
$$J_0(\xi r)e^{st}d\xi ds$$

$$\tau_{rz}(r,z,t)=\frac{1}{2\pi i}\int_{\beta-i\infty}^{\beta+i\infty}\int_0^{\infty}\xi\hat{\bar{\tau}}_{rz1}(\xi,z,s)J_1(\xi r)e^{st}d\xi ds$$
$$=\frac{1}{2\pi i}\int_{\beta-i\infty}^{\beta+i\infty}\int_0^{\infty}\xi\left\{\bar{G}_2\left[\frac{2c_2q_2\xi}{s}\frac{|C_9|}{|C|}e^{-q_2z}-(-1+2z\xi)\frac{|C_{10}|}{|C|}e^{-\xi z}-\frac{|C_{11}|}{|C|}e^{-\xi z}-\frac{|C_{12}|}{|C|}e^{-\xi z}\right]\right\}\cdot$$
$$J_1(\xi r)e^{st}d\xi ds$$

5.5　表面不排水条件下的双层粘弹性滑动体系

将层状体系的一般解和半空间无限体的解代入边界条件式(5.1.5)和层间接触条件式(5.1.9),可得

$$2\bar{G}_1\left[\left(\frac{\bar{\mu}_1}{1-2\bar{\mu}_1}+\frac{c_1q_1^2}{s}\right)(A_{11}+B_{11})+(A_{12}+B_{12})+(A_{14}-B_{14})\right]=-\hat{\bar{p}}(\xi,s)$$

$$\bar{G}_1\left[-\frac{2c_1q_1\xi}{s}(A_{11}-B_{11})-(A_{12}-B_{12})+(A_{13}-B_{13})-(A_{14}+B_{14})\right]=0$$

$$M_1q_1(A_{11}-B_{11})+2\bar{G}_1\xi(A_{12}-B_{12})=0$$

和

$$\frac{1}{\xi}(A_{14}e^{\xi h}+B_{14}e^{-\xi h})+\frac{c_1q_1}{s}(A_{11}e^{q_1h}-B_{11}e^{-q_1h})+h(A_{12}e^{\xi h}+B_{12}e^{-\xi h})$$
$$=-\frac{c_2q_2}{s}B_{21}e^{-q_2h}+hB_{22}e^{-\xi h}+\frac{1}{\xi}B_{24}e^{-\xi h}$$

$$2\bar{G}_1\left\{\left(\frac{\bar{\mu}_1}{1-2\bar{\mu}_1}+\frac{c_1q_1^2}{s}\right)(A_{11}e^{q_1h}+B_{11}e^{-q_1h})+[(1+h\xi)A_{12}e^{\xi h}+(1-h\xi)B_{12}e^{-\xi h}]+(A_{14}e^{\xi h}-B_{14}e^{-\xi h})\right\}$$
$$=2\bar{G}_2\left[\left(\frac{\bar{\mu}_2}{1-2\bar{\mu}_2}+\frac{c_2q_2^2}{s}\right)B_{21}e^{-q_2h}+(1-h\xi)B_{22}e^{-\xi h}-B_{24}e^{-\xi h}\right]$$

$$\bar{G}_1\left(-\frac{2c_1q_1\xi}{s}(A_{11}e^{q_1h}-B_{11}e^{-q_1h})\{-[(1+2h\xi)A_{12}e^{\xi h}+(-1+2h\xi)B_{12}e^{-\xi h}]+\right.$$
$$\left.(A_{13}e^{\xi h}-B_{13}e^{-\xi h})-(A_{14}e^{\xi h}+B_{14}e^{-\xi h})\}\right)=0$$

$$\bar{G}_2\left[\frac{2c_2q_2\xi}{s}B_{21}e^{-q_2h}+(1-2h\xi)B_{22}e^{-\xi h}-B_{23}e^{-\xi h}-B_{24}e^{-\xi h}\right]=0$$

$$2\bar{G}_1(A_{12}e^{\xi h}+B_{12}e^{-\xi h})+M_1(A_{11}e^{q_1h}+B_{11}e^{-q_1h})=2\bar{G}_2B_{22}e^{-\xi h}+M_2B_{21}e^{-q_2h}$$

$$-k_1'M_1q_1(A_{11}e^{q_1h}-B_{11}e^{-q_1h})-2k_1'\overline{G}_1\xi(A_{12}e^{\xi h}-B_{12}e^{-\xi h})=k_2'(M_2q_2B_{21}e^{-q_2h}+2\overline{G}_2\xi B_{22}e^{-\xi h})$$

将以上公式与式(5.1.10)联合可以建立关于系数 $A_{11}\sim A_{14}$, $B_{11}\sim B_{14}$, $B_{21}\sim B_{24}$ 的线性方程组,矩阵形式如下:

$$[\boldsymbol{C}]\{\boldsymbol{A}\}=\{\boldsymbol{B}\} \tag{5.5.1}$$

式中

$$\{\boldsymbol{A}\}=\begin{Bmatrix} A_{11} \\ A_{12} \\ A_{13} \\ A_{14} \\ B_{11} \\ B_{12} \\ B_{13} \\ B_{14} \\ B_{21} \\ B_{22} \\ B_{23} \\ B_{24} \end{Bmatrix}$$

$$\{\boldsymbol{B}\}=\begin{Bmatrix} -\dfrac{\hat{\overline{p}}(\xi,s)}{2\overline{G}_1} \\ 0 \\ 0 \\ 0 \\ 0 \\ 0 \\ 0 \\ 0 \\ 0 \\ 0 \\ 0 \\ 0 \end{Bmatrix}$$

$$
[\boldsymbol{C}]=\left[\begin{array}{cccccccccccc}
\frac{\bar{\mu}_1}{1-2\bar{\mu}_1}+\frac{c_1q_1^2}{s} & 1 & 0 & 1 & \frac{\bar{\mu}_1}{1-2\bar{\mu}_1}+\frac{c_1q_1^2}{s} & 1 & 0 & -1 & 0 & 0 & 0 & 0 \\
-\frac{2c_1q_1\xi}{s} & -1 & 1 & -1 & \frac{2c_1q_1\xi}{s} & 1 & -1 & -1 & 0 & 0 & 0 & 0 \\
M_1q_1 & 2\bar{G}_1\xi & 0 & 0 & -M_1q_1 & -2\bar{G}_1\xi & 0 & 0 & 0 & 0 & 0 & 0 \\
\frac{c_1q_1}{s}\mathrm{e}^{q_1h} & h\mathrm{e}^{\xi h} & 0 & \frac{1}{\xi}\mathrm{e}^{\xi h} & -\frac{c_1q_1}{s}\mathrm{e}^{-q_1h} & h\mathrm{e}^{-\xi h} & 0 & \frac{1}{\xi}\mathrm{e}^{-\xi h} & \frac{c_2q_2}{s}\mathrm{e}^{-q_2h} & -h\mathrm{e}^{-\xi h} & 0 & -\frac{1}{\xi}\mathrm{e}^{-\xi h} \\
2\bar{G}_1\left(\frac{\bar{\mu}_1}{1-2\bar{\mu}_1}+\frac{c_1q_1^2}{s}\right)\mathrm{e}^{q_1h} & 2\bar{G}_1(1+h\xi)\mathrm{e}^{\xi h} & 0 & 2\bar{G}_1\mathrm{e}^{\xi h} & 2\bar{G}_1\left(\frac{\bar{\mu}_1}{1-2\bar{\mu}_1}+\frac{c_1q_1^2}{s}\right)\mathrm{e}^{-q_1h} & 2\bar{G}_1(1-h\xi)\mathrm{e}^{-\xi h} & 0 & -2\bar{G}_1\mathrm{e}^{-\xi h} & -2\bar{G}_2\left(\frac{\bar{\mu}_2}{1-2\bar{\mu}_2}+\frac{c_2q_2^2}{s}\right)\mathrm{e}^{-q_2h} & -2\bar{G}_2(1-h\xi)\mathrm{e}^{-\xi h} & 0 & 2\bar{G}_2\mathrm{e}^{-\xi h} \\
-\bar{G}_1\frac{2c_1q_1\xi}{s}\mathrm{e}^{q_1h} & -\bar{G}_1(1+2h\xi)\mathrm{e}^{\xi h} & \bar{G}_1\mathrm{e}^{\xi h} & -\bar{G}_1\mathrm{e}^{\xi h} & \bar{G}_1\frac{2c_1q_1\xi}{s}\mathrm{e}^{-q_1h} & \bar{G}_1(1-2h\xi)\mathrm{e}^{-\xi h} & -\bar{G}_1\mathrm{e}^{-\xi h} & -\bar{G}_1\mathrm{e}^{-\xi h} & 0 & 0 & 0 & 0 \\
0 & 0 & 0 & 0 & 0 & 0 & 0 & 0 & -\bar{G}_2\frac{2c_2q_2\xi}{s}\mathrm{e}^{-q_2h} & -\bar{G}_2(1-2h\xi)\mathrm{e}^{-\xi h} & \bar{G}_2\mathrm{e}^{-\xi h} & \bar{G}_2\mathrm{e}^{-\xi h} \\
M_1\mathrm{e}^{q_1h} & 2\bar{G}_1\mathrm{e}^{\xi h} & 0 & 0 & M_1\mathrm{e}^{-q_1h} & 2\bar{G}_1\mathrm{e}^{-\xi h} & 0 & 0 & -M_2\mathrm{e}^{-q_2h} & -2\bar{G}_2\mathrm{e}^{-\xi h} & 0 & 0 \\
-k_1'M_1q_1\mathrm{e}^{q_1h} & -2k_1'\bar{G}_1\xi\mathrm{e}^{\xi h} & 0 & 0 & k_1'M_1q_1\mathrm{e}^{-q_1h} & 2k_1'\bar{G}_1\xi\mathrm{e}^{-\xi h} & 0 & 0 & -k_2'M_2q_2\mathrm{e}^{-q_2h} & -2k_2'\bar{G}_2\xi\mathrm{e}^{-\xi h} & 0 & 0 \\
0 & 0 & 0 & 0 & 0 & 1 & 1 & -1 & 0 & 0 & 0 & 0 \\
0 & 1 & 1 & 1 & 0 & 0 & 0 & 0 & 0 & 0 & 0 & 0 \\
0 & 0 & 0 & 0 & 0 & 0 & 0 & 0 & 0 & 1 & 1 & -1
\end{array}\right]
$$

根据克拉默法则可以得到方程组(5.5.1)的解：

$$
A_i=\frac{|C_i|}{|C|}\quad(i=1,2,\cdots,12) \tag{5.5.2}
$$

即

$$A_{11}=\frac{|C_1|}{|C|},A_{12}=\frac{|C_2|}{|C|},A_{13}=\frac{|C_3|}{|C|},A_{14}=\frac{|C_4|}{|C|}$$

$$B_{11}=\frac{|C_5|}{|C|},B_{12}=\frac{|C_6|}{|C|},B_{13}=\frac{|C_7|}{|C|},B_{14}=\frac{|C_8|}{|C|}$$

$$B_{21}=\frac{|C_9|}{|C|},B_{22}=\frac{|C_{10}|}{|C|},B_{23}=\frac{|C_{11}|}{|C|},B_{24}=\frac{|C_{12}|}{|C|}$$

式中 A_i——向量$\{\boldsymbol{A}\}$的第 i 元素；

$|C|$——矩阵$[\boldsymbol{C}]$的行列式；

$|C_i|$——把矩阵$[\boldsymbol{C}]$中的第 i 列元素用向量$\{B\}$代替后得到的行列式，例如：

$$[\boldsymbol{C}_1]=\begin{bmatrix}
-\dfrac{\hat{\bar{p}}(\xi,s)}{2\bar{G}_1} & 1 & 0 & 1 & \dfrac{\bar{\mu}_1}{1-2\bar{\mu}_1}+\dfrac{c_1q_1^2}{s} & 1 \\
0 & -1 & 1 & -1 & \dfrac{2c_1q_1\xi}{s} & 1 \\
0 & 2\bar{G}_1\xi & 0 & 0 & -M_1q_1 & -2\bar{G}_1\xi \\
0 & he^{\xi h} & 0 & \dfrac{1}{\xi}e^{\xi h} & -\dfrac{c_1q_1}{s}e^{-q_1h} & he^{-\xi h} \\
0 & 2\bar{G}_1(1+h\xi)e^{\xi h} & 0 & 2\bar{G}_1e^{\xi h} & 2\bar{G}_1\left(\dfrac{\bar{\mu}_1}{1-2\bar{\mu}_1}+\dfrac{c_1q_1^2}{s}\right)e^{-q_1h} & 2\bar{G}_1(1-h\xi)e^{-\xi h} \\
0 & -\bar{G}_1(1+2h\xi)e^{\xi h} & \bar{G}_1e^{\xi h} & -\bar{G}_1e^{\xi h} & \bar{G}_1\dfrac{2c_1q_1\xi}{s}e^{-q_1h} & \bar{G}_1(1-2h\xi)e^{-\xi h} \\
0 & 0 & 0 & 0 & 0 & 0 \\
0 & 2\bar{G}_1e^{\xi h} & 0 & 0 & M_1e^{-q_1h} & 2\bar{G}_1e^{-\xi h} \\
0 & -2k_1'\bar{G}_1\xi e^{\xi h} & 0 & 0 & k_1'M_1q_1e^{-q_1h} & 2k_1'\bar{G}_1\xi e^{-\xi h} \\
0 & 0 & 0 & 0 & 0 & 1 \\
0 & 1 & 1 & 1 & 0 & 0 \\
0 & 0 & 0 & 0 & 0 & 0
\end{bmatrix}$$

$$
\left.\begin{array}{cccccc}
0 & -1 & 0 & 0 & 0 & 0 \\
-1 & -1 & 0 & 0 & 0 & 0 \\
0 & 0 & 0 & 0 & 0 & 0 \\
0 & \dfrac{1}{\xi}\mathrm{e}^{-\xi h} & \dfrac{c_2 q_2}{s}\mathrm{e}^{-q_2 h} & -h\mathrm{e}^{-\xi h} & 0 & -\dfrac{1}{\xi}\mathrm{e}^{-\xi h} \\
0 & -2\overline{G}_1\mathrm{e}^{-\xi h} & -2\overline{G}_2\left(\dfrac{\overline{\mu}_2}{1-2\overline{\mu}_2}+\dfrac{c_2 q_2^2}{s}\right)\mathrm{e}^{-q_2 h} & -2\overline{G}_2(1-h\xi)\mathrm{e}^{-\xi h} & 0 & 2\overline{G}_2\mathrm{e}^{-\xi h} \\
-\overline{G}_1\mathrm{e}^{-\xi h} & -\overline{G}_1\mathrm{e}^{-\xi h} & 0 & 0 & 0 & 0 \\
0 & 0 & -\overline{G}_2\dfrac{2c_2 q_2\xi}{s}\mathrm{e}^{-q_2 h} & -\overline{G}_2(1-2h\xi)\mathrm{e}^{-\xi h} & \overline{G}_2\mathrm{e}^{-\xi h} & \overline{G}_2\mathrm{e}^{-\xi h} \\
0 & 0 & -M_2\mathrm{e}^{-q_2 h} & -2\overline{G}_2\mathrm{e}^{-\xi h} & 0 & 0 \\
0 & 0 & -k_2' M_2 q_2\mathrm{e}^{-q_2 h} & -2k_2'\overline{G}_2\xi\mathrm{e}^{-\xi h} & 0 & 0 \\
1 & -1 & 0 & 0 & 0 & 0 \\
0 & 0 & 0 & 0 & 0 & 0 \\
0 & 0 & 0 & 1 & 1 & -1
\end{array}\right]
$$

将式(5.5.2)代入饱和层状粘弹性体系的一般解,可得上层的应力和位移的积分空间中的表达式:

$$
\hat{\sigma}_0(\xi,z,s)=2\overline{G}_1\left(\frac{|C_2|}{|C|}\mathrm{e}^{\xi z}+\frac{|C_6|}{|C|}\mathrm{e}^{-\xi z}\right)+M_1\left(\frac{|C_1|}{|C|}\mathrm{e}^{q_1 z}+\frac{|C_5|}{|C|}\mathrm{e}^{-q_1 z}\right)
$$

$$
\hat{u}_1(\xi,z,s)=\frac{1}{\xi}\left(\frac{|C_3|}{|C|}\mathrm{e}^{\xi z}+\frac{|C_7|}{|C|}\mathrm{e}^{-\xi z}\right)-\frac{c_1\xi}{s}\left(\frac{|C_1|}{|C|}\mathrm{e}^{q_1 z}+\frac{|C_5|}{|C|}\mathrm{e}^{-q_1 z}\right)-z\left(\frac{|C_2|}{|C|}\mathrm{e}^{\xi z}-\frac{|C_6|}{|C|}\mathrm{e}^{-\xi z}\right)
$$

$$
\hat{w}_0(\xi,z,s)=\frac{c_1 q_1}{s}\left(\frac{|C_1|}{|C|}\mathrm{e}^{q_1 z}-\frac{|C_5|}{|C|}\mathrm{e}^{-q_1 z}\right)+z\left(\frac{|C_2|}{|C|}\mathrm{e}^{\xi z}+\frac{|C_6|}{|C|}\mathrm{e}^{-\xi z}\right)+\frac{1}{\xi}\left(\frac{|C_4|}{|C|}\mathrm{e}^{\xi z}+\frac{|C_8|}{|C|}\mathrm{e}^{-\xi z}\right)
$$

$$
\begin{aligned}
\hat{\sigma}'_{z0}(\xi,z,s)=2\overline{G}_1\Bigg\{&\left(\frac{\overline{\mu}_1}{1-2\overline{\mu}_1}+\frac{c_1 q_1^2}{s}\right)\left(\frac{|C_1|}{|C|}\mathrm{e}^{q_1 z}+\frac{|C_5|}{|C|}\mathrm{e}^{-q_1 z}\right)+\\
&\left[(1+z\xi)\frac{|C_2|}{|C|}\mathrm{e}^{\xi z}+(1-z\xi)\frac{|C_6|}{|C|}\mathrm{e}^{-\xi z}\right]+\left(\frac{|C_4|}{|C|}\mathrm{e}^{\xi z}-\frac{|C_8|}{|C|}\mathrm{e}^{-\xi z}\right)\Bigg\}
\end{aligned}
$$

$$
\begin{aligned}
\hat{\tau}_{rz1}(\xi,z,s)=\overline{G}_1\Bigg\{&-\frac{2c_1 q_1\xi}{s}\left(\frac{|C_1|}{|C|}\mathrm{e}^{q_1 z}-\frac{|C_5|}{|C|}\mathrm{e}^{-q_1 z}\right)-\left[(1+2z\xi)\frac{|C_2|}{|C|}\mathrm{e}^{\xi z}+(-1+2z\xi)\frac{|C_6|}{|C|}\mathrm{e}^{-\xi z}\right]+\\
&\left(\frac{|C_3|}{|C|}\mathrm{e}^{\xi z}-\frac{|C_7|}{|C|}B_3\mathrm{e}^{-\xi z}\right)-\left(\frac{|C_4|}{|C|}\mathrm{e}^{\xi z}+\frac{|C_8|}{|C|}\mathrm{e}^{-\xi z}\right)\Bigg\}
\end{aligned}
$$

将式(5.5.2)代入饱和半空间体的一般解,可得下层的应力和位移的积分空间中的表达式:

$$
\hat{\sigma}_0(\xi,z,s)=M_2\frac{|C_9|}{|C|}\mathrm{e}^{-q_2 z}+2\overline{G}_2\frac{|C_{10}|}{|C|}\mathrm{e}^{-\xi z}
$$

$$
\hat{u}_1(\xi,z,s)=-\frac{c_2\xi}{s}\frac{|C_9|}{|C|}\mathrm{e}^{-q_2 z}+z\frac{|C_{10}|}{|C|}\mathrm{e}^{-\xi z}+\frac{1}{\xi}\frac{|C_{11}|}{|C|}\mathrm{e}^{-\xi z}
$$

$$
\hat{w}_0(\xi,z,s)=-\frac{c_2 q_2}{s}\frac{|C_9|}{|C|}\mathrm{e}^{-q_2 z}+z\frac{|C_{10}|}{|C|}\mathrm{e}^{-\xi z}+\frac{1}{\xi}\frac{|C_{12}|}{|C|}\mathrm{e}^{-\xi z}
$$

$$\hat{\bar{\sigma}}'_{z0}(\xi,z,s)=2\bar{G}_2\left[\left(\frac{\bar{\mu}_2}{1-2\bar{\mu}_2}+\frac{c_2q_2^2}{s}\right)\frac{|C_9|}{|C|}e^{-q_2z}+(1-z\xi)\frac{|C_{10}|}{|C|}e^{-\xi z}-\frac{|C_{12}|}{|C|}e^{-\xi z}\right]$$

$$\hat{\bar{\tau}}_{rz1}(\xi,z,s)=\bar{G}_2\left[\frac{2c_2q_2\xi}{s}\frac{|C_9|}{|C|}e^{-q_2z}-(-1+2z\xi)\frac{|C_{10}|}{|C|}e^{-\xi z}-\frac{|C_{11}|}{|C|}e^{-\xi z}-\frac{|C_{12}|}{|C|}e^{-\xi z}\right]$$

对上述公式进行 Laplace 逆变换和 Hankel 逆变换，得到了位移和应力的解析表达式。当 $z\leqslant h$ 时：

$$\begin{aligned}\sigma(r,z,t)&=\frac{1}{2\pi i}\int_{\beta-i\infty}^{\beta+i\infty}\int_0^{\infty}\xi\hat{\bar{\sigma}}_0(\xi,z,s)J_0(\xi r)e^{st}d\xi ds\\&=\frac{1}{2\pi i}\int_{\beta-i\infty}^{\beta+i\infty}\int_0^{\infty}\xi\left[M_1\left(\frac{|C_1|}{|C|}e^{q_1z}+\frac{|C_5|}{|C|}e^{-q_1z}\right)+2\bar{G}_1\left(\frac{|C_2|}{|C|}e^{\xi z}+\frac{|C_6|}{|C|}e^{-\xi z}\right)\right]\cdot\\&\quad J_0(\xi r)e^{st}d\xi ds\end{aligned}$$

$$\begin{aligned}u(r,z,t)&=\frac{1}{2\pi i}\int_{\beta-i\infty}^{\beta+i\infty}\int_0^{\infty}\xi\hat{\bar{u}}_1(\xi,z,s)J_1(\xi r)e^{st}d\xi ds\\&=\frac{1}{2\pi i}\int_{\beta-i\infty}^{\beta+i\infty}\int_0^{\infty}\xi\left[\frac{1}{\xi}\left(\frac{|C_3|}{|C|}e^{\xi z}+\frac{|C_7|}{|C|}e^{-\xi z}\right)-\frac{c_1\xi}{s}\left(\frac{|C_1|}{|C|}e^{q_1z}+\frac{|C_5|}{|C|}e^{-q_1z}\right)-\right.\\&\quad\left.z\left(\frac{|C_2|}{|C|}e^{\xi z}-\frac{|C_6|}{|C|}e^{-\xi z}\right)\right]J_1(\xi r)e^{st}d\xi ds\end{aligned}$$

$$\begin{aligned}w(r,z,t)&=\frac{1}{2\pi i}\int_{\beta-i\infty}^{\beta+i\infty}\int_0^{\infty}\xi\hat{\bar{w}}_0(\xi,z,s)J_0(\xi r)e^{st}d\xi ds\\&=\frac{1}{2\pi i}\int_{\beta-i\infty}^{\beta+i\infty}\int_0^{\infty}\xi\left[\frac{c_1q_1}{s}\left(\frac{|C_1|}{|C|}e^{q_1z}-\frac{|C_5|}{|C|}e^{-q_1z}\right)+z\left(\frac{|C_2|}{|C|}e^{\xi z}+\frac{|C_6|}{|C|}e^{-\xi z}\right)+\right.\\&\quad\left.\frac{1}{\xi}\left(\frac{|C_4|}{|C|}e^{\xi z}+\frac{|C_8|}{|C|}e^{-\xi z}\right)\right]J_0(\xi r)e^{st}d\xi ds\end{aligned}$$

$$\begin{aligned}\sigma'_z(r,z,t)&=\frac{1}{2\pi i}\int_{\beta-i\infty}^{\beta+i\infty}\int_0^{\infty}\xi\hat{\bar{\sigma}}_{z0}(\xi,z,s)J_0(\xi r)e^{st}d\xi ds\\&=\frac{1}{2\pi i}\int_{\beta-i\infty}^{\beta+i\infty}\int_0^{\infty}2\xi\bar{G}_1\left\{\left(\frac{\bar{\mu}_1}{1-2\bar{\mu}_1}+\frac{c_1q_1^2}{s}\right)\left(\frac{|C_1|}{|C|}e^{q_1z}+\frac{|C_5|}{|C|}e^{-q_1z}\right)+\right.\\&\quad\left.\left[(1+z\xi)\frac{|C_2|}{|C|}e^{\xi z}+(1-z\xi)\frac{|C_6|}{|C|}e^{-\xi z}\right]+\left(\frac{|C_4|}{|C|}e^{\xi z}-\frac{|C_8|}{|C|}e^{-\xi z}\right)\right\}\cdot\\&\quad J_0(\xi r)e^{st}d\xi ds\end{aligned}$$

$$\begin{aligned}\tau_{rz}(r,z,t)&=\frac{1}{2\pi i}\int_{\beta-i\infty}^{\beta+i\infty}\int_0^{\infty}\xi\hat{\bar{\tau}}_{rz1}(\xi,z,s)J_1(\xi r)e^{st}d\xi ds\\&=\frac{1}{2\pi i}\int_{\beta-i\infty}^{\beta+i\infty}\int_0^{\infty}\xi\left(\bar{G}_1\left\{-\frac{2c_1q_1\xi}{s}\left(\frac{|C_1|}{|C|}e^{q_1z}-\frac{|C_5|}{|C|}e^{-q_1z}\right)-\right.\right.\\&\quad\left[(1+2z\xi)\frac{|C_2|}{|C|}e^{\xi z}+(-1+2z\xi)\frac{|C_6|}{|C|}e^{-\xi z}\right]+\\&\quad\left.\left.\left(\frac{|C_3|}{|C|}e^{\xi z}-\frac{|C_7|}{|C|}B_3e^{-\xi z}\right)-\left(\frac{|C_4|}{|C|}e^{\xi z}+\frac{|C_8|}{|C|}e^{-\xi z}\right)\right\}\right)J_1(\xi r)e^{st}d\xi ds\end{aligned}$$

当 $z>h$ 时：

$$\sigma(r,z,t)=\frac{1}{2\pi i}\int_{\beta-i\infty}^{\beta+i\infty}\int_0^{\infty}\xi\hat{\bar{\sigma}}_0(\xi,z,s)J_0(\xi r)e^{st}d\xi ds$$

$$=\frac{1}{2\pi i}\int_{\beta-i\infty}^{\beta+i\infty}\int_0^{\infty}\xi\left(M_2\frac{|C_9|}{|C|}e^{-q_2z}+2\bar{G}_2\frac{|C_{10}|}{|C|}e^{-\xi z}\right)J_0(\xi r)e^{st}d\xi ds$$

$$u(r,z,t)=\frac{1}{2\pi i}\int_{\beta-i\infty}^{\beta+i\infty}\int_0^{\infty}\xi\hat{\bar{u}}_1(\xi,z,s)J_1(\xi r)e^{st}d\xi ds$$

$$=\frac{1}{2\pi i}\int_{\beta-i\infty}^{\beta+i\infty}\int_0^{\infty}\xi\left(-\frac{c_2\xi}{s}\frac{|C_9|}{|C|}e^{-q_2z}+z\frac{|C_{10}|}{|C|}e^{-\xi z}+\frac{1}{\xi}\frac{|C_{11}|}{|C|}e^{-\xi z}\right)J_1(\xi r)e^{st}d\xi ds$$

$$w(r,z,t)=\frac{1}{2\pi i}\int_{\beta-i\infty}^{\beta+i\infty}\int_0^{\infty}\xi\hat{\bar{w}}_0(\xi,z,s)J_0(\xi r)e^{st}d\xi ds$$

$$=\frac{1}{2\pi i}\int_{\beta-i\infty}^{\beta+i\infty}\int_0^{\infty}\xi\left(-\frac{c_2q_2}{s}\frac{|C_9|}{|C|}e^{-q_2z}+z\frac{|C_{10}|}{|C|}e^{-\xi z}+\frac{1}{\xi}\frac{|C_{12}|}{|C|}e^{-\xi z}\right)J_0(\xi r)e^{st}d\xi ds$$

$$\sigma'_z(r,z,t)=\frac{1}{2\pi i}\int_{\beta-i\infty}^{\beta+i\infty}\int_0^{\infty}\xi\hat{\bar{\sigma}}_{z0}(\xi,z,s)J_0(\xi r)e^{st}d\xi ds$$

$$=\frac{1}{2\pi i}\int_{\beta-i\infty}^{\beta+i\infty}\int_0^{\infty}\xi\left\{2\bar{G}_2\left[\left(\frac{\bar{\mu}_2}{1-2\bar{\mu}_2}+\frac{c_2q_2^2}{s}\right)\frac{|C_9|}{|C|}e^{-q_2z}+(1-z\xi)\frac{|C_{10}|}{|C|}e^{-\xi z}-\frac{|C_{12}|}{|C|}e^{-\xi z}\right]\right\}\cdot$$
$$J_0(\xi r)e^{st}d\xi ds$$

$$\tau_{rz}(r,z,t)=\frac{1}{2\pi i}\int_{\beta-i\infty}^{\beta+i\infty}\int_0^{\infty}\xi\hat{\bar{\tau}}_{rz1}(\xi,z,s)J_1(\xi r)e^{st}d\xi ds$$

$$=$$

$$\frac{1}{2\pi i}\int_{\beta-i\infty}^{\beta+i\infty}\int_0^{\infty}\xi\left\{\bar{G}_2\left[\frac{2c_2q_2\xi}{s}\frac{|C_9|}{|C|}e^{-q_2z}-(-1+2z\xi)\frac{|C_{10}|}{|C|}e^{-\xi z}-\frac{|C_{11}|}{|C|}e^{-\xi z}-\frac{|C_{12}|}{|C|}e^{-\xi z}\right]\right\}\cdot$$
$$J_1(\xi r)e^{st}d\xi ds$$

5.6　古德曼模型在双层粘弹性体系中的应用

实际路面结构的层间接触面，其实际结合状态通常既不是完全连续，也不是完全滑动，而是介于这两种极限状态之间的结合状态。在层间接触面上，不仅会产生相对位移(发生相对滑动)，还有层间摩阻力作用。对于这种结合状态，一般可采用古德曼模型来描述，用层间粘结系数 K 来表示层间接触状态。K 值越大，层间粘结性越好，趋于完全连续状态；K 值越小，层间粘结性越差，趋于完全滑动状态：当 K 小于 10^8 Pa/m 时，可认为层间为完全滑动；而 K 大于 10^{12} Pa/m 时，可认为层间为完全连续。

将古德曼模型应用到层间接触条件来描述相对滑动条件，即层间接触面上的剪应力等于粘结系数乘以上下两层的相对水平位移，则相对滑动层间接触条件可表示为

$$\begin{cases}w_1(r,z,t)\mid_{z=h}=w_2(r,z,t)\mid_{z=h}\\ \sigma'_{z1}(r,z,t)\mid_{z=h}=\sigma'_{z2}(r,z,t)\mid_{z=h}\\ \tau_{rz1}(r,z,t)\mid_{z=h}=\tau_{rz2}(r,z,t)\mid_{z=h}\\ \tau_{rz2}(r,z,t)\mid_{z=h}=K[u_2(r,z,t)-u_1(r,z,t)]\mid_{z=h}\\ \sigma_1(r,z,t)\mid_{z=h}=\sigma_2(r,z,t)\mid_{z=h}\\ v_1(r,z,t)\mid_{z=h}=v_2(r,z,t)\mid_{z=h}\end{cases}$$

式中,K 为层间粘结系数,Pa/m。

对上式分别进行 Laplace 变换和 Hankel 变换,可得积分空间中的层间接触条件:

$$\begin{cases}\hat{\bar{w}}_{10}(\xi,z,s)\mid_{z=h}=\hat{\bar{w}}_{20}(\xi,z,s)\mid_{z=h}\\ \hat{\bar{\sigma}}'_{z10}(\xi,z,s)\mid_{z=h}=\hat{\bar{\sigma}}'_{z20}(\xi,z,s)\mid_{z=h}\\ \hat{\bar{\tau}}_{rz11}(\xi,z,s)\mid_{z=h}=\hat{\bar{\tau}}_{rz21}(\xi,z,s)\mid_{z=h}\\ \hat{\bar{\tau}}_{rz21}(\xi,z,s)\mid_{z=h}=K(\hat{\bar{u}}_{21}(\xi,z,s)-\hat{\bar{u}}_{11}(\xi,z,s))\mid_{z=h}\\ \hat{\bar{\sigma}}_{10}(\xi,z,s)\mid_{z=h}=\hat{\bar{\sigma}}_{20}(\xi,z,s)\mid_{z=h}\\ \hat{\bar{v}}_{10}(\xi,z,s)\mid_{z=h}=\hat{\bar{v}}_{20}(\xi,z,s)\mid_{z=h}\end{cases}\tag{5.6.1}$$

将饱和层状粘弹性体与饱和半空间体的一般解式代入上表面的边界条件和相对滑动的层间接触条件,可得

$$\left(\frac{\bar{\mu}_1}{1-2\bar{\mu}_1}+\frac{c_1q_1^{\ 2}}{s}\right)(A_{11}+B_{11})+(A_{12}+B_{12})+(A_{14}-B_{14})=-\frac{\hat{\bar{p}}(\xi,s)}{2\bar{G}_1}$$

$$-\frac{2c_1q_1\xi}{s}(A_{11}-B_{11})-(A_{12}-B_{12})+(A_{13}-B_{13})-(A_{14}+B_{14})=0$$

$$2\bar{G}_1(A_{12}+B_{12})+M_1(A_{11}+B_{11})=0$$

和

$$\frac{c_1q_1}{s}(A_{11}e^{q_1h}-B_{11}e^{-q_1h})+\left[\left(h-\frac{1}{\xi}\right)A_{12}e^{\xi h}+\left(h+\frac{1}{\xi}\right)B_{12}e^{-\xi h}\right]+\frac{1}{\xi}(-A_{13}e^{\xi h}+B_{13}e^{-\xi h})$$

$$=-\frac{c_2q_2}{s}B_{21}e^{-q_2h}+\left(h+\frac{1}{\xi}\right)B_{22}e^{-\xi h}+\frac{1}{\xi}B_{23}e^{-\xi h}$$

$$2\bar{G}_1\left[\left(\frac{\bar{\mu}_1}{1-2\bar{\mu}_1}+\frac{c_1q_1^2}{s}\right)(A_{11}e^{q_1h}+B_{11}e^{-q_1h})+h\xi(A_{12}e^{\xi h}-B_{12}e^{-\xi h})-(A_{13}e^{\xi h}+B_{13}e^{-\xi h})\right]$$

$$=2\bar{G}_2\left[\left(\frac{\bar{\mu}_2}{1-2\bar{\mu}_2}+\frac{c_2q_2^2}{s}\right)B_{21}e^{-q_2h}-h\xi B_{22}e^{-\xi h}-B_{23}e^{-\xi h}\right]$$

$$\bar{G}_1\left[-\frac{2c_1q_1\xi}{s}(A_{11}e^{q_1h}-B_{11}e^{-q_1z})-2h\xi(A_{12}e^{\xi h}+B_{12}e^{-\xi h})+2(A_{13}e^{\xi h}-B_{13}e^{-\xi h})\right]$$

$$=\bar{G}_2\left(\frac{2c_2q_2\xi}{s}B_{21}e^{-q_2h}-2h\xi B_{22}e^{-\xi h}-2B_{23}e^{-\xi h}\right)$$

$$\frac{2c_2q_2\bar{G}_2\xi}{s}B_{21}e^{-q_2h}-2h\xi\bar{G}_2B_{22}e^{-\xi h}-2\bar{G}_2B_{23}e^{-\xi h}$$

$$= -\frac{Kc_1\xi}{s}(A_{11}e^{q_1h}+B_{11}e^{-q_1h})-Kh(A_{12}e^{\xi h}-B_{12}e^{-\xi h})+\frac{K}{\xi}(A_{13}e^{\xi h}+B_{13}e^{-\xi h})+$$

$$\frac{Kc_2\xi}{s}B_{21}e^{-q_2h}-KhB_{22}e^{-\xi h}-\frac{K}{\xi}B_{23}e^{-\xi h}$$

$$M_1(A_{11}e^{q_1h}+B_{11}e^{-q_1h})+2\overline{G}_1(A_{12}e^{\xi h}+B_{12}e^{-\xi h})=M_2B_{21}e^{-q_2h}+2\overline{G}_2B_{22}e^{-\xi h}$$

$$-k_1'M_1q_1(A_{11}e^{q_1h}-B_{11}e^{-q_1h})-2k_1'\overline{G}_1\xi(A_{12}e^{\xi h}-B_{12}e^{-\xi h})=k_2'(M_2q_2B_{21}e^{-q_2h}+2\overline{G}_2\xi B_{22}e^{-\xi h})$$

对上述 9 个等式进行整理,写成矩阵的形式如下:

$$[\boldsymbol{C}]\{\boldsymbol{A}\}=\{\boldsymbol{B}\} \tag{5.6.2}$$

式中

$$\{\boldsymbol{A}\}=\begin{Bmatrix} A_{11}\\ A_{12}\\ A_{13}\\ B_{11}\\ B_{12}\\ B_{13}\\ B_{21}\\ B_{22}\\ B_{23} \end{Bmatrix}$$

$$\{\boldsymbol{B}\}=\begin{Bmatrix} -\dfrac{\hat{\overline{p}}(\xi,s)}{2\overline{G}_1}\\ 0\\ 0\\ 0\\ 0\\ 0\\ 0\\ 0\\ 0 \end{Bmatrix}$$

$$
[\boldsymbol{C}]=\begin{bmatrix}
\dfrac{\bar{\mu}_1}{1-2\bar{\mu}_1}+\dfrac{c_1q_1^{\ 2}}{s} & 0 & -1 & \dfrac{\bar{\mu}_1}{1-2\bar{\mu}_1}+\dfrac{c_1q_1^{\ 2}}{s} & 0 & -1 & 0 & 0 & 0 \\
-\dfrac{2c_1q_1\xi}{s} & 0 & 2 & \dfrac{2c_1q_1\xi}{s} & 0 & -2 & 0 & 0 & 0 \\
M_1 & 2\bar{G}_1 & 0 & -M_1 & -2\bar{G}_1 & 0 & 0 & 0 & 0 \\
-\dfrac{Kc_1\xi}{s}\mathrm{e}^{q_1h} & -Kh\mathrm{e}^{\xi h} & \dfrac{K}{\xi}\mathrm{e}^{\xi h} & -\dfrac{Kc_1\xi}{s}\mathrm{e}^{-q_1h} & Kh\mathrm{e}^{-\xi h} & \dfrac{K}{\xi}\mathrm{e}^{-\xi h} & \dfrac{Kc_2\xi}{s}\mathrm{e}^{-q_2h}+\bar{G}_2\dfrac{2c_2q_2\xi}{s}\mathrm{e}^{-q_2h} & -Kh\mathrm{e}^{-\xi h}-2\bar{G}_2h\xi\mathrm{e}^{-\xi h} & -\dfrac{K}{\xi}\mathrm{e}^{-\xi h}-2\bar{G}_2\mathrm{e}^{-\xi h} \\
\dfrac{c_1q_1}{s}\mathrm{e}^{q_1h} & \left(h-\dfrac{1}{\xi}\right)\mathrm{e}^{\xi h} & -\dfrac{1}{\xi}\mathrm{e}^{\xi h} & -\dfrac{c_1q_1}{s}\mathrm{e}^{-q_1h} & \left(h+\dfrac{1}{\xi}\right)\mathrm{e}^{-\xi h} & \dfrac{1}{\xi}\mathrm{e}^{-\xi h} & \dfrac{c_2q_2}{s}\mathrm{e}^{-q_2h} & -\left(h+\dfrac{1}{\xi}\right)\mathrm{e}^{-\xi h} & -\dfrac{1}{\xi}\mathrm{e}^{-\xi h} \\
2\bar{G}_1\left(\dfrac{\bar{\mu}_1}{1-2\bar{\mu}_1}+\dfrac{c_1q_1^{\ 2}}{s}\right)\mathrm{e}^{q_1h} & 2\bar{G}_1h\xi\mathrm{e}^{\xi h} & -2\bar{G}_1\mathrm{e}^{\xi h} & 2\bar{G}_1\left(\dfrac{\bar{\mu}_1}{1-2\bar{\mu}_1}+\dfrac{c_1q_1^2}{s}\right)\mathrm{e}^{-q_1h} & -2\bar{G}_1h\xi\mathrm{e}^{-\xi h} & -2\bar{G}_1\mathrm{e}^{-\xi h} & -2\bar{G}_2\left(\dfrac{\bar{\mu}_2}{1-2\bar{\mu}_2}+\dfrac{c_2q_2^{\ 2}}{s}\right)\mathrm{e}^{-q_2h} & 2\bar{G}_2h\xi\mathrm{e}^{-\xi h} & 2\bar{G}_2\mathrm{e}^{-\xi h} \\
-\bar{G}_1\dfrac{2c_1q_1\xi}{s}\mathrm{e}^{q_1h} & -2\bar{G}_1h\xi\mathrm{e}^{\xi h} & 2\bar{G}_1\mathrm{e}^{\xi h} & \bar{G}_1\dfrac{2c_1q_1\xi}{s}\mathrm{e}^{-q_1z} & -2\bar{G}_1h\xi\mathrm{e}^{-\xi h} & -2\bar{G}_1\mathrm{e}^{-\xi h} & -\bar{G}_2\dfrac{2c_2q_2\xi}{s}\mathrm{e}^{-q_2h} & 2\bar{G}_2h\xi\mathrm{e}^{-\xi h} & 2\bar{G}_2\mathrm{e}^{-\xi h} \\
M_1\mathrm{e}^{q_1h} & 2\bar{G}_1\mathrm{e}^{\xi h} & 0 & M_1\mathrm{e}^{-q_1h} & 2\bar{G}_1\mathrm{e}^{-\xi h} & 0 & -M_2\mathrm{e}^{-q_2h} & -2\bar{G}_2\mathrm{e}^{-\xi h} & 0 \\
k_1'M_1q_1\mathrm{e}^{q_1h} & 2k_1'\bar{G}_1\xi\mathrm{e}^{\xi h} & 0 & -k_1'M_1q_1\mathrm{e}^{-q_1h} & -2k_1'\bar{G}_1\xi\mathrm{e}^{-\xi h} & 0 & k_2'M_2q_2\mathrm{e}^{-q_2h} & 2k_2'\bar{G}_2\xi\mathrm{e}^{-\xi h} & 0
\end{bmatrix}
$$

根据克拉默法，可以得到方程组(5.6.2)的解：

$$A_i=\frac{|C_i|}{|C|}\quad(i=1,2,\cdots,9)$$

即

$$A_{11}=\frac{|C_1|}{|C|},A_{12}=\frac{|C_2|}{|C|},A_{13}=\frac{|C_3|}{|C|}$$

$$B_{11}=\frac{|C_4|}{|C|},B_{12}=\frac{|C_5|}{|C|},B_{13}=\frac{|C_6|}{|C|}$$

$$B_{21}=\frac{|C_7|}{|C|},B_{22}=\frac{|C_8|}{|C|},B_{23}=\frac{|C_9|}{|C|}$$

式中　A_i——向量$\{\boldsymbol{A}\}$的第 i 元素；

$|C|$——矩阵$[\boldsymbol{C}]$的行列式；

$|C_i|$——把矩阵$[\boldsymbol{C}]$中的第 i 列元素用向量$\{\boldsymbol{B}\}$代替后得到的行列式，例如：

$$[\boldsymbol{C}_1]=\begin{bmatrix}
-\frac{\hat{\bar{p}}(\xi,s)}{2\bar{G}_1} & 0 & -1 & \frac{\bar{\mu}_1}{1-2\bar{\mu}_1}+\frac{c_1q_1^{\,2}}{s} & 0 & -1 & 0 & 0 & 0 \\
0 & 0 & 2 & \frac{2c_1q_1\xi}{s} & 0 & -2 & 0 & 0 & 0 \\
0 & 2\bar{G}_1 & 0 & -M_1 & -2\bar{G}_1 & 0 & 0 & 0 & 0 \\
0 & -Kh\mathrm{e}^{\xi h} & \frac{K}{\xi}\mathrm{e}^{\xi h} & -\frac{Kc_1\xi}{s}\mathrm{e}^{-q_1h} & Kh\mathrm{e}^{-\xi h} & \frac{K}{\xi}\mathrm{e}^{-\xi h} & \frac{Kc_2\xi}{s}\mathrm{e}^{-q_2h}+\bar{G}_2\frac{2c_2q_2\xi}{s}\mathrm{e}^{-q_2h} & -Kh\mathrm{e}^{-\xi h}-2\bar{G}_2h\xi\mathrm{e}^{-\xi h} & -\frac{K}{\xi}\mathrm{e}^{-\xi h}-2\bar{G}_2\mathrm{e}^{-\xi h} \\
0 & \left(h-\frac{1}{\xi}\right)\mathrm{e}^{\xi h} & -\frac{1}{\xi}\mathrm{e}^{\xi h} & -\frac{c_1q_1}{s}\mathrm{e}^{-q_1h} & \left(h+\frac{1}{\xi}\right)\mathrm{e}^{-\xi h} & \frac{1}{\xi}\mathrm{e}^{-\xi h} & \frac{c_2q_2}{s}\mathrm{e}^{-q_2h} & -\left(h+\frac{1}{\xi}\right)\mathrm{e}^{-\xi h} & -\frac{1}{\xi}\mathrm{e}^{-\xi h} \\
0 & 2\bar{G}_1h\xi\mathrm{e}^{\xi h} & -2\bar{G}_1\mathrm{e}^{\xi h} & 2\bar{G}_1\left(\frac{\bar{\mu}_1}{1-2\bar{\mu}_1}+\frac{c_1q_1^2}{s}\right)\mathrm{e}^{-q_1h} & -2\bar{G}_1h\xi\mathrm{e}^{-\xi h} & -2\bar{G}_1\mathrm{e}^{-\xi h} & -2\bar{G}_2\left(\frac{\bar{\mu}_2}{1-2\bar{\mu}_2}+\frac{c_2q_2^{\,2}}{s}\right)\mathrm{e}^{-q_2h} & 2\bar{G}_2h\xi\mathrm{e}^{-\xi h} & 2\bar{G}_2\mathrm{e}^{-\xi h} \\
0 & -2\bar{G}_1h\xi\mathrm{e}^{\xi h} & 2\bar{G}_1\mathrm{e}^{\xi h} & \bar{G}_1\frac{2c_1q_1\xi}{s}\mathrm{e}^{-q_1z} & -2\bar{G}_1h\xi\mathrm{e}^{-\xi h} & -2\bar{G}_1\mathrm{e}^{-\xi h} & -\bar{G}_2\frac{2c_2q_2\xi}{s}\mathrm{e}^{-q_2h} & 2\bar{G}_2h\xi\mathrm{e}^{-\xi h} & 2\bar{G}_2\mathrm{e}^{-\xi h} \\
0 & 2\bar{G}_1\mathrm{e}^{\xi h} & 0 & M_1\mathrm{e}^{-q_1h} & 2\bar{G}_1\mathrm{e}^{-\xi h} & 0 & -M_2\mathrm{e}^{-q_2h} & -2\bar{G}_2\mathrm{e}^{-\xi h} & 0 \\
0 & 2k_1'\bar{G}_1\xi\mathrm{e}^{\xi h} & 0 & -k_1'M_1q_1\mathrm{e}^{-q_1h} & -2k_1'\bar{G}_1\xi\mathrm{e}^{-\xi h} & 0 & k_2'M_2q_2\mathrm{e}^{-q_2h} & 2k_2'\bar{G}_2\xi\mathrm{e}^{-\xi h} & 0
\end{bmatrix}$$

第6章　饱和轴对称多层粘弹性体系

设饱和 n 层粘弹性体系表面作用有圆形均布荷载 $p(r,t)$，各层厚度和 Laplace 空间中的材料参数分别为 h_i 和 $\overline{G}_i(s)$、$\overline{\mu}_i(s)$，$i=1,2,\cdots,n-1$，第 n 层为粘弹性半空间体，Laplace 空间中的材料参数为 $\overline{G}_n(s)$、$\overline{\mu}_n(s)$，如图6.0.1所示。

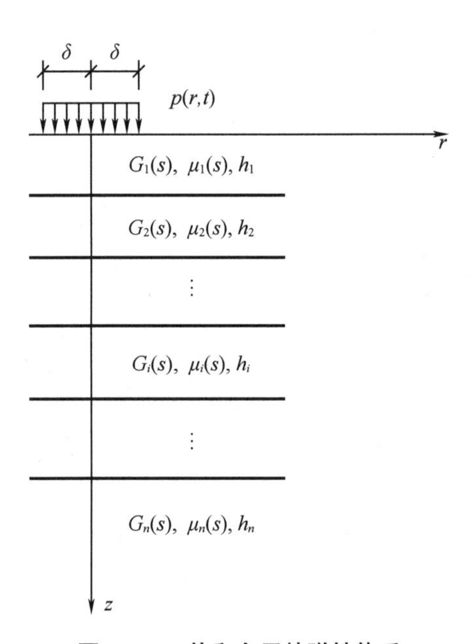

图6.0.1　饱和多层粘弹性体系

6.1　表面排水条件下的多层粘弹性连续体系

6.1.1　第 i 层系数的求解

将饱和层状粘弹性体的一般解代入第 i 层与第 $i+1$ 层的完全连续接触条件，可得

$$-\frac{c_{i+1}\xi}{s}(A_{i+11}e^{q_{i+1}H_i}+B_{i+11}e^{-q_{i+1}H_i})-H_i(A_{i+12}e^{\xi H_i}-B_{i+12}e^{-\xi H_i})+\frac{1}{\xi}(A_{i+13}e^{\xi H_i}+B_{i+13}e^{-\xi H_i})$$

$$=-\frac{c_i\xi}{s}(A_{i1}e^{q_iH_i}+B_{i1}e^{-q_iH_i})-H_i(A_{i2}e^{\xi H_i}-B_{i2}e^{-\xi H_i})+\frac{1}{\xi}(A_{i3}e^{\xi H_i}+B_{i3}e^{-\xi H_i})$$

$$\frac{c_{i+1}q_{i+1}}{s}(A_{i+11}e^{q_{i+1}H_i}-B_{i+11}e^{-q_{i+1}H_i})+\left[\left(H_i-\frac{1}{\xi}\right)A_{i+12}e^{\xi H_i}+\left(H_i+\frac{1}{\xi}\right)B_{i+12}e^{-\xi H_i}\right]+\frac{1}{\xi}(-A_{i+13}e^{\xi H_i}+B_{i+13}e^{-\xi H_i})$$

$$=\frac{c_iq_i}{s}(A_{i1}\mathrm{e}^{q_iH_i}-B_{i1}\mathrm{e}^{-q_iH_i})+\left[\left(H_i-\frac{1}{\xi}\right)A_{i2}\mathrm{e}^{\xi H_i}+\left(H_i+\frac{1}{\xi}\right)B_{i2}\mathrm{e}^{-\xi H_i}\right]+\frac{1}{\xi}(-A_{i3}\mathrm{e}^{\xi H_i}+B_{i3}\mathrm{e}^{-\xi H_i})$$

$$2\overline{G}_{i+1}\left[\left(\frac{\overline{\mu}_{i+1}}{1-2\overline{\mu}_{i+1}}+\frac{c_{i+1}q_{i+1}^{\ 2}}{s}\right)(A_{i+11}\mathrm{e}^{q_{i+1}H_i}+B_{i+11}\mathrm{e}^{-q_{i+1}H_i})+H_i\xi(A_{i+12}\mathrm{e}^{\xi H_i}-B_{i+12}\mathrm{e}^{-\xi H_i})-(A_{i+13}\mathrm{e}^{\xi H_i}+B_{i+13}\mathrm{e}^{-\xi H_i})\right]$$

$$=2\overline{G}_i\left[\left(\frac{\overline{\mu}_i}{1-2\overline{\mu}_i}+\frac{c_iq_i^{\ 2}}{s}\right)(A_{i1}\mathrm{e}^{q_iH_i}+B_{i1}\mathrm{e}^{-q_iH_i})+H_i\xi(A_{i2}\mathrm{e}^{\xi H_i}-B_{i2}\mathrm{e}^{-\xi H_i})-(A_{i3}\mathrm{e}^{\xi H_i}+B_{i3}\mathrm{e}^{-\xi H_i})\right]$$

$$\overline{G}_{i+1}\left[-\frac{2c_{i+1}q_{i+1}\xi}{s}(A_{i+11}\mathrm{e}^{q_{i+1}H_i}-B_{i+11}\mathrm{e}^{-q_{i+1}H_i})-2H_i\xi(A_{i+12}\mathrm{e}^{\xi H_i}+B_{i+12}\mathrm{e}^{-\xi H_i})+2(A_{i+13}\mathrm{e}^{\xi H_i}-B_{i+13}\mathrm{e}^{-\xi H_i})\right]$$

$$=\overline{G}_i\left[-\frac{2c_iq_i\xi}{s}(A_{i1}\mathrm{e}^{q_iH_i}-B_{i1}\mathrm{e}^{-q_iH_i})-2H_i\xi(A_{i2}\mathrm{e}^{\xi H_i}+B_{i2}\mathrm{e}^{-\xi H_i})+2(A_{i3}\mathrm{e}^{\xi H_i}-B_{i3}\mathrm{e}^{-\xi H_i})\right]$$

$$M_{i+1}(A_{i+11}\mathrm{e}^{q_{i+1}H_i}+B_{i+11}\mathrm{e}^{-q_{i+1}H_i})+2\overline{G}_{i+1}(A_{i+12}\mathrm{e}^{\xi H_i}+B_{i+12}\mathrm{e}^{-\xi H_i})$$

$$=M_i(A_{i1}\mathrm{e}^{q_iH_i}+B_{i1}\mathrm{e}^{-q_iH_i})+2\overline{G}_i(A_{i2}\mathrm{e}^{\xi H_i}+B_{i2}\mathrm{e}^{-\xi H_i})$$

$$-k'_{i+1}M_{i+1}q_{i+1}(A_{i+11}\mathrm{e}^{q_{i+1}H_i}-B_{i+11}\mathrm{e}^{-q_{i+1}H_i})-2k'_{i+1}\overline{G}_{i+1}\xi(A_{i+12}\mathrm{e}^{\xi H_i}-B_{i+12}\mathrm{e}^{-\xi H_i})$$

$$=-k'_i[M_iq_i(A_{i1}\mathrm{e}^{q_iH_i}-B_{i1}\mathrm{e}^{-q_iH_i})+2\overline{G}_i\xi(A_{i2}\mathrm{e}^{\xi H_i}-B_{i2}\mathrm{e}^{-\xi H_i})]$$

式中　$k'_i=\dfrac{k_i}{\gamma_{\mathrm{w}}}$,其中 k_i 为第 i 层的渗透系数,γ_{w} 为水的重度;

$\overline{G}_i$、$\overline{\mu}_i$——第 i 层的 Laplace 空间中的材料参数;

H_i——第 i 层和第 $i+1$ 层接触面的深度;

$M_i=\dfrac{2\overline{G}_i(1-\overline{\mu}_i)}{1-2\overline{\mu}_i}$;

$c_i=k'_iM_i$;

$q_i=\sqrt{\xi^2+\dfrac{s}{c_i}}$, $i=1,2,\cdots n$。

对以上等式进行整理可得

$$-\frac{c_{i+1}\xi}{s}\mathrm{e}^{q_{i+1}H_i}A_{i+11}-H_i\mathrm{e}^{\xi H_i}A_{i+12}+\frac{1}{\xi}\mathrm{e}^{\xi H_i}A_{i+13}-\frac{c_{i+1}\xi}{s}\mathrm{e}^{-q_{i+1}H_i}B_{i+11}+H_i\mathrm{e}^{-\xi H_i}B_{i+12}+\frac{1}{\xi}\mathrm{e}^{-\xi H_i}B_{i+13}$$

$$=-\frac{c_i\xi}{s}\mathrm{e}^{q_iH_i}A_{i1}-H_i\mathrm{e}^{\xi H_i}A_{i2}+\frac{1}{\xi}\mathrm{e}^{\xi H_i}A_{i3}-\frac{c_i\xi}{s}\mathrm{e}^{-q_iH_i}B_{i1}+H_i\mathrm{e}^{-\xi H_i}B_{i2}+\frac{1}{\xi}\mathrm{e}^{-\xi H_i}B_{i3}$$

$$-k'_{i+1}M_{i+1}q_{i+1}\mathrm{e}^{q_{i+1}H_i}A_{i+11}-2k'_{i+1}\overline{G}_{i+1}\mathrm{e}^{\xi H_i}\xi A_{i+12}+k'_{i+1}M_{i+1}q_{i+1}\mathrm{e}^{-q_{i+1}H_i}B_{i+11}+2k'_{i+1}\overline{G}_{i+1}\xi\mathrm{e}^{-\xi H_i}B_{i+12}$$

$$=-k'_iM_iq_i\mathrm{e}^{q_iH_i}A_{i1}-2k'_i\overline{G}_i\xi\mathrm{e}^{\xi H_i}A_{i2}+k'_iM_iq_i\mathrm{e}^{-q_iH_i}B_{i1}+2k'_i\overline{G}_i\xi\mathrm{e}^{-\xi H_i}B_{i2}$$

$$\frac{c_{i+1}q_{i+1}}{s}\mathrm{e}^{q_{i+1}H_i}A_{i+11}+\left(H_i-\frac{1}{\xi}\right)\mathrm{e}^{\xi H_i}A_{i+12}-\frac{1}{\xi}\mathrm{e}^{\xi H_i}A_{i+13}-\frac{c_{i+1}q_{i+1}}{s}\mathrm{e}^{-q_{i+1}H_i}B_{i+11}+\left(H_i+\frac{1}{\xi}\right)\mathrm{e}^{-\xi H_i}B_{i+12}+$$

$$\frac{1}{\xi}\mathrm{e}^{-\xi H_i}B_{i+13}$$

$$=\frac{c_iq_i}{s}e^{q_iH_i}A_{i1}+\left(H_i-\frac{1}{\xi}\right)e^{\xi H_i}A_{i2}-\frac{1}{\xi}e^{\xi H_i}A_{i3}-\frac{c_iq_i}{s}e^{-q_iH_i}B_{i1}+\left(H_i+\frac{1}{\xi}\right)e^{-\xi H_i}B_{i2}+\frac{1}{\xi}e^{-\xi H_i}B_{i3}$$

$$2\bar{G}_{i+1}\left(\frac{\bar{\mu}_{i+1}}{1-2\bar{\mu}_{i+1}}+\frac{c_{i+1}q_{i+1}^{\ 2}}{s}\right)e^{q_{i+1}H_i}A_{i+11}+2\bar{G}_{i+1}H_i\xi e^{\xi H_i}A_{i+12}-2\bar{G}_{i+1}e^{\xi H_i}A_{i+13}+$$

$$2\bar{G}_{i+1}\left(\frac{\bar{\mu}_{i+1}}{1-2\bar{\mu}_{i+1}}+\frac{c_{i+1}q_{i+1}^{\ 2}}{s}\right)e^{-q_{i+1}H_i}B_{i+11}-2\bar{G}_{i+1}H_i\xi e^{-\xi H_i}B_{i+12}-2\bar{G}_{i+1}e^{-\xi H_i}B_{i+13}$$

$$=2\bar{G}_i\left(\frac{\bar{\mu}_i}{1-2\bar{\mu}_i}+\frac{c_iq_i^{\ 2}}{s}\right)e^{q_iH_i}A_{i1}+2\bar{G}_iH_i\xi e^{\xi H_i}A_{i2}-2\bar{G}_ie^{\xi H_i}A_{i3}+2\bar{G}_i\left(\frac{\bar{\mu}_i}{1-2\bar{\mu}_i}+\frac{c_iq_i^{\ 2}}{s}\right)e^{-q_iH_i}B_{i1}-$$

$$2\bar{G}_iH_i\xi e^{-\xi H_i}B_{i2}-2\bar{G}_ie^{-\xi H_i}B_{i3}$$

$$-\bar{G}_{i+1}\frac{2c_{i+1}q_{i+1}\xi}{s}e^{q_{i+1}H_i}A_{i+11}-2\bar{G}_{i+1}H_i\xi e^{\xi H_i}A_{i+12}+2\bar{G}_{i+1}e^{\xi H_i}A_{i+13}+\bar{G}_{i+1}\frac{2c_{i+1}q_{i+1}\xi}{s}e^{-q_{i+1}H_i}B_{i+11}-$$

$$2\bar{G}_{i+1}H_i\xi e^{-\xi H_i}B_{i+12}-2\bar{G}_{i+1}e^{-\xi H_i}B_{i+13}$$

$$=-\bar{G}_i\frac{2c_iq_i\xi}{s}e^{q_iH_i}A_{i1}-2\bar{G}_iH_i\xi e^{\xi H_i}A_{i2}+2\bar{G}_ie^{\xi H_i}A_{i3}+\bar{G}_i\frac{2c_iq_i\xi}{s}e^{-q_iH_i}B_{i1}-2\bar{G}_iH_i\xi e^{-\xi H_i}B_{i2}-2\bar{G}_ie^{-\xi H_i}B_{i3}$$

$$M_{i+1}e^{q_{i+1}H_i}A_{i+11}+2\bar{G}_{i+1}e^{\xi H_i}A_{i+12}+M_{i+1}e^{-q_{i+1}H_i}B_{i+11}+2\bar{G}_{i+1}e^{-\xi H_i}B_{i+12}$$

$$=M_ie^{q_iH_i}A_{i1}+2\bar{G}_ie^{\xi H_i}A_{i2}+M_ie^{-q_iH_i}B_{i1}+2\bar{G}_ie^{-\xi H_i}B_{i2}$$

写成矩阵形式：

$$[\boldsymbol{T}_{i+1}(H_i)]\{\boldsymbol{C}_{i+1}\}=[\boldsymbol{T}_i(H_i)]\{\boldsymbol{C}_i\} \tag{6.1.1}$$

式中

$$[\boldsymbol{T}_{i+1}(H_i)]=\left[\begin{array}{ccc}
-\frac{c_{i+1}\xi}{s}e^{q_{i+1}H_i} & -H_ie^{\xi H_i} & \frac{1}{\xi}e^{\xi H_i} \\
\frac{c_{i+1}q_{i+1}}{s}e^{q_{i+1}H_i} & \left(H_i-\frac{1}{\xi}\right)e^{\xi H_i} & -\frac{1}{\xi}e^{\xi H_i} \\
2\bar{G}_{i+1}\left(\frac{\bar{\mu}_{i+1}}{1-2\bar{\mu}_{i+1}}+\frac{c_{i+1}q_{i+1}^{\ 2}}{s}\right)e^{q_{i+1}H_i} & 2\bar{G}_{i+1}H_i\xi e^{\xi H_i} & -2\bar{G}_{i+1}e^{\xi H_i} \\
-\bar{G}_{i+1}\frac{2c_{i+1}q_{i+1}\xi}{s}e^{q_{i+1}H_i} & -2\bar{G}_{i+1}H_i\xi e^{\xi H_i} & 2\bar{G}_{i+1}e^{\xi H_i} \\
M_{i+1}e^{q_{i+1}H_i} & 2\bar{G}_{i+1}e^{\xi H_i} & 0 \\
-k'_{i+1}M_{i+1}q_{i+1}e^{q_{i+1}H_i} & -2k'_{i+1}\bar{G}_{i+1}e^{\xi H_i}\xi & 0
\end{array}\right.$$

$$
\left.\begin{matrix}
-\dfrac{c_{i+1}\xi}{s}\mathrm{e}^{-q_{i+1}H_i} & H_i\mathrm{e}^{-\xi H_i} & \dfrac{1}{\xi}\mathrm{e}^{-\xi H_i} \\
-\dfrac{c_{i+1}q_{i+1}}{s}\mathrm{e}^{-q_{i+1}H_i} & \left(H_i+\dfrac{1}{\xi}\right)\mathrm{e}^{-\xi H_i} & \dfrac{1}{\xi}\mathrm{e}^{-\xi H_i} \\
2\overline{G}_{i+1}\left(\dfrac{\overline{\mu}_{i+1}}{1-2\overline{\mu}_{i+1}}+\dfrac{c_{i+1}q_{i+1}^2}{s}\right)\mathrm{e}^{-q_{i+1}H_i} & -2\overline{G}_{i+1}H_i\xi\mathrm{e}^{-\xi H_i} & -2\overline{G}_{i+1}\mathrm{e}^{-\xi H_i} \\
\overline{G}_{i+1}\dfrac{2c_{i+1}q_{i+1}\xi}{s}\mathrm{e}^{-q_{i+1}H_i} & -2\overline{G}_{i+1}H_i\xi\mathrm{e}^{-\xi H_i} & -2\overline{G}_{i+1}\mathrm{e}^{-\xi H_i} \\
M_{i+1}\mathrm{e}^{-q_{i+1}H_i} & 2\overline{G}_{i+1}\mathrm{e}^{-\xi H_i} & 0 \\
k'_{i+1}M_{i+1}q_{i+1}\mathrm{e}^{-q_{i+1}H_i} & 2k'_{i+1}\overline{G}_{i+1}\xi\mathrm{e}^{-\xi H_i} & 0
\end{matrix}\right]
$$

$$
[\boldsymbol{T}_i(H_i)]=\left[\begin{matrix}
-\dfrac{c_i\xi}{s}\mathrm{e}^{q_iH_i} & -H_i\mathrm{e}^{\xi H_i} & \dfrac{1}{\xi}\mathrm{e}^{\xi H_i} \\
\dfrac{c_iq_i}{s}\mathrm{e}^{q_iH_i} & \left(H_i-\dfrac{1}{\xi}\right)\mathrm{e}^{\xi H_i} & -\dfrac{1}{\xi}\mathrm{e}^{\xi H_i} \\
2\overline{G}_i\left(\dfrac{\overline{\mu}_i}{1-2\overline{\mu}_i}+\dfrac{c_iq_i^2}{s}\right)\mathrm{e}^{q_iH_i} & 2\overline{G}_iH_i\xi\mathrm{e}^{\xi H_i} & -2\overline{G}_i\mathrm{e}^{\xi H_i} \\
-\overline{G}_i\dfrac{2c_iq_i\xi}{s}\mathrm{e}^{q_iH_i} & -2\overline{G}_iH_i\xi\mathrm{e}^{\xi H_i} & 2\overline{G}_i\mathrm{e}^{\xi H_i} \\
M_i\mathrm{e}^{q_iH_i} & 2\overline{G}_i\mathrm{e}^{\xi H_i} & 0 \\
-k'_iM_iq_i\mathrm{e}^{q_iH_i} & -2k'_i\overline{G}_i\mathrm{e}^{\xi H_i}\xi & 0
\end{matrix}\right.
$$

$$
\left.\begin{matrix}
-\dfrac{c_i\xi}{s}\mathrm{e}^{-q_iH_i} & H_i\mathrm{e}^{-\xi H_i} & \dfrac{1}{\xi}\mathrm{e}^{-\xi H_i} \\
-\dfrac{c_iq_i}{s}\mathrm{e}^{-q_iH_i} & \left(H_i+\dfrac{1}{\xi}\right)\mathrm{e}^{-\xi H_i} & \dfrac{1}{\xi}\mathrm{e}^{-\xi H_i} \\
2\overline{G}_i\left(\dfrac{\overline{\mu}_i}{1-2\overline{\mu}_i}+\dfrac{c_iq_i^2}{s}\right)\mathrm{e}^{-q_iH_i} & -2\overline{G}_iH_i\xi\mathrm{e}^{-\xi H_i} & -2\overline{G}_i\mathrm{e}^{-\xi H_i} \\
\overline{G}_i\dfrac{2c_iq_i\xi}{s}\mathrm{e}^{-q_iH_i} & -2\overline{G}_iH_i\xi\mathrm{e}^{-\xi H_i} & -2\overline{G}_i\mathrm{e}^{-\xi H_i} \\
M_i\mathrm{e}^{-q_iH_i} & 2\overline{G}_i\mathrm{e}^{-\xi H_i} & 0 \\
k'_iM_iq_i\mathrm{e}^{-q_iH_i} & 2k'_i\overline{G}_i\xi\mathrm{e}^{-\xi H_i} & 0
\end{matrix}\right]
$$

$$\{\boldsymbol{C}_{i+1}\}=\begin{Bmatrix}A_{i+11}\\A_{i+12}\\A_{i+13}\\B_{i+11}\\B_{i+12}\\B_{i+13}\end{Bmatrix}$$

$$\{\boldsymbol{C}_{i}\}=\begin{Bmatrix}A_{i1}\\A_{i2}\\A_{i3}\\B_{i1}\\B_{i2}\\B_{i3}\end{Bmatrix}$$

通过上式可以将第 $i+1$ 层的系数向量用第 i 层的系数向量表示,如下:

$$\{\boldsymbol{C}_{i+1}\}=[\boldsymbol{T}_{i+1}(H_i)]^{-1}[\boldsymbol{T}_i(H_i)]\{\boldsymbol{C}_i\}$$

以此类推,下层的系数向量可用上层的系数向量表示出来,即

$$\{\boldsymbol{C}_{i+1}\}=[\boldsymbol{T}_{i+1}(H_i)]^{-1}[\boldsymbol{T}_i(H_i)]\{\boldsymbol{C}_i\}$$

$$\{\boldsymbol{C}_{i}\}=[\boldsymbol{T}_{i}(H_{i-1})]^{-1}[\boldsymbol{T}_{i-1}(H_{i-1})]\{\boldsymbol{C}_{i-1}\}$$

$$\{\boldsymbol{C}_{i-1}\}=[\boldsymbol{T}_{i}(H_{i-2})]^{-1}[\boldsymbol{T}_{i-2}(H_{i-2})]\{\boldsymbol{C}_{i-2}\}$$

……

$$\{\boldsymbol{C}_{2}\}=[\boldsymbol{T}_{2}(H_{1})]^{-1}[\boldsymbol{T}_{1}(H_{1})]\{\boldsymbol{C}_{1}\}$$

通过层间接触条件可建立起下层系数向量与上层系数向量之间的递推关系,通过这一关系可以得到第 $i+1$ 层和第 1 层系数向量的递推公式:

$$\{\boldsymbol{C}_{i+1}\}=[\boldsymbol{T}_{i+1}(H_i)]^{-1}[\boldsymbol{T}_i(H_i)][\boldsymbol{T}_i(H_{i-1})]^{-1}[\boldsymbol{T}_{i-1}(H_{i-1})]\cdots[\boldsymbol{T}_2(H_1)]^{-1}[\boldsymbol{T}_1(H_1)]\{\boldsymbol{C}_1\} \tag{6.1.2}$$

通过式(6.1.2)可以将任意层的系数向量用第 1 层的系数向量来表示,那么只要求出第 1 层的系数,就可以得到任意层的系数。设

$$\{\boldsymbol{C}_{i+1}\}=[\boldsymbol{D}_{i+1}]\{\boldsymbol{C}_1\} \tag{6.1.3}$$

式中

$$[\boldsymbol{D}_{i+1}]=[\boldsymbol{T}_{i+1}(H_i)]^{-1}[\boldsymbol{T}_i(H_i)][\boldsymbol{T}_i(H_{i-1})]^{-1}[\boldsymbol{T}_{i-1}(H_{i-1})]\cdots[\boldsymbol{T}_2(H_1)]^{-1}[\boldsymbol{T}_1(H_1)]$$

6.1.2 第 1 层系数的求解

利用边界条件可以求解第 1 层的 6 个系数 A_{11}、A_{12}、A_{13}、B_{11}、B_{12} 和 B_{13}。将饱和层状粘弹性体系的一般解代入上表面排水边界条件可得

$$2\overline{G}_1\left[\left(\frac{\overline{\mu}_1}{1-2\overline{\mu}_1}+\frac{c_1q_1^2}{s}\right)(A_{11}+B_{11})-(A_{13}+B_{13})\right]=-\hat{\overline{p}}(\xi,s) \tag{6.1.4}$$

$$\overline{G}_1\left[-\frac{2c_1q_1\xi}{s}(A_{11}-B_{11})+2(A_{13}-B_{13})\right]=0 \tag{6.1.5}$$

$$M_1(A_{11}+B_{11})+2\overline{G}_1(A_{12}+B_{12})=0 \tag{6.1.6}$$

在第 n 层中，当 $z\to\infty$ 时，所有的应力和位移分量都趋于零，即

$$\lim_{z\to\infty}\langle \sigma_r',\sigma_\theta',\sigma_z',\tau_{zr},\sigma,u,w\rangle\to 0 \tag{6.1.7}$$

显然饱和层状粘弹性体系的一般解中含有 e^{qz}、$e^{\xi z}$ 项，这与边界条件不符，所以系数 A_{n1}、A_{n2} 和 A_{n3} 都等于 0，即

$$\begin{Bmatrix} A_{n1} \\ A_{n2} \\ A_{n3} \end{Bmatrix}=\begin{Bmatrix} 0 \\ 0 \\ 0 \end{Bmatrix} \tag{6.1.8}$$

根据式(6.1.3)，将第 n 层的系数向量用第 1 层的系数向量表示，即

$$\{\boldsymbol{C}_n\}=[\boldsymbol{D}_n]\{\boldsymbol{C}_1\}$$

将上式展开，根据式(6.1.8)可得

$$\begin{aligned}
&D_{n11}A_{11}+D_{n12}A_{12}+D_{n13}A_{13}+D_{n14}B_{11}+D_{n15}B_{12}+D_{n16}B_{13}=0\\
&D_{n21}A_{11}+D_{n22}A_{12}+D_{n23}A_{13}+D_{n24}B_{11}+D_{n25}B_{12}+D_{n26}B_{13}=0\\
&D_{n31}A_{11}+D_{n32}A_{12}+D_{n33}A_{13}+D_{n34}B_{11}+D_{n35}B_{12}+D_{n36}B_{13}=0
\end{aligned} \tag{6.1.9}$$

联立式(6.1.4)~式(6.1.6)和式(6.1.9)，建立关于第 1 层系数的线性方程组，矩阵的形式如下：

$$[\boldsymbol{K}]\{\boldsymbol{C}_1\}=\{\boldsymbol{P}\} \tag{6.1.10}$$

式中

$$\{\boldsymbol{C}_1\}=\begin{Bmatrix} A_{11} \\ A_{12} \\ A_{13} \\ B_{11} \\ B_{12} \\ B_{13} \end{Bmatrix}$$

$$\{\boldsymbol{P}\}=\begin{Bmatrix} -\dfrac{\hat{\overline{p}}(\xi,s)}{2\overline{G}_1} \\ 0 \\ 0 \\ 0 \\ 0 \\ 0 \end{Bmatrix}$$

$$
[\boldsymbol{K}]=\begin{bmatrix}
\dfrac{\bar{\mu}_1}{1-2\bar{\mu}_1}+\dfrac{c_1q_1^2}{s} & 0 & -1 & \dfrac{\bar{\mu}_1}{1-2\bar{\mu}_1}+\dfrac{c_1q_1^2}{s} & 0 & -1 \\
-\dfrac{2c_1q_1\xi}{s} & 0 & 2 & \dfrac{2c_1q_1\xi}{s} & 0 & -2 \\
M_1 & 2\bar{G}_1 & 0 & M_1 & 2\bar{G}_1 & 0 \\
D_{n11} & D_{n12} & D_{n13} & D_{n14} & D_{n15} & D_{n16} \\
D_{n21} & D_{n22} & D_{n23} & D_{n24} & D_{n25} & D_{n26} \\
D_{n31} & D_{n32} & D_{n33} & D_{n34} & D_{n35} & D_{n36}
\end{bmatrix}
$$

根据克拉默法则可以得到方程组(6.1.10)的解：

$$
C_{1i}=\frac{|K_i|}{|K|}\quad(i=1,2,\cdots,6) \tag{6.1.11}
$$

即

$$
A_{11}=\frac{|K_1|}{|K|},A_{12}=\frac{|K_2|}{|K|},A_{13}=\frac{|K_3|}{|K|}
$$

$$
B_{11}=\frac{|K_4|}{|K|},B_{12}=\frac{|K_5|}{|K|},B_{13}=\frac{|K_6|}{|K|}
$$

式中　C_{1i}——向量$\{\boldsymbol{C}_1\}$的第 i 元素；

$|K|$——矩阵$[\boldsymbol{K}]$的行列式；

$|K_i|$——把矩阵$[\boldsymbol{K}]$中的第 i 列元素用向量$\{\boldsymbol{P}\}$代替后得到的行列式，例如：

$$
[\boldsymbol{K}_1]=\begin{bmatrix}
-\dfrac{\hat{\bar{p}}(\xi,s)}{2\bar{G}_1} & 0 & -1 & \dfrac{\bar{\mu}_1}{1-2\bar{\mu}_1}+\dfrac{c_1q_1^2}{s} & 0 & -1 \\
0 & 0 & 2 & \dfrac{2c_1q_1\xi}{s} & 0 & -2 \\
0 & 2\bar{G}_1 & 0 & M_1 & 2\bar{G}_1 & 0 \\
0 & D_{n12} & D_{n13} & D_{n14} & D_{n15} & D_{n16} \\
0 & D_{n22} & D_{n23} & D_{n24} & D_{n25} & D_{n26} \\
0 & D_{n32} & D_{n33} & D_{n34} & D_{n35} & D_{n36}
\end{bmatrix}
$$

由此得到第 1 层的系数表达式，再通过式(6.1.3)可以得到第 i 层的系数向量：

$$
\{\boldsymbol{C}_i\}=[\boldsymbol{D}_i]\{\boldsymbol{C}_1\}
$$

第 i 层的系数分别为

$$
\begin{aligned}
A_{i1}&=D_{i11}A_{11}+D_{i12}A_{12}+D_{i13}A_{13}+D_{i14}B_{11}+D_{i15}B_{12}+D_{i16}B_{13}\\
A_{i2}&=D_{i21}A_{11}+D_{i22}A_{12}+D_{i23}A_{13}+D_{i24}B_{11}+D_{i25}B_{12}+D_{i26}B_{13}\\
A_{i3}&=D_{i31}A_{11}+D_{i32}A_{12}+D_{i33}A_{13}+D_{i34}B_{11}+D_{i35}B_{12}+D_{i36}B_{13}\\
B_{i1}&=D_{i41}A_{11}+D_{i42}A_{12}+D_{i43}A_{13}+D_{i44}B_{11}+D_{i45}B_{12}+D_{i46}B_{13}\\
B_{i2}&=D_{i51}A_{11}+D_{i52}A_{12}+D_{i53}A_{13}+D_{i54}B_{11}+D_{i55}B_{12}+D_{i56}B_{13}\\
B_{i3}&=D_{i51}A_{11}+D_{i52}A_{12}+D_{i53}A_{13}+D_{i54}B_{11}+D_{i55}B_{12}+D_{i56}B_{13}
\end{aligned}
$$

将式(6.1.11)代入上述公式得

$$A_{i1}=D_{i11}\frac{|K_1|}{|K|}+D_{i12}\frac{|K_2|}{|K|}+D_{i13}\frac{|K_3|}{|K|}+D_{i14}\frac{|K_4|}{|K|}+D_{i15}\frac{|K_5|}{|K|}+D_{i16}\frac{|K_6|}{|K|}$$

$$A_{i2}=D_{i21}\frac{|K_1|}{|K|}+D_{i22}\frac{|K_2|}{|K|}+D_{i23}\frac{|K_3|}{|K|}+D_{i24}\frac{|K_4|}{|K|}+D_{i25}\frac{|K_5|}{|K|}+D_{i26}\frac{|K_6|}{|K|}$$

$$A_{i3}=D_{i31}\frac{|K_1|}{|K|}+D_{i32}\frac{|K_2|}{|K|}+D_{i33}\frac{|K_3|}{|K|}+D_{i34}\frac{|K_4|}{|K|}+D_{i35}\frac{|K_5|}{|K|}+D_{i36}\frac{|K_6|}{|K|}$$

$$B_{i1}=D_{i41}\frac{|K_1|}{|K|}+D_{i42}\frac{|K_2|}{|K|}+D_{i43}\frac{|K_3|}{|K|}+D_{i44}\frac{|K_4|}{|K|}+D_{i45}\frac{|K_5|}{|K|}+D_{i46}\frac{|K_6|}{|K|}$$

$$B_{i2}=D_{i51}\frac{|K_1|}{|K|}+D_{i52}\frac{|K_2|}{|K|}+D_{i53}\frac{|K_3|}{|K|}+D_{i54}\frac{|K_4|}{|K|}+D_{i55}\frac{|K_5|}{|K|}+D_{i56}\frac{|K_6|}{|K|}$$

$$B_{i3}=D_{i61}\frac{|K_1|}{|K|}+D_{i62}\frac{|K_2|}{|K|}+D_{i63}\frac{|K_3|}{|K|}+D_{i64}\frac{|K_4|}{|K|}+D_{i65}\frac{|K_5|}{|K|}+D_{i66}\frac{|K_6|}{|K|}$$

6.1.3　$n=2$ 的多层粘弹性体系与双层粘弹性体系

根据第 5 章推导饱和双层粘弹性体系的方法,建立关于系数的方程组:

$$[\boldsymbol{J}]\begin{Bmatrix}\boldsymbol{C}_1\\ \boldsymbol{C}_2\end{Bmatrix}=\{\boldsymbol{P}\}\tag{6.1.12}$$

式中

$$[\boldsymbol{J}]=\begin{bmatrix}\boldsymbol{T}_1 & -\boldsymbol{T}_2\\ \boldsymbol{F} & \boldsymbol{0}\\ \boldsymbol{0} & \boldsymbol{I}\end{bmatrix}$$

式中,$\boldsymbol{T}_1$ 和 $\boldsymbol{T}_2$ 均为 6×6 阶矩阵;$\boldsymbol{F}$ 和 $\boldsymbol{I}$ 均为 3×6 阶矩阵;矩阵 $\boldsymbol{J}$ 中其他的元素为 $\mathbf{0}$。

$$[\boldsymbol{T}_1]=\begin{bmatrix}
-\frac{c_1\xi}{s}e^{q_1h} & -he^{\xi h} & \frac{1}{\xi}e^{\xi h} & -\frac{c_1\xi}{s}e^{-q_1h} & he^{-\xi h} & \frac{1}{\xi}e^{-\xi h}\\
\frac{c_1q_1}{s}e^{q_1h} & \left(h-\frac{1}{\xi}\right)e^{\xi h} & -\frac{1}{\xi}e^{\xi h} & -\frac{c_1q_1}{s}e^{-q_1h} & \left(h+\frac{1}{\xi}\right)e^{-\xi h} & \frac{1}{\xi}e^{-\xi h}\\
2\bar{G}_1\left(\frac{\bar{\mu}_1}{1-2\bar{\mu}_1}+\frac{c_1q_1^{\ 2}}{s}\right)e^{q_1h} & 2\bar{G}_1h\xi e^{\xi h} & -2\bar{G}_1e^{\xi h} & 2\bar{G}_1\left(\frac{\bar{\mu}_1}{1-2\bar{\mu}_1}+\frac{c_1q_1^{\ 2}}{s}\right)e^{-q_1h} & -2\bar{G}_1h\xi e^{-\xi h} & -2\bar{G}_1e^{-\xi h}\\
-\bar{G}_1\frac{2c_1q_1\xi}{s}e^{q_1h} & -2\bar{G}_1h\xi e^{\xi h} & 2\bar{G}_1e^{\xi h} & \bar{G}_1\frac{2c_1q_1\xi}{s}e^{-q_1h} & -2\bar{G}_1h\xi e^{-\xi h} & -2\bar{G}_1e^{-\xi h}\\
M_1e^{q_1h} & 2\bar{G}_1e^{\xi h} & 0 & M_1e^{-q_1h} & 2\bar{G}_1e^{-\xi h} & 0\\
-k_1'M_1q_1e^{q_1h} & -2k_1'\bar{G}_1e^{\xi h}\xi & 0 & k_1'M_1q_1e^{-q_1h} & 2k_1'\bar{G}_1\xi e^{-\xi h} & 0
\end{bmatrix}$$

$$[\boldsymbol{T}_2]=\begin{bmatrix} -\frac{c_2\xi}{s}e^{q_2h} & -he^{\xi h} & \frac{1}{\xi}e^{\xi h} & -\frac{c_2\xi}{s}e^{-q_2h} & he^{-\xi h} & \frac{1}{\xi}e^{-\xi h} \\ \frac{c_2q_2}{s}e^{q_2h} & \left(h-\frac{1}{\xi}\right)e^{\xi h} & -\frac{1}{\xi}e^{\xi h} & -\frac{c_2q_2}{s}e^{-q_2h} & \left(h+\frac{1}{\xi}\right)e^{-\xi h} & \frac{1}{\xi}e^{-\xi h} \\ 2\bar{G}_2\left(\frac{\bar{\mu}_2}{1-2\bar{\mu}_2}+\frac{c_2{q_2}^2}{s}\right)e^{q_2h} & 2\bar{G}_2h\xi e^{\xi h} & -2\bar{G}_2e^{\xi h} & 2\bar{G}_2\left(\frac{\bar{\mu}_2}{1-2\bar{\mu}_2}+\frac{c_2{q_2}^2}{s}\right)e^{-q_2h} & -2\bar{G}_2h\xi e^{-\xi h} & -2\bar{G}_2e^{-\xi h} \\ -\bar{G}_2\frac{2c_2q_2\xi}{s}e^{q_2h} & -2\bar{G}_2h\xi e^{\xi h} & 2\bar{G}_2e^{\xi h} & \bar{G}_2\frac{2c_2q_2\xi}{s}e^{-q_2h} & -2\bar{G}_2h\xi e^{-\xi h} & -2\bar{G}_2e^{-\xi h} \\ M_2e^{q_2h} & 2\bar{G}_2e^{\xi h} & 0 & M_2e^{-q_2h} & 2\bar{G}_2e^{-\xi h} & 0 \\ -k_2'M_2q_2e^{q_2h} & -2k_2'\bar{G}_2e^{\xi h}\xi & 0 & k_2'M_2q_2e^{-q_2h} & 2k_2'\bar{G}_2\xi e^{-\xi h} & 0 \end{bmatrix}$$

$$[\boldsymbol{F}]=\begin{bmatrix} \frac{\bar{\mu}_1}{1-2\bar{\mu}_1}+\frac{c_1q_1^2}{s} & 0 & -1 & \frac{\bar{\mu}_1}{1-2\bar{\mu}_1}+\frac{c_1q_1^2}{s} & 0 & -1 \\ -\frac{2c_1q_1\xi}{s} & 0 & 2 & \frac{2c_1q_1\xi}{s} & 0 & -2 \\ M_1 & 2\bar{G}_1 & 0 & M_1 & 2\bar{G}_1 & 0 \end{bmatrix}$$

$$[\boldsymbol{I}]=\begin{bmatrix} 1 & 0 & 0 & 0 & 0 & 0 \\ 0 & 1 & 0 & 0 & 0 & 0 \\ 0 & 0 & 1 & 0 & 0 & 0 \end{bmatrix}$$

$$\{\boldsymbol{C}_1\}=\begin{Bmatrix} A_{11} \\ A_{12} \\ A_{13} \\ B_{11} \\ B_{12} \\ B_{13} \end{Bmatrix}$$

$$\{\boldsymbol{C}_2\}=\begin{Bmatrix} A_{21} \\ A_{22} \\ A_{23} \\ B_{21} \\ B_{22} \\ B_{23} \end{Bmatrix}$$

$$\{\boldsymbol{P}\}=\begin{Bmatrix} 0 \\ 0 \\ 0 \\ 0 \\ 0 \\ 0 \\ -\dfrac{\hat{\bar{p}}(\xi,s)}{2\bar{G}_1} \\ 0 \\ 0 \\ 0 \\ 0 \\ 0 \end{Bmatrix}$$

对于式(6.1.12)的求解,可以采用两种方法:第一种是直接应用克拉默法则进行求解;第二种是先对矩阵[$\boldsymbol{J}$]进行简化,再应用克拉默法则进行求解。

第一种方法:直接应用克拉默法则求解式(6.1.12),可得

$$A_{11}=\frac{|J_1|}{|J|},A_{12}=\frac{|J_2|}{|J|},A_{13}=\frac{|J_3|}{|J|}$$

$$B_{11}=\frac{|J_4|}{|J|},B_{12}=\frac{|J_5|}{|J|},B_{13}=\frac{|J_6|}{|J|}$$

$$A_{21}=\frac{|J_7|}{|J|}=0,A_{22}=\frac{|J_8|}{|J|}=0,A_{23}=\frac{|J_9|}{|J|}=0$$

$$B_{21}=\frac{|J_{10}|}{|J|},B_{22}=\frac{|J_{11}|}{|J|},B_{23}=\frac{|J_{12}|}{|J|}$$

式中,$|J|$为矩阵[$\boldsymbol{J}$]的行列式;$|J_i|$为把矩阵[$\boldsymbol{J}$]中第 i 列的元素用向量$\{\boldsymbol{P}\}$代替后得到的行列式。

第二种方法:将式(6.1.12)写成如下形式:

$$\begin{bmatrix} \boldsymbol{T}_1 & -\boldsymbol{T}_2 \\ \boldsymbol{F} & \boldsymbol{0} \\ 0 & \boldsymbol{I} \end{bmatrix}\begin{Bmatrix} \boldsymbol{C}_1 \\ \boldsymbol{C}_2 \end{Bmatrix}=\{\boldsymbol{P}\}$$

展开可得

$$[\boldsymbol{T}_1]\{\boldsymbol{C}_1\}-[\boldsymbol{T}_2]\{\boldsymbol{C}_2\}=\{\boldsymbol{0}\} \tag{6.1.13}$$

$$[\boldsymbol{F}]\{\boldsymbol{C}_1\}=\begin{Bmatrix} -\dfrac{\hat{\bar{p}}(\xi,s)}{2\bar{G}_1} & 0 & 0 \end{Bmatrix}^{\mathrm{T}} \tag{6.1.14}$$

式(6.1.13)的两端同时乘以$[\boldsymbol{T}_2]^{-1}$,整理可得

$$\{\boldsymbol{C}_2\}=[\boldsymbol{T}_2]^{-1}[\boldsymbol{T}_1]\{\boldsymbol{C}_1\} \tag{6.1.15}$$

设$[\boldsymbol{D}]=[\boldsymbol{T}_2]^{-1}[\boldsymbol{T}_1]$,并对上式进行展开,将 $A_{21}=0$、$A_{22}=0$ 和 $A_{23}=0$ 代入可得

$$D_{11}A_{11}+D_{12}A_{12}+D_{13}A_{13}+D_{14}B_{11}+D_{15}B_{12}+D_{16}B_{13}=0$$

$$D_{21}A_{11}+D_{22}A_{12}+D_{23}A_{13}+D_{24}B_{11}+D_{25}B_{12}+D_{26}B_{13}=0$$

$$D_{31}A_{11}+D_{32}A_{12}+D_{33}A_{13}+D_{34}B_{11}+D_{35}B_{12}+D_{36}B_{13}=0$$

将式(6.1.14)展开可得

$$\left(\frac{\bar{\mu}_1}{1-2\bar{\mu}_1}+\frac{c_1q_1^2}{s}\right)(A_{11}+B_{11})-(A_{13}+B_{13})=\frac{-\hat{\bar{p}}(\xi,s)}{2\bar{G}_1}$$

$$-\frac{2c_1q_1\xi}{s}(A_{11}-B_{11})+2(A_{13}-B_{13})=0$$

$$M_1(A_{11}+B_{11})+2\bar{G}_1(A_{12}+B_{12})=0$$

通过以上 6 个等式可以建立关于上层系数向量 $\{\boldsymbol{C}_1\}$ 的方程组：

$$[\boldsymbol{K}]\{\boldsymbol{C}_1\}=\{\boldsymbol{P}\} \tag{6.1.16}$$

式中

$$[\boldsymbol{K}]=\begin{bmatrix} \frac{\bar{\mu}_1}{1-2\bar{\mu}_1}+\frac{c_1q_1^2}{s} & 0 & -1 & \frac{\bar{\mu}_1}{1-2\bar{\mu}_1}+\frac{c_1q_1^2}{s} & 0 & -1 \\ -\frac{2c_1q_1\xi}{s} & 0 & 2 & \frac{2c_1q_1\xi}{s} & 0 & -2 \\ M_1 & 2\bar{G}_1 & 0 & M_1 & 2\bar{G}_1 & 0 \\ D_{11} & D_{12} & D_{13} & D_{14} & D_{15} & D_{16} \\ D_{21} & D_{22} & D_{23} & D_{24} & D_{25} & D_{26} \\ D_{31} & D_{32} & D_{33} & D_{34} & D_{35} & D_{36} \end{bmatrix}$$

使用克拉默法则求解式(6.1.16)可以得到上层系数向量 $\{\boldsymbol{C}_1\}$ 的解，再利用式(6.1.15)可以求出下层系数向量 $\{\boldsymbol{C}_2\}$ 的解。

根据求解多层粘弹性体系中的式(6.1.10)写出双层粘弹性体系关于系数向量 $\{\boldsymbol{C}_1\}$ 的方程组：

$$[\boldsymbol{K}^*]\{\boldsymbol{C}_1\}=\{\boldsymbol{P}\} \tag{6.1.17}$$

式中

$$[\boldsymbol{K}^*]=\begin{bmatrix} \frac{\bar{\mu}_1}{1-2\bar{\mu}_1}+\frac{c_1q_1^2}{s} & 0 & -1 & \frac{\bar{\mu}_1}{1-2\bar{\mu}_1}+\frac{c_1q_1^2}{s} & 0 & -1 \\ -\frac{2c_1q_1\xi}{s} & 0 & 2 & \frac{2c_1q_1\xi}{s} & 0 & -2 \\ M_1 & 2\bar{G}_1 & 0 & M_1 & 2\bar{G}_1 & 0 \\ D_{11} & D_{12} & D_{13} & D_{14} & D_{15} & D_{16} \\ D_{21} & D_{22} & D_{23} & D_{24} & D_{25} & D_{26} \\ D_{31} & D_{32} & D_{33} & D_{34} & D_{35} & D_{36} \end{bmatrix}$$

可以发现，式(6.1.16)中矩阵 $[\boldsymbol{K}]$ 和式(6.1.17)中的矩阵 $[\boldsymbol{K}^*]$ 是相等的，因此，采用

求解双层粘弹性体系的第二种方法经过简化，可以得到与应用多层粘弹性体系的递推法相同的形式。由于边界条件和层间接触已经确定，所以在双层粘弹性体系中的两种方法必然得到相同的结果，可见，直接应用克拉默法则和应用多层粘弹性体系中的递推法求解双层粘弹性体系能得到相同的结果。

6.2　表面不排水条件下的多层粘弹性连续体系

利用边界条件求解第 1 层的 6 个系数。将饱和层状粘弹性体系的一般解代入上表面不排水的边界条件，可得

$$2\bar{G}_1\left[\left(\frac{\bar{\mu}_1}{1-2\bar{\mu}_1}+\frac{c_1q_1^2}{s}\right)(A_{11}+B_{11})-(A_{13}+B_{13})\right]=-\hat{\bar{p}}(\xi,s)$$

$$\bar{G}_1\left[-\frac{2c_1q_1\xi}{s}(A_{11}-B_{11})+2(A_{13}-B_{13})\right]=0$$

$$M_1q_1(A_{11}-B_{11})+2\bar{G}_1\xi(A_{12}-B_{12})=0 \tag{6.2.1}$$

联立式(6.2.1)和式(6.1.9)建立关于第 1 层系数的线性方程组，写成矩阵形式如下：

$$[\boldsymbol{K}]\{\boldsymbol{C}_1\}=\{\boldsymbol{P}\} \tag{6.2.2}$$

式中

$$\{\boldsymbol{C}_1\}=\begin{Bmatrix}A_{11}\\A_{12}\\A_{13}\\B_{11}\\B_{12}\\B_{13}\end{Bmatrix}$$

$$\{\boldsymbol{P}\}=\begin{Bmatrix}-\dfrac{\hat{\bar{p}}(\xi,s)}{2\hat{\bar{G}}_1}\\0\\0\\0\\0\\0\end{Bmatrix}$$

$$[\boldsymbol{K}]=\begin{bmatrix} \frac{\bar{\mu}_1}{1-2\bar{\mu}_1}+\frac{c_1q_1^2}{s} & 0 & -1 & \frac{\bar{\mu}_1}{1-2\bar{\mu}_1}+\frac{c_1q_1^2}{s} & 0 & -1 \\ -\frac{2c_1q_1\xi}{s} & 0 & 2 & \frac{2c_1q_1\xi}{s} & 0 & -2 \\ M_1q_1 & 2\bar{G}_1\xi & 0 & -M_1q_1 & -2\bar{G}_1\xi & 0 \\ D_{n11} & D_{n12} & D_{n13} & D_{n14} & D_{n15} & D_{n16} \\ D_{n21} & D_{n22} & D_{n23} & D_{n24} & D_{n25} & D_{n26} \\ D_{n31} & D_{n32} & D_{n33} & D_{n34} & D_{n35} & D_{n36} \end{bmatrix}$$

根据克拉默法则可以得到方程组(6.2.2)的解:

$$C_{1i}=\frac{|K_i|}{|K|}\quad (i=1,2,\cdots,6) \tag{6.2.3}$$

即

$$A_{11}=\frac{|K_1|}{|K|},A_{12}=\frac{|K_2|}{|K|},A_{13}=\frac{|K_3|}{|K|}$$

$$B_{11}=\frac{|K_4|}{|K|},B_{12}=\frac{|K_5|}{|K|},B_{13}=\frac{|K_6|}{|K|}$$

式中,C_{1i} 为向量$\{\boldsymbol{C}_1\}$的第 i 元素;$|K|$为矩阵$[\boldsymbol{K}]$的行列式;$|K_i|$为把矩阵$[\boldsymbol{K}]$中的第 i 列元素用向量$\{\boldsymbol{P}\}$代替后得到的行列式。

由此得到了第 1 层系数,再通过式(6.1.3)可以求出第 i 层的系数,即

$$\{\boldsymbol{C}_i\}=[\boldsymbol{D}_i]\{\boldsymbol{C}_1\}$$

则第 i 层的系数分别为

$$A_{i1}=D_{i11}A_{11}+D_{i12}A_{12}+D_{i13}A_{13}+D_{i14}B_{11}+D_{i15}B_{12}+D_{i16}B_{13}$$
$$A_{i2}=D_{i21}A_{11}+D_{i22}A_{12}+D_{i23}A_{13}+D_{i24}B_{11}+D_{i25}B_{12}+D_{i26}B_{13}$$
$$A_{i3}=D_{i31}A_{11}+D_{i32}A_{12}+D_{i33}A_{13}+D_{i34}B_{11}+D_{i35}B_{12}+D_{i36}B_{13}$$
$$B_{i1}=D_{i41}A_{11}+D_{i42}A_{12}+D_{i43}A_{13}+D_{i44}B_{11}+D_{i45}B_{12}+D_{i46}B_{13}$$
$$B_{i2}=D_{i51}A_{11}+D_{i52}A_{12}+D_{i53}A_{13}+D_{i54}B_{11}+D_{i55}B_{12}+D_{i56}B_{13}$$
$$B_{i3}=D_{i61}A_{11}+D_{i62}A_{12}+D_{i63}A_{13}+D_{i64}B_{11}+D_{i65}B_{12}+D_{i66}B_{13}$$

将式(6.2.3)代入上述公式得

$$A_{i1}=D_{i11}\frac{|K_1|}{|K|}+D_{i12}\frac{|K_2|}{|K|}+D_{i13}\frac{|K_3|}{|K|}+D_{i14}\frac{|K_4|}{|K|}+D_{i15}\frac{|K_5|}{|K|}+D_{i16}\frac{|K_6|}{|K|}$$

$$A_{i2}=D_{i21}\frac{|K_1|}{|K|}+D_{i22}\frac{|K_2|}{|K|}+D_{i23}\frac{|K_3|}{|K|}+D_{i24}\frac{|K_4|}{|K|}+D_{i25}\frac{|K_5|}{|K|}+D_{i26}\frac{|K_6|}{|K|}$$

$$A_{i3}=D_{i31}\frac{|K_1|}{|K|}+D_{i32}\frac{|K_2|}{|K|}+D_{i33}\frac{|K_3|}{|K|}+D_{i34}\frac{|K_4|}{|K|}+D_{i35}\frac{|K_5|}{|K|}+D_{i36}\frac{|K_6|}{|K|}$$

$$B_{i1}=D_{i41}\frac{|K_1|}{|K|}+D_{i42}\frac{|K_2|}{|K|}+D_{i43}\frac{|K_3|}{|K|}+D_{i44}\frac{|K_4|}{|K|}+D_{i45}\frac{|K_5|}{|K|}+D_{i46}\frac{|K_6|}{|K|}$$

$$B_{i2}=D_{i51}\frac{|K_1|}{|K|}+D_{i52}\frac{|K_2|}{|K|}+D_{i53}\frac{|K_3|}{|K|}+D_{i54}\frac{|K_4|}{|K|}+D_{i55}\frac{|K_5|}{|K|}+D_{i56}\frac{|K_6|}{|K|}$$

$$B_{i3}=D_{i61}\frac{|K_1|}{|K|}+D_{i62}\frac{|K_2|}{|K|}+D_{i63}\frac{|K_3|}{|K|}+D_{i64}\frac{|K_4|}{|K|}+D_{i65}\frac{|K_5|}{|K|}+D_{i66}\frac{|K_6|}{|K|}$$

6.3　表面排水条件下的多层粘弹性滑动体系的求解

多层粘弹性滑动体系中有一个或多个层间接触条件为完全滑动，其余层间接触条件为完全连续。完全滑动条件可以模拟相邻两层的材料参数相差很大，或者由于施工质量问题导致两层之间的结合程度不好，以及在旧的路面上加铺面层。

假设第 $k+1$ 层和第 k 层的层间接触条件为完全滑动，其他层间的接触条件为完全连续。根据完全滑动接触条件建立的第 $k+1$ 层的系数向量 $\{\boldsymbol{C}_{k+1}\}$ 与第 k 层的系数向量 $\{\boldsymbol{C}_k\}$ 的关系式，系数矩阵 $\boldsymbol{T}_{k+1}\{\boldsymbol{H}_k\}$ 和 $\boldsymbol{T}_k\{\boldsymbol{H}_k\}$ 中有一行的元素全部是 0，因此无法采用 6.1 节中的系数递推法。在本节中，利用第 $k+1$ 层和第 k 层的层间接触面可以将 n 层粘弹性体系分为两个部分：第一部分为第 1 层到第 k 层；第二部分为第 $k+1$ 层到第 n 层。求解思路为：首先，在这两个部分中分别利用层间接触的连续条件，使用系数递推法，建立第 1 层的系数向量 $\{\boldsymbol{C}_1\}$ 与第 k 层的系数向量 $\{\boldsymbol{C}_k\}$ 之间的关系，以及第 $k+1$ 层的系数向量 $\{\boldsymbol{C}_{k+1}\}$ 与第 n 层的系数向量 $\{\boldsymbol{C}_n\}$ 之间的关系。然后，利用滑动的层间接触条件可以建立 6 个方程，上表面处的边界条件可以建立 3 个方程，以及无穷远处的边界条件可以建立 3 个方程，这 12 个方程是关于第 1 层的系数向量 $\{\boldsymbol{C}_1\}$ 和第 n 层的系数向量 $\{\boldsymbol{C}_n\}$ 的方程，应用克拉默法则可以求出系数向量 $\{\boldsymbol{C}_1\}$ 和 $\{\boldsymbol{C}_n\}$。最后，利用系数递推法可以求出其他各层的系数向量 $\{\boldsymbol{C}_i\}$。

如果多层粘弹性体系中有两个层间接触条件为完全滑动，则将多层粘弹性体系分成三个部分，在每个部分内部使用系数递推法，将各层的系数向量用某一层的系数向量表示出来，再利用 3 个表面边界条件、3 个无穷远处的边界条件和 2 个层间完全滑动接触条件，一共可以建立 18 个方程，从而求出每部分所指定的系数向量，最后利用系数递推法求出其他层的系数向量。以此类推，可以建立含有两个以上完全滑动层间接触面的多层粘弹性体系的关于系数向量的方程组。

下面以多层粘弹性滑动体系只含有一个完全滑动层间接触面的情况为例进行求解，将饱和层状粘弹性体系的一般解代入层间滑动的接触条件，可得

$$\frac{c_{k+1}q_{k+1}}{s}(A_{k+11}\mathrm{e}^{q_{k+1}H_k}-B_{k+11}\mathrm{e}^{-q_{k+1}H_k})+\left[\left(H_k-\frac{1}{\xi}\right)A_{k+12}\mathrm{e}^{\xi H_k}+\left(H_k+\frac{1}{\xi}\right)B_{k+12}\mathrm{e}^{-\xi H_k}\right]+$$
$$\frac{1}{\xi}(-A_{k+13}\mathrm{e}^{\xi H_k}+B_{k+13}\mathrm{e}^{-\xi H_k})$$
$$=\frac{c_kq_k}{s}(A_{k1}\mathrm{e}^{q_kH_k}-B_{k1}\mathrm{e}^{-q_kH_k})+\left[\left(H_k-\frac{1}{\xi}\right)A_{k2}\mathrm{e}^{\xi H_k}+\left(H_k+\frac{1}{\xi}\right)B_{k2}\mathrm{e}^{-\xi H_k}\right]+\frac{1}{\xi}(-A_{k3}\mathrm{e}^{\xi H_k}+B_{k3}\mathrm{e}^{-\xi H_k})$$

$$2\overline{G}_{k+1}\left[\left(\frac{\overline{\mu}_{k+1}}{1-2\overline{\mu}_{k+1}}+\frac{c_{k+1}q_{k+1}^{\ 2}}{s}\right)(A_{k+11}\mathrm{e}^{q_{k+1}H_k}+B_{k+11}\mathrm{e}^{-q_{k+1}H_k})+H_k\xi(A_{k+12}\mathrm{e}^{\xi H_k}-B_{k+12}\mathrm{e}^{-\xi H_k})-\right.$$
$$\left.(A_{k+13}\mathrm{e}^{\xi H_k}+B_{k+13}\mathrm{e}^{-\xi H_k})\right]$$

$$=2\bar{G}_k\left[\left(\frac{\bar{\mu}_k}{1-2\bar{\mu}_k}+\frac{c_k q_k{}^2}{s}\right)(A_{k1}e^{q_kH_k}+B_{k1}e^{-q_kH_k})+H_k\xi(A_{k2}e^{\xi H_k}-B_{k2}e^{-\xi H_k})-(A_{k3}e^{\xi H_k}+B_{k3}e^{-\xi H_k})\right]$$

$$\bar{G}_{k+1}\left[-\frac{2c_{k+1}q_{k+1}\xi}{s}(A_{k+11}e^{q_{k+1}H_k}-B_{k+11}e^{-q_{k+1}H_k})-2H_k\xi(A_{k+12}e^{\xi H_k}+B_{k+12}e^{-\xi H_k})+2(A_{k+13}e^{\xi H_k}-B_{k+13}e^{-\xi H_k})\right]=0$$

$$\bar{G}_k\left[-\frac{2c_kq_k\xi}{s}(A_{k1}e^{q_kH_k}-B_{k1}e^{-q_kH_k})-2H_k\xi(A_{k2}e^{\xi H_k}+B_{k2}e^{-\xi H_k})+2(A_{k3}e^{\xi H_k}-B_{k3}e^{-\xi H_k})\right]=0$$

$$M_{k+1}(A_{k+11}e^{q_{k+1}H_k}+B_{k+11}e^{-q_{k+1}H_k})+2\bar{G}_{k+1}(A_{k+12}e^{\xi H_k}+B_{k+12}e^{-\xi H_k})$$
$$=M_k(A_{k1}e^{q_kH_k}+B_{k1}e^{-q_kH_k})+2\bar{G}_k(A_{k2}e^{\xi H_k}+B_{k2}e^{-\xi H_k})$$
$$-k'_{k+1}[M_{k+1}q_{k+1}(A_{k+11}e^{q_{k+1}H_k}-B_{k+11}e^{-q_{k+1}H_k})-2\bar{G}_{k+1}\xi(A_{k+12}e^{\xi H_k}-B_{k+12}e^{-\xi H_k}B)]$$
$$=-k'_k[M_kq_k(A_{k1}e^{q_kH_k}-B_{k1}e^{-q_kH_k})+2\bar{G}_k\xi(A_{k2}e^{\xi H_k}-B_{k2}e^{-\xi H_k})]$$

对以上公式进行整理,可以写成矩阵的形式:

$$[\boldsymbol{T}_{k+1}\{H_k\}]\{\boldsymbol{C}_{k+1}\}=[\boldsymbol{T}_k\{H_k\}]\{\boldsymbol{C}_k\} \tag{6.3.1}$$

式中

$$\{\boldsymbol{C}_{k+1}\}=\begin{Bmatrix}A_{k+11}\\A_{k+12}\\A_{k+13}\\B_{k+11}\\B_{k+12}\\B_{k+13}\end{Bmatrix}$$

$$\{\boldsymbol{C}_k\}=\begin{Bmatrix}A_{k1}\\A_{k2}\\A_{k3}\\B_{k1}\\B_{k2}\\B_{k3}\end{Bmatrix}$$

$$[\boldsymbol{T}_{k+1}\{H_k\}]=\left[\begin{matrix}\frac{c_{k+1}q_{k+1}}{s}e^{q_{k+1}H_k} & \left(H_k-\frac{1}{\xi}\right)e^{\xi H_k} & -\frac{1}{\xi}e^{\xi H_k}\\ 2\bar{G}_{k+1}\left(\frac{\bar{\mu}_{k+1}}{1-2\bar{\mu}_{k+1}}+\frac{c_{k+1}q_{k+1}{}^2}{s}\right)e^{q_{k+1}H_k} & 2\bar{G}_{k+1}H_k\xi e^{\xi H_k} & -2\bar{G}_{k+1}e^{\xi H_k}\\ -\bar{G}_{k+1}\frac{2c_{k+1}q_{k+1}\xi}{s}e^{q_{k+1}H_k} & -2\bar{G}_{k+1}H_k\xi e^{\xi H_k} & 2\bar{G}_{k+1}e^{\xi H_k}\\ 0 & 0 & 0\\ M_{k+1}e^{q_{k+1}H_k} & 2\bar{G}_{k+1}e^{\xi H_k} & 0\\ -k'_{k+1}M_{k+1}q_{k+1}e^{q_{k+1}H_k} & -2k'_{k+1}\bar{G}_{k+1}e^{\xi H_k}\xi & 0\end{matrix}\right.$$

$$
\left.\begin{array}{ccc}
-\dfrac{c_{k+1}q_{k+1}}{s}\mathrm{e}^{-q_{k+1}H_k} & \left(H_k+\dfrac{1}{\xi}\right)\mathrm{e}^{-\xi H_k} & \dfrac{1}{\xi}\mathrm{e}^{-\xi H_k} \\
2\bar{G}_{k+1}\left(\dfrac{\bar{\mu}_{k+1}}{1-2\bar{\mu}_{k+1}}+\dfrac{c_{k+1}q_{k+1}{}^2}{s}\right)\mathrm{e}^{-q_{k+1}H_k} & -2\bar{G}_{k+1}H_k\xi\mathrm{e}^{-\xi H_k} & -2\bar{G}_{k+1}\mathrm{e}^{-\xi H_k} \\
\bar{G}_{k+1}\dfrac{2c_{k+1}q_{k+1}\xi}{s}\mathrm{e}^{-q_{k+1}H_k} & -2\bar{G}_{k+1}H_k\xi\mathrm{e}^{-\xi H_k} & -2\bar{G}_{k+1}\mathrm{e}^{-\xi H_k} \\
0 & 0 & 0 \\
M_{k+1}\mathrm{e}^{-q_{k+1}H_k} & 2\bar{G}_{k+1}\mathrm{e}^{-\xi H_k} & 0 \\
k'_{k+1}M_{k+1}q_{k+1}\mathrm{e}^{-q_{k+1}H_k} & 2k'_{k+1}\bar{G}_{k+1}\xi\mathrm{e}^{-\xi H_k} & 0
\end{array}\right]
$$

$$
[\boldsymbol{T}_k\{H_k\}]=\left[\begin{array}{ccc}
\dfrac{c_kq_k}{s}\mathrm{e}^{q_kH_k} & \left(H_k-\dfrac{1}{\xi}\right)\mathrm{e}^{\xi H_k} & -\dfrac{1}{\xi}\mathrm{e}^{\xi H_k} \\
2\bar{G}_k\left(\dfrac{\bar{\mu}_k}{1-2\bar{\mu}_k}+\dfrac{c_kq_k{}^2}{s}\right)\mathrm{e}^{q_kH_k} & 2\bar{G}_kH_k\xi\mathrm{e}^{\xi H_k} & -2\bar{G}_k\mathrm{e}^{\xi H_k} \\
0 & 0 & 0 \\
-\bar{G}_k\dfrac{2c_kq_k\xi}{s}\mathrm{e}^{q_kH_k} & -2\bar{G}_kH_k\xi\mathrm{e}^{\xi H_k} & 2\bar{G}_k\mathrm{e}^{\xi H_k} \\
M_k\mathrm{e}^{q_kH_k} & 2\bar{G}_k\mathrm{e}^{\xi H_k} & 0 \\
-k'_kM_kq_k\mathrm{e}^{q_kH_k} & -2k'_k\bar{G}_k\mathrm{e}^{\xi H_k}\xi & 0
\end{array}\right.
$$

$$
\left.\begin{array}{ccc}
-\dfrac{c_kq_k}{s}\mathrm{e}^{-q_kH_k} & \left(H_k+\dfrac{1}{\xi}\right)\mathrm{e}^{k} & \dfrac{1}{\xi}\mathrm{e}^{-\xi H_k} \\
2\bar{G}_k\left(\dfrac{\bar{\mu}_k}{1-2\bar{\mu}_k}+\dfrac{c_kq_k{}^2}{s}\right)\mathrm{e}^{-q_kH_k} & -2\bar{G}_kH_k\xi\mathrm{e}^{-\xi H_k} & -2\bar{G}_k\mathrm{e}^{-\xi H_k} \\
0 & 0 & 0 \\
\bar{G}_k\dfrac{2c_kq_k\xi}{s}\mathrm{e}^{-q_kH_k} & -2\bar{G}_kH_k\xi\mathrm{e}^{-\xi H_k} & -2\bar{G}_k\mathrm{e}^{-\xi H_k} \\
M_k\mathrm{e}^{-q_kH_k} & 2\bar{G}_k\mathrm{e}^{-\xi H_k} & 0 \\
k'_kM_kq_k\mathrm{e}^{-q_kH_k} & 2k'_k\bar{G}_k\xi\mathrm{e}^{-\xi H_k} & 0
\end{array}\right]
$$

利用 6.1 节中的系数向量之间的递推关系，可以得到第 $k+1$ 层和第 k 层的系数向量的表达式：

$$
\begin{aligned}
\{\boldsymbol{C}_{k+1}\}&=[\boldsymbol{T}_{k+1}(H_{k+1})]^{-1}[\boldsymbol{T}_{k+2}(H_{k+1})]\{\boldsymbol{C}_{k+2}\}\cdots\\
&=[\boldsymbol{T}_{k+1}(H_{k+1})]^{-1}[\boldsymbol{T}_{k+2}(H_{k+1})]\cdots[\boldsymbol{T}_{n-1}(H_{n-1})]^{-1}[\boldsymbol{T}_n(H_{n-1})]\{\boldsymbol{C}_n\}\\
\{\boldsymbol{C}_k\}&=[\boldsymbol{T}_k(H_{k-1})]^{-1}[\boldsymbol{T}_{k-1}(H_{k-1})]\{\boldsymbol{C}_{k-1}\}\cdots\\
&=[\boldsymbol{T}_k(H_{k-1})]^{-1}[\boldsymbol{T}_{k-1}(H_{k-1})]\cdots[\boldsymbol{T}_2(H_1)]^{-1}[\boldsymbol{T}_1(H_1)]\{\boldsymbol{C}_1\}
\end{aligned}
$$

将上两式代入式(6.3.1)，可得

$$[\boldsymbol{T}_k\{H_k\}][\boldsymbol{T}_k(H_{k-1})]^{-1}[\boldsymbol{T}_{k-1}(H_{k-1})]\cdots[\boldsymbol{T}_2(H_1)]^{-1}[\boldsymbol{T}_1(H_1)]\{\boldsymbol{C}_1\}$$
$$=[\boldsymbol{T}_{k+1}\{H_k\}][\boldsymbol{T}_{k+1}(H_{k+1})]^{-1}[\boldsymbol{T}_{k+2}(H_{k+1})]\cdots[\boldsymbol{T}_{n-1}(H_{n-1})]^{-1}[\boldsymbol{T}_n(H_{n-1})]\{\boldsymbol{C}_n\}$$

将上式简化可得

$$[\boldsymbol{D}^1]\{\boldsymbol{C}_1\}=[\boldsymbol{D}^n]\{\boldsymbol{C}_n\} \tag{6.3.2}$$

式中

$$[\boldsymbol{D}^1]=[\boldsymbol{T}_k\{H_k\}][\boldsymbol{T}_k(H_{k-1})]^{-1}[\boldsymbol{T}_{k-1}(H_{k-1})]\cdots[\boldsymbol{T}_2(H_1)]^{-1}[\boldsymbol{T}_1(H_1)]$$
$$[\boldsymbol{D}^n]=[\boldsymbol{T}_{k+1}\{H_k\}][\boldsymbol{T}_{k+1}(H_{k+1})]^{-1}[\boldsymbol{T}_{k+2}(H_{k+1})]\cdots[\boldsymbol{T}_{n-1}(H_{n-1})]^{-1}[\boldsymbol{T}_n(H_{n-1})]$$

将饱和层状粘弹性体系的一般解代入上表面排水的边界条件,可得

$$\left(\frac{\bar{\mu}_1}{1-2\bar{\mu}_1}+\frac{c_1q_1^2}{s}\right)(A_{11}+B_{11})-(A_{13}+B_{13})=\frac{-\hat{\bar{p}}(\xi,s)}{2\bar{G}_1} \tag{6.3.3}$$

$$-\frac{2c_1q_1\xi}{s}(A_{11}-B_{11})+2(A_{13}-B_{13})=0 \tag{6.3.4}$$

$$M_1(A_{11}+B_{11})+2\bar{G}_1(A_{12}+B_{12})=0 \tag{6.3.5}$$

利用无穷远处的边界条件可得

$$\begin{Bmatrix}A_{n1}\\A_{n2}\\A_{n3}\end{Bmatrix}=\begin{Bmatrix}0\\0\\0\end{Bmatrix} \tag{6.3.6}$$

联立式(6.3.2)~式(6.3.6),可以建立系数向量$\{\boldsymbol{C}_1\}$和$\{\boldsymbol{C}_n\}$的线性方程组:

$$[\boldsymbol{D}]\{\boldsymbol{C}\}=\{\boldsymbol{P}\} \tag{6.3.7}$$

式中

$$\{\boldsymbol{C}\}=\begin{Bmatrix}A_{11}\\A_{12}\\A_{13}\\B_{11}\\B_{12}\\B_{13}\\A_{n1}\\A_{n2}\\A_{n3}\\B_{n1}\\B_{n2}\\B_{n3}\end{Bmatrix}$$

$$
\{\boldsymbol{P}\}=\begin{Bmatrix} 0 \\ 0 \\ 0 \\ 0 \\ 0 \\ 0 \\ -\dfrac{\hat{\bar{p}}(\xi,s)}{2\bar{G}_1} \\ 0 \\ 0 \\ 0 \\ 0 \\ 0 \end{Bmatrix}
$$

$$
[\boldsymbol{D}]=\begin{bmatrix}
D_{11}^1 & D_{12}^1 & D_{13}^1 & D_{14}^1 & D_{15}^1 & D_{16}^1 & -D_{11}^n & -D_{12}^n & -D_{13}^n & -D_{14}^n & -D_{15}^n & -D_{16}^n \\
D_{21}^1 & D_{22}^1 & D_{23}^1 & D_{24}^1 & D_{25}^1 & D_{26}^1 & -D_{21}^n & -D_{22}^n & -D_{23}^n & -D_{24}^n & -D_{25}^n & -D_{26}^n \\
D_{31}^1 & D_{32}^1 & D_{33}^1 & D_{34}^1 & D_{35}^1 & D_{36}^1 & -D_{31}^n & -D_{32}^n & -D_{33}^n & -D_{34}^n & -D_{35}^n & -D_{36}^n \\
D_{41}^1 & D_{42}^1 & D_{43}^1 & D_{44}^1 & D_{45}^1 & D_{46}^1 & -D_{41}^n & -D_{42}^n & -D_{43}^n & -D_{44}^n & -D_{45}^n & -D_{46}^n \\
D_{51}^1 & D_{52}^1 & D_{53}^1 & D_{54}^1 & D_{55}^1 & D_{56}^1 & -D_{51}^n & -D_{52}^n & -D_{53}^n & -D_{54}^n & -D_{55}^n & -D_{56}^n \\
D_{61}^1 & D_{62}^1 & D_{63}^1 & D_{64}^1 & D_{65}^1 & D_{66}^1 & -D_{61}^n & -D_{62}^n & -D_{63}^n & -D_{64}^n & -D_{65}^n & -D_{66}^n \\
\dfrac{\bar{\mu}_1}{1-2\bar{\mu}_1}+\dfrac{c_1q_1^2}{s} & 0 & -1 & \dfrac{\bar{\mu}_1}{1-2\bar{\mu}_1}+\dfrac{c_1q_1^2}{s} & 0 & -1 & 0 & 0 & 0 & 0 & 0 & 0 \\
-\dfrac{2c_1q_1\xi}{s} & 0 & 2 & \dfrac{2c_1q_1\xi}{s} & 0 & -2 & 0 & 0 & 0 & 0 & 0 & 0 \\
M_1 & 2\bar{G}_1 & 0 & M_1 & 2\bar{G}_1 & 0 & 0 & 0 & 0 & 0 & 0 & 0 \\
0 & 0 & 0 & 0 & 0 & 0 & 1 & 0 & 0 & 0 & 0 & 0 \\
0 & 0 & 0 & 0 & 0 & 0 & 0 & 1 & 0 & 0 & 0 & 0 \\
0 & 0 & 0 & 0 & 0 & 0 & 0 & 0 & 1 & 0 & 0 & 0
\end{bmatrix}
$$

根据克拉默法则可以得到方程组(6.3.7)的解：

$$
C_i=\frac{|D_i|}{|D|}\quad (i=1,2,\cdots,12) \tag{6.3.8}
$$

即

$$
A_{11}=\frac{|D_1|}{|D|},A_{12}=\frac{|D_2|}{|D|},A_{13}=\frac{|D_3|}{|D|}
$$

$$
B_{11}=\frac{|D_4|}{|D|},B_{12}=\frac{|D_5|}{|D|},B_{13}=\frac{|D_6|}{|D|}
$$

$$A_{n1}=\frac{|D_7|}{|D|}=0, A_{n2}=\frac{|D_8|}{|D|}=0, A_{n3}=\frac{|D_9|}{|D|}=0$$

$$B_{n1}=\frac{|D_{10}|}{|D|}, B_{n2}=\frac{|D_{11}|}{|D|}, B_{n3}=\frac{|D_{12}|}{|D|}$$

式中 C_i——向量$\{\boldsymbol{C}\}$的第 i 元素；

$|D|$——矩阵$[\boldsymbol{D}]$的行列式；

$|D_i|$——把矩阵$[\boldsymbol{D}]$中的第 i 列元素用向量$\{\boldsymbol{P}\}$代替后得到的行列式，例如：

$$[\boldsymbol{D}_1]=\begin{bmatrix}
0 & D_{12}^1 & D_{13}^1 & D_{14}^1 & D_{15}^1 & D_{16}^1 & -D_{11}^n & -D_{12}^n & -D_{13}^n & -D_{14}^n & -D_{15}^n & -D_{16}^n \\
0 & D_{22}^1 & D_{23}^1 & D_{24}^1 & D_{25}^1 & D_{26}^1 & -D_{21}^n & -D_{22}^n & -D_{23}^n & -D_{24}^n & -D_{25}^n & -D_{26}^n \\
0 & D_{32}^1 & D_{33}^1 & D_{34}^1 & D_{35}^1 & D_{36}^1 & -D_{31}^n & -D_{32}^n & -D_{33}^n & -D_{34}^n & -D_{35}^n & -D_{36}^n \\
0 & D_{42}^1 & D_{43}^1 & D_{44}^1 & D_{45}^1 & D_{46}^1 & -D_{41}^n & -D_{42}^n & -D_{43}^n & -D_{44}^n & -D_{45}^n & -D_{46}^n \\
0 & D_{52}^1 & D_{53}^1 & D_{54}^1 & D_{55}^1 & D_{56}^1 & -D_{51}^n & -D_{52}^n & -D_{53}^n & -D_{54}^n & -D_{55}^n & -D_{56}^n \\
0 & D_{62}^1 & D_{63}^1 & D_{64}^1 & D_{65}^1 & D_{66}^1 & -D_{61}^n & -D_{62}^n & -D_{63}^n & -D_{64}^n & -D_{65}^n & -D_{66}^n \\
\frac{-\hat{\bar{p}}(\xi,s)}{2\bar{G}_1} & 0 & -1 & \frac{\bar{\mu}_1}{1-2\bar{\mu}_1}+\frac{c_1q_1^2}{s} & 0 & -1 & 0 & 0 & 0 & 0 & 0 & 0 \\
0 & 0 & 2 & \frac{2c_1q_1\xi}{s} & 0 & -2 & 0 & 0 & 0 & 0 & 0 & 0 \\
0 & 2\bar{G}_1 & 0 & M_1 & 2\bar{G}_1 & 0 & 0 & 0 & 0 & 0 & 0 & 0 \\
0 & 0 & 0 & 0 & 0 & 0 & 1 & 0 & 0 & 0 & 0 & 0 \\
0 & 0 & 0 & 0 & 0 & 0 & 0 & 1 & 0 & 0 & 0 & 0 \\
0 & 0 & 0 & 0 & 0 & 0 & 0 & 0 & 1 & 0 & 0 & 0
\end{bmatrix}$$

再通过系数向量的递推关系，可以得到任意层的系数，从而得到任意层的位移、应力和应变的表达式。

6.4 古德曼模型在饱和多层粘弹性体系中的应用

设第 i 层和第 $i+1$ 层的层间接触为完全连续，第 k 层和第 $k+1$ 层的层间接触为相对滑动，采用古德曼模型进行描述，将一般解代入层间接触条件，矩阵形式如下：

$$[\boldsymbol{T}_{i+1}(H_i)]\{\boldsymbol{C}_{i+1}\}=[\boldsymbol{T}_i(H_i)]\{\boldsymbol{C}_i\} \tag{6.4.1}$$

$$[\boldsymbol{T}_{k+1}\{H_k\}]\{\boldsymbol{C}_{k+1}\}=[\boldsymbol{T}_k\{H_k\}]\{\boldsymbol{C}_k\} \tag{6.4.2}$$

式中

$$\{\boldsymbol{C}_i\}=\begin{Bmatrix}A_{i1}\\A_{i2}\\A_{i3}\\B_{i1}\\B_{i2}\\B_{i3}\end{Bmatrix}$$

$$\{\boldsymbol{C}_{i+1}\}=\begin{Bmatrix}A_{i+11}\\A_{i+12}\\A_{i+13}\\B_{i+11}\\B_{i+12}\\B_{i+13}\end{Bmatrix}$$

$$[\boldsymbol{T}_{i+1}(H_i)]=\begin{bmatrix}
-\dfrac{c_{i+1}\xi}{s}e^{q_{i+1}H_i} & -H_ie^{\xi H_i} & \dfrac{1}{\xi}e^{\xi H_i} & -\dfrac{c_{i+1}\xi}{s}e^{-q_{i+1}H_i} & H_ie^{-\xi H_i} & \dfrac{1}{\xi}e^{-\xi H_i}\\
\dfrac{c_{i+1}q_{i+1}}{s}e^{q_{i+1}H_i} & \left(H_i-\dfrac{1}{\xi}\right)e^{\xi H_i} & -\dfrac{1}{\xi}e^{\xi H_i} & -\dfrac{c_{i+1}q_{i+1}}{s}e^{-q_{i+1}H_i} & \left(H_i+\dfrac{1}{\xi}\right)e^{-\xi H_i} & \dfrac{1}{\xi}e^{-\xi H_i}\\
2\overline{G}_{i+1}\left(\dfrac{\overline{\mu}_{i+1}}{1-2\overline{\mu}_{i+1}}+\dfrac{c_{i+1}q_{i+1}{}^2}{s}\right)e^{q_{i+1}H_i} & 2\overline{G}_{i+1}H_i\xi e^{\xi H_i} & -2\overline{G}_{i+1}e^{\xi H_i} & 2\overline{G}_{i+1}\left(\dfrac{\overline{\mu}_{i+1}}{1-2\overline{\mu}_{i+1}}+\dfrac{c_{i+1}q_{i+1}{}^2}{s}\right)e^{-q_{i+1}H_i} & -2\overline{G}_{i+1}H_i\xi e^{-\xi H_i} & -2\overline{G}_{i+1}e^{-\xi H_i}\\
-\overline{G}_{i+1}\dfrac{2c_{i+1}q_{i+1}\xi}{s}e^{q_{i+1}H_i} & -2\overline{G}_{i+1}H_i\xi e^{\xi H_i} & 2\overline{G}_{i+1}e^{\xi H_i} & \overline{G}_{i+1}\dfrac{2c_{i+1}q_{i+1}\xi}{s}e^{-q_{i+1}H_i} & -2\overline{G}_{i+1}H_i\xi e^{-\xi H_i} & -2\overline{G}_{i+1}e^{-\xi H_i}\\
M_{i+1}e^{q_{i+1}H_i} & 2\overline{G}_{i+1}e^{\xi H_i} & 0 & M_{i+1}e^{-q_{i+1}H_i} & 2\overline{G}_{i+1}e^{-\xi H_i} & 0\\
-k'_{i+1}M_{i+1}q_{i+1}e^{q_{i+1}H_i} & -2k'_{i+1}\overline{G}_{i+1}e^{\xi H_i}\xi & 0 & k'_{i+1}M_{i+1}q_{i+1}e^{-q_{i+1}H_i} & 2k'_{i+1}\overline{G}_{i+1}\xi e^{-\xi H_i} & 0
\end{bmatrix}$$

$$
[\boldsymbol{T}_i(H_i)]=\begin{bmatrix}
-\dfrac{c_i\xi}{s}e^{q_iH_i} & -H_ie^{\xi H_i} & \dfrac{1}{\xi}e^{\xi H_i} & -\dfrac{c_i\xi}{s}e^{-q_iH_i} & H_ie^{-\xi H_i} & \dfrac{1}{\xi}e^{-\xi H_i} \\
\dfrac{c_iq_i}{s}e^{q_iH_i} & \left(H_i-\dfrac{1}{\xi}\right)e^{\xi H_i} & -\dfrac{1}{\xi}e^{\xi H_i} & -\dfrac{c_iq_i}{s}e^{-q_iH_i} & \left(H_i+\dfrac{1}{\xi}\right)e^{-\xi H_i} & \dfrac{1}{\xi}e^{-\xi H_i} \\
2\overline{G}_i\left(\dfrac{\overline{\mu}_i}{1-2\overline{\mu}_i}+\dfrac{c_iq_i^2}{s}\right)e^{q_iH_i} & 2\overline{G}_iH_i\xi e^{\xi H_i} & -2\overline{G}_ie^{\xi H_i} & 2\overline{G}_i\left(\dfrac{\overline{\mu}_i}{1-2\overline{\mu}_i}+\dfrac{c_iq_i^2}{s}\right)e^{-q_iH_i} & -2\overline{G}_iH_i\xi e^{-\xi H_i} & -2\overline{G}_ie^{-\xi H_i} \\
-\overline{G}_i\dfrac{2c_iq_i\xi}{s}e^{q_iH_i} & -2\overline{G}_iH_i\xi e^{\xi H_i} & 2\overline{G}_ie^{\xi H_i} & \overline{G}_i\dfrac{2c_iq_i\xi}{s}e^{-q_iH_i} & -2\overline{G}_iH_i\xi e^{-\xi H_i} & -2\overline{G}_ie^{-\xi H_i} \\
M_ie^{q_iH_i} & 2\overline{G}_ie^{\xi H_i} & 0 & M_ie^{-q_iH_i} & 2\overline{G}_ie^{-\xi H_i} & 0 \\
-k_i'M_iq_ie^{q_iH_i} & -2k_i'\overline{G}_ie^{\xi H_i}\xi & 0 & k_i'M_iq_ie^{-q_iH_i} & 2k_i'\overline{G}_i\xi e^{-\xi H_i} & 0
\end{bmatrix}
$$

$$
[\boldsymbol{T}_k\{H_k\}]=\left[\begin{matrix}
-\dfrac{Kc_k\xi}{s}e^{q_kH_k} & -KH_ke^{\xi H_k} & \dfrac{K}{\xi}e^{\xi H_k} \\
\dfrac{c_kq_k}{s}e^{q_kH_k} & \left(H_k-\dfrac{1}{\xi}\right)e^{\xi H_k} & -\dfrac{1}{\xi}e^{\xi H_k} \\
2\overline{G}_k\left(\dfrac{\overline{\mu}_k}{1-2\overline{\mu}_k}+\dfrac{c_kq_k^2}{s}\right)e^{q_kH_k} & 2\overline{G}_kH_k\xi e^{\xi H_k} & -2\overline{G}_ke^{\xi H_k} \\
-\overline{G}_k\dfrac{2c_kq_k\xi}{s}e^{q_kH_k} & -2\overline{G}_kH_k\xi e^{\xi H_k} & 2\overline{G}_ke^{\xi H_k} \\
M_ke^{q_kH_k} & 2\overline{G}_ke^{\xi H_k} & 0 \\
-k_k'M_kq_ke^{q_kH_k} & -2k_k'\overline{G}_ke^{\xi H_k}\xi & 0
\end{matrix}\right.
$$

$$
\left.\begin{matrix}
-\dfrac{Kc_k\xi}{s}e^{-q_kH_k} & KH_k e^{-\xi H_k} & \dfrac{K}{\xi}e^{-\xi H_k} \\
-\dfrac{c_kq_k}{s}e^{-q_kH_k} & \left(H_k+\dfrac{1}{\xi}\right)e^{-\xi H_k} & \dfrac{1}{\xi}e^{-\xi H_k} \\
2\bar{G}_k\left(\dfrac{\bar{\mu}_k}{1-2\bar{\mu}_k}+\dfrac{c_kq_k^{\ 2}}{s}\right)e^{-q_kH_k} & -2\bar{G}_kH_k\xi e^{-\xi H_k} & -2\bar{G}_k e^{-\xi H_k} \\
\bar{G}_k\dfrac{2c_kq_k\xi}{s}e^{-q_kH_k} & -2\bar{G}_kH_k\xi e^{-\xi H_k} & -2\bar{G}_k e^{-\xi H_k} \\
M_k e^{-q_kH_k} & 2\bar{G}_k e^{-\xi H_k} & 0 \\
k'_kM_kq_k e^{-q_kH_k} & 2k'_k\bar{G}_k\xi e^{-\xi H_k} & 0
\end{matrix}\right]
$$

$$
[\boldsymbol{T}_{k+1}\{H_k\}]=\left[\begin{matrix}
\left(-\dfrac{Kc_{k+1}\xi}{s}+\bar{G}_{k+1}\dfrac{2c_{k+1}q_{k+1}\xi}{s}\right)e^{q_{k+1}H_k} & (-KH_k+2\bar{G}_{k+1}H_k\xi)e^{\xi H_k} & \left(\dfrac{K}{\xi}-2\bar{G}_{k+1}\right)e^{\xi H_k} \\
\dfrac{c_{k+1}q_{k+1}}{s}e^{q_{k+1}H_k} & \left(H_k-\dfrac{1}{\xi}\right)e^{\xi H_k} & -\dfrac{1}{\xi}e^{\xi H_k} \\
2\bar{G}_{k+1}\left(\dfrac{\bar{\mu}_{k+1}}{1-2\bar{\mu}_{k+1}}+\dfrac{c_{k+1}q_{k+1}^{\ 2}}{s}\right)e^{q_{k+1}H_k} & 2\bar{G}_{k+1}H_k\xi e^{\xi H_k} & -2\bar{G}_{k+1}e^{\xi H_k} \\
-\bar{G}_{k+1}\dfrac{2c_{k+1}q_{k+1}\xi}{s}e^{q_kH_k} & -2\bar{G}_{k+1}H_k\xi e^{\xi H_k} & 2\bar{G}_{k+1}e^{\xi H_k} \\
M_{k+1}e^{q_{k+1}H_k} & 2\bar{G}_{k+1}e^{\xi H_k} & 0 \\
-k'_{k+1}M_{k+1}q_{k+1}e^{q_{k+1}H_k} & -2k'_{k+1}\bar{G}_{k+1}e^{\xi H_k}\xi & 0
\end{matrix}\right.
$$

$$
\left.\begin{matrix}
\left(-\dfrac{Kc_{k+1}\xi}{s}-\bar{G}_{k+1}\dfrac{2c_{k+1}q_{k+1}\xi}{s}\right)e^{-q_{k+1}H_k} & (KH_k+2\bar{G}_{k+1}H_k\xi)e^{-\xi H_k} & \left(\dfrac{K}{\xi}+2\bar{G}_{k+1}\right)e^{-\xi H_k} \\
-\dfrac{c_{k+1}q_{k+1}}{s}e^{-q_{k+1}H_k} & \left(H_k+\dfrac{1}{\xi}\right)e^{-\xi H_k} & \dfrac{1}{\xi}e^{-\xi H_k} \\
2\bar{G}_{k+1}\left(\dfrac{\bar{\mu}_{k+1}}{1-2\bar{\mu}_{k+1}}+\dfrac{c_{k+1}q_{k+1}^{\ 2}}{s}\right)e^{-q_{k+1}H_k} & -2\bar{G}_{k+1}H_k\xi e^{-\xi H_k} & -2\bar{G}_{k+1}e^{-\xi H_k} \\
\bar{G}_{k+1}\dfrac{2c_{k+1}q_{k+1}\xi}{s}e^{-q_{k+1}H_k} & -2\bar{G}_{k+1}H_k\xi e^{-\xi H_k} & -2\bar{G}_{k+1}e^{-\xi H_k} \\
M_{k+1}e^{-q_{k+1}H_k} & 2\bar{G}_{k+1}e^{-\xi H_k} & 0 \\
k'_{k+1}M_{k+1}q_{k+1}e^{-q_{k+1}H_k} & 2k'_{k+1}\bar{G}_{k+1}\xi e^{-\xi H_k} & 0
\end{matrix}\right]
$$

由式(6.4.1)和式(6.4.2)可知下层的系数向量可用上层的系数向量表示,通过这个递推关系,可将第 $i+1$ 层的系数向量用第 1 层的系数向量表示,可表示为

$$\{\boldsymbol{C}_{i+1}\}=[\boldsymbol{D}_{i+1}]\{\boldsymbol{C}_1\} \tag{6.4.3}$$

式中,当第 1 层到第 $i+1$ 层中不包括相对滑动层间接触条件时,$[\boldsymbol{D}_{i+1}]$ 可表示为

$$[\boldsymbol{D}_{i+1}]=[\boldsymbol{T}_{i+1}(H_i)]^{-1}[\boldsymbol{T}_i(H_i)][\boldsymbol{T}_i(H_{i-1})]^{-1}[\boldsymbol{T}_{i-1}(H_{i-1})]\cdots[\boldsymbol{T}_2(H_1)]^{-1}[\boldsymbol{T}_1(H_1)]$$

当第 1 层到第 $i+1$ 层中包括相对滑动层间接触条件时，即第 k 层和第 $k+1$ 层的层间接触为相对滑动，$[\boldsymbol{D}_{i+1}]$ 可表示为

$$[\boldsymbol{D}_{i+1}]=[\boldsymbol{T}_{i+1}(H_i)]^{-1}[\boldsymbol{T}_i(H_i)]\cdots[\boldsymbol{T}_{k+1}\{H_k\}]^{-1}[\boldsymbol{T}_k\{H_k\}]\cdots[\boldsymbol{T}_2(H_1)]^{-1}[\boldsymbol{T}_1(H_1)]$$

利用边界条件可求解第 1 层的系数向量，将一般解代入排水的边界条件，可得

$$2\overline{G}_1\left[\left(\frac{\overline{\mu}_1}{1-2\overline{\mu}_1}+\frac{c_1q_1^2}{s}\right)(A_{11}+B_{11})-(A_{13}+B_{13})\right]=-\hat{\overline{p}}(\xi,s)$$

$$\overline{G}_1\left[-\frac{2c_1q_1\xi}{s}(A_{11}-B_{11})+2(A_{13}-B_{13})\right]=0$$

$$M_1(A_{11}+B_{11})+2\overline{G}_1(A_{12}+B_{12})=0$$

在第 n 层中，当 $z\to\infty$ 时，所有的应力和位移分量都趋于零，显然一般解中含有 e^{qz}、$\mathrm{e}^{\xi z}$ 项，这与边界条件不符，所以有

$$\begin{Bmatrix}A_{n1}\\A_{n2}\\A_{n3}\end{Bmatrix}=\begin{Bmatrix}0\\0\\0\end{Bmatrix}$$

第 n 层的系数向量用第 1 层表示为

$$\{\boldsymbol{C}_n\}=[\boldsymbol{D}_n]\{\boldsymbol{C}_1\}$$

将上式展开，利用无穷远处的边界条件可得

$$D_{n11}A_{11}+D_{n12}A_{12}+D_{n13}A_{13}+D_{n14}B_{11}+D_{n15}B_{12}+D_{n16}B_{13}=0$$

$$D_{n21}A_{11}+D_{n22}A_{12}+D_{n23}A_{13}+D_{n24}B_{11}+D_{n25}B_{12}+D_{n26}B_{13}=0$$

$$D_{n31}A_{11}+D_{n32}A_{12}+D_{n33}A_{13}+D_{n34}B_{11}+D_{n35}B_{12}+D_{n36}B_{13}=0$$

通过上表面和无穷远处的边界条件建立了 6 个方程，因此得到关于第 1 层系数的线性方程组，矩阵形式如下：

$$[\boldsymbol{K}]\{\boldsymbol{C}_1\}=\{\boldsymbol{P}\}$$

式中

$$\{\boldsymbol{C}_1\}=\begin{Bmatrix}A_{11}\\A_{12}\\A_{13}\\B_{11}\\B_{12}\\B_{13}\end{Bmatrix}$$

$$\{\boldsymbol{P}\}=\begin{Bmatrix} -\dfrac{\hat{\bar{p}}(\xi,s)}{2\bar{G}_1} \\ 0 \\ 0 \\ 0 \\ 0 \\ 0 \end{Bmatrix}$$

$$[\boldsymbol{K}]=\begin{bmatrix} \dfrac{\bar{\mu}_1}{1-2\bar{\mu}_1}+\dfrac{c_1q_1^2}{s} & 0 & -1 & \dfrac{\bar{\mu}_1}{1-2\bar{\mu}_1}+\dfrac{c_1q_1^2}{s} & 0 & -1 \\ -\dfrac{2c_1q_1\xi}{s} & 0 & 2 & \dfrac{2c_1q_1\xi}{s} & 0 & -2 \\ M_1 & 2\bar{G}_1 & 0 & M_1 & 2\bar{G}_1 & 0 \\ D_{n11} & D_{n12} & D_{n13} & D_{n14} & D_{n15} & D_{n16} \\ D_{n21} & D_{n22} & D_{n23} & D_{n24} & D_{n25} & D_{n26} \\ D_{n31} & D_{n32} & D_{n33} & D_{n34} & D_{n35} & D_{n36} \end{bmatrix}$$

根据克拉默法则可以得到方程组的解：

$$C_{1j}=\frac{|K_j|}{|K|}\quad (j=1,2,\cdots,6)$$

式中　$\boldsymbol{C}_{1j}$——向量$\{\boldsymbol{C}_1\}$的第 j 元素；

$|K|$——矩阵$[\boldsymbol{K}]$的行列式；

$|K_j|$——把矩阵$[\boldsymbol{K}]$中的第 j 列元素用向量$\{\boldsymbol{P}\}$代替后得到的行列式，例如：

$$[\boldsymbol{K}_1]=\begin{bmatrix} -\dfrac{\hat{\bar{p}}(\xi,s)}{2\bar{G}_1} & 0 & -1 & \dfrac{\bar{\mu}_1}{1-2\bar{\mu}_1}+\dfrac{c_1q_1^2}{s} & 0 & -1 \\ 0 & 0 & 2 & \dfrac{2c_1q_1\xi}{s} & 0 & -2 \\ 0 & 2\bar{G}_1 & 0 & M_1 & 2\bar{G}_1 & 0 \\ 0 & D_{n12} & D_{n13} & D_{n14} & D_{n15} & D_{n16} \\ 0 & D_{n22} & D_{n23} & D_{n24} & D_{n25} & D_{n26} \\ 0 & D_{n32} & D_{n33} & D_{n34} & D_{n35} & D_{n36} \end{bmatrix}$$

由此得到了第 1 层系数向量的解，再通过系数向量的递推关系，可得任意层的系数向量，从而得到任意层的积分空间中的应力、位移和超孔隙水压力的表达式。

第 7 章　刚度矩阵法

刚度矩阵法的基本概念来源于有限元法。饱和沥青路面假设为饱和多层粘弹性体系，可以将每一层视为一个单元，利用饱和粘弹性体系的一般解建立层间接触面上位移与应力之间的关系，从而建立单元刚度方程，得到单元刚度矩阵，然后按照传统的有限元方法集成总体刚度矩阵，建立整体刚度方程。在数学上，整体刚度方程是一个非齐次线性方程组，未知量是各层间接触面上的位移。通过求解非齐次线性方程组，可得出位移的表达式，再代入单元刚度方程中，求解出层间接触面上应力的表达式。利用层间接触面上应力和位移的表达式，可以求出各层系数的表达式，从而求解出各层应力和位移的解析解。

7.1　单元刚度矩阵

采用积分变换法，推导出饱和层状粘弹性体系的一般解：

$$\hat{\bar{\sigma}}'_{z0}(\xi,z,s)=2\bar{G}\left[\left(\frac{\bar{\mu}}{1-2\bar{\mu}}+\frac{cq^2}{s}\right)(A_1\mathrm{e}^{qz}+B_1\mathrm{e}^{-qz})+z\xi(A_2\mathrm{e}^{\xi z}-B_2\mathrm{e}^{-\xi z})-(A_3\mathrm{e}^{\xi z}+B_3\mathrm{e}^{-\xi z})\right] \tag{7.1.1}$$

$$\hat{\bar{\tau}}_{rz1}(\xi,z,s)=\bar{G}\left[-\frac{2cq\xi}{s}(A_1\mathrm{e}^{qz}-B_1\mathrm{e}^{-qz})-2z\xi(A_2\mathrm{e}^{\xi z}+B_2\mathrm{e}^{-\xi z})+2(A_3\mathrm{e}^{\xi z}-B_3\mathrm{e}^{-\xi z})\right] \tag{7.1.2}$$

$$\hat{\bar{\sigma}}_0(\xi,z,s)=M(A_1\mathrm{e}^{qz}+B_1\mathrm{e}^{-qz})+2\bar{G}(A_2\mathrm{e}^{\xi z}+B_2\mathrm{e}^{-\xi z}) \tag{7.1.3}$$

$$\hat{\bar{u}}_1(\xi,z,s)=-\frac{c\xi}{s}(A_1\mathrm{e}^{qz}+B_1\mathrm{e}^{-qz})-z(A_2\mathrm{e}^{\xi z}-B_2\mathrm{e}^{-\xi z})+\frac{1}{\xi}(A_3\mathrm{e}^{\xi z}+B_3\mathrm{e}^{-\xi z}) \tag{7.1.4}$$

$$\hat{\bar{w}}_0(\xi,z,s)=\frac{cq}{s}(A_1\mathrm{e}^{qz}-B_1\mathrm{e}^{-qz})+\left[\left(z-\frac{1}{\xi}\right)A_2\mathrm{e}^{\xi z}+\left(z+\frac{1}{\xi}\right)B_2\mathrm{e}^{-\xi z}\right]+\frac{1}{\xi}(-A_3\mathrm{e}^{\xi z}+B_3\mathrm{e}^{-\xi z}) \tag{7.1.5}$$

$$\hat{\bar{v}}_0(\xi,z,s)=-k'[Mq(A_1\mathrm{e}^{qz}-B_1\mathrm{e}^{-qz})+2\bar{G}\xi(A_2\mathrm{e}^{\xi z}-B_2\mathrm{e}^{-\xi z})] \tag{7.1.6}$$

7.1.1　第 i 层的单元刚度矩阵

N 层的饱和粘弹性体系中的任意一层都满足以上公式，这里以第 i 层为例来建立单元刚度矩阵，各参量的关系如图 7.1.1 所示，图中 h_{i-1} 和 h_i 分别为第 i 层的上下两层间接触面的深度。

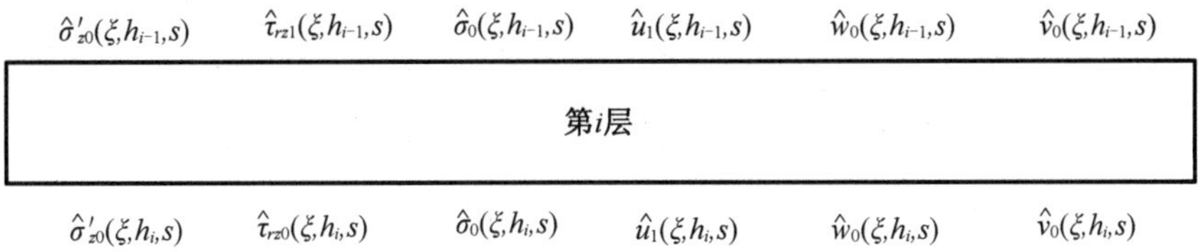

$\hat{\sigma}'_{z0}(\xi,h_{i-1},s)$　$\hat{\tau}_{rz1}(\xi,h_{i-1},s)$　$\hat{\sigma}_0(\xi,h_{i-1},s)$　$\hat{u}_1(\xi,h_{i-1},s)$　$\hat{w}_0(\xi,h_{i-1},s)$　$\hat{v}_0(\xi,h_{i-1},s)$

第i层

$\hat{\sigma}'_{z0}(\xi,h_i,s)$　$\hat{\tau}_{rz0}(\xi,h_i,s)$　$\hat{\sigma}_0(\xi,h_i,s)$　$\hat{u}_1(\xi,h_i,s)$　$\hat{w}_0(\xi,h_i,s)$　$\hat{v}_0(\xi,h_i,s)$

图 7.1.1　第 i 层上下两层间接触面上的参量

第 i 层的上下两层间的接触面一共有 12 个参量,包括 6 个应力和 6 个位移,将 $z=h_{i-1}$ 和 $z=h_i$ 分别代入式(7.1.1)~式(7.1.3)可得

$$\hat{\bar{\sigma}}'_{z0}(\xi,h_{i-1},s)=a_{i1}(A_{i1}e^{q_ih_{i-1}}+B_{i1}e^{-q_ih_{i-1}})+2\bar{G}_ih_{i-1}\xi(A_{i2}e^{\xi h_{i-1}}-B_{i2}e^{-\xi h_{i-1}})-2\bar{G}_i(A_{i3}e^{\xi h_{i-1}}+B_{i3}e^{-\xi h_{i-1}})$$

$$\hat{\bar{\tau}}_{rz1}(\xi,h_{i-1},s)=a_{i2}(A_{i1}e^{q_ih_{i-1}}-B_{i1}e^{-q_ih_{i-1}})-2\bar{G}_ih_{i-1}\xi(A_{i2}e^{\xi h_{i-1}}+B_{i2}e^{-\xi h_{i-1}})+2\bar{G}_i(A_{i3}e^{\xi h_{i-1}}-B_{i3}e^{-\xi h_{i-1}})$$

$$\hat{\bar{\sigma}}_0(\xi,h_{i-1},s)=M_i(A_{i1}e^{q_ih_{i-1}}+B_{i1}e^{-q_ih_{i-1}})+2\bar{G}_i(A_{i2}e^{\xi h_{i-1}}+B_{i2}e^{-\xi h_{i-1}})$$

$$\hat{\bar{\sigma}}'_{z0}(\xi,h_i,s)=a_{i1}(A_{i1}e^{q_ih_i}+B_{i1}e^{-q_ih_i})+2\bar{G}_ih_i\xi(A_{i2}e^{\xi h_i}-B_{i2}e^{-\xi h_i})-2\bar{G}_i(A_{i3}e^{\xi h_i}+B_{i3}e^{-\xi h_i})$$

$$\hat{\bar{\tau}}_{rz1}(\xi,h_i,s)=a_{i2}(A_{i1}e^{q_ih_i}-B_{i1}e^{-q_ih_i})-2\bar{G}_ih_i\xi(A_{i2}e^{\xi h_i}+B_{i2}e^{-\xi h_i})+2\bar{G}_i(A_{i3}e^{\xi h_i}-B_{i3}e^{-\xi h_i})$$

$$\hat{\bar{\sigma}}_0(\xi,h_i,s)=M_i(A_{i1}e^{q_ih_i}+B_{i1}e^{-q_ih_i})+2\bar{G}_i(A_{i2}e^{\xi h_i}+B_{i2}e^{-\xi h_i})$$

式中

$$a_{i1}=2\bar{G}_i\left(\frac{\bar{\mu}_i}{1-2\bar{\mu}_i}+\frac{c_iq_i^2}{s}\right)$$

$$a_{i2}=-\frac{2\bar{G}_ic_iq_i\xi}{s}$$

以上 6 个等式可以写成矩阵的形式:

$$\{\hat{\bar{\boldsymbol{\sigma}}}\}^i=[\boldsymbol{A}]^i\{\boldsymbol{C}\}^i \tag{7.1.7}$$

式中

$$\{\hat{\bar{\boldsymbol{\sigma}}}\}^i=\begin{Bmatrix}\hat{\bar{\sigma}}'_{z0}(\xi,h_{i-1},s)\\ \hat{\bar{\tau}}_{rz1}(\xi,h_{i-1},s)\\ \hat{\bar{\sigma}}_0(\xi,h_{i-1},s)\\ \hat{\bar{\sigma}}'_{z0}(\xi,h_i,s)\\ \hat{\bar{\tau}}_{rz1}(\xi,h_i,s)\\ \hat{\bar{\sigma}}_0(\xi,h_i,s)\end{Bmatrix}^i$$

$$\{\boldsymbol{C}\}^i=\begin{Bmatrix}A_{i1}\\ B_{i1}\\ A_{i2}\\ B_{i2}\\ A_{i3}\\ B_{i3}\end{Bmatrix}^i$$

$$[\boldsymbol{A}]^i=\begin{bmatrix} a_{i1}e^{q_ih_{i-1}} & a_{i1}e^{-q_ih_{i-1}} & 2\overline{G}_ih_{i-1}\xi e^{\xi h_{i-1}} & -2\overline{G}_ih_{i-1}\xi e^{-\xi h_{i-1}} & -2\overline{G}_ie^{\xi h_{i-1}} & -2\overline{G}_ie^{-\xi h_{i-1}} \\ a_{i2}e^{q_ih_{i-1}} & -a_{i2}e^{-q_ih_{i-1}} & -2\overline{G}_ih_{i-1}\xi e^{\xi h_{i-1}} & -2\overline{G}_ih_{i-1}\xi e^{-\xi h_{i-1}} & 2\overline{G}_ie^{\xi h_{i-1}} & -2\overline{G}_ie^{-\xi h_{i-1}} \\ M_ie^{q_ih_{i-1}} & M_ie^{-q_ih_{i-1}} & 2\overline{G}_ie^{\xi h_{i-1}} & 2\overline{G}_ie^{-\xi h_{i-1}} & 0 & 0 \\ a_{i1}e^{q_ih_i} & a_{i1}e^{-q_ih_i} & 2\overline{G}_ih_i\xi e^{\xi h_i} & -2\overline{G}_ih_i\xi e^{-\xi h_i} & -2\overline{G}_ie^{\xi h_i} & -2\overline{G}_ie^{-\xi h_i} \\ a_{i2}e^{q_ih_i} & -a_{i2}e^{-q_ih_i} & -2\overline{G}_ih_i\xi e^{\xi h_i} & -2\overline{G}_ih_i\xi e^{-\xi h_i} & 2\overline{G}_ie^{\xi h_i} & -2\overline{G}_ie^{-\xi h_i} \\ M_ie^{q_ih_i} & M_ie^{-q_ih_i} & 2\overline{G}_ie^{\xi h_i} & 2\overline{G}_ie^{-\xi h_i} & 0 & 0 \end{bmatrix}$$

将 $z=h_{i-1}$ 和 $z=h_i$ 分别代入式(7.1.4)~式(7.1.6)可得

$$\hat{\bar{u}}_1(\xi,h_{i-1},s)=-\frac{c_i\xi}{s}(A_{i1}e^{q_ih_{i-1}}+B_{i1}e^{-q_ih_{i-1}})-h_{i-1}(A_{i2}e^{\xi h_{i-1}}-B_{i2}e^{-\xi h_{i-1}})+\frac{1}{\xi}(A_{i3}e^{\xi h_{i-1}}+B_{i3}e^{-\xi h_{i-1}})$$

$$\hat{\bar{w}}_0(\xi,h_{i-1},s)=\frac{c_iq_i}{s}(A_{i1}e^{q_ih_{i-1}}-B_{i1}e^{-q_ih_{i-1}})+\left[\left(h_{i-1}-\frac{1}{\xi}\right)A_{i2}e^{\xi h_{i-1}}+\left(h_{i-1}+\frac{1}{\xi}\right)B_{i2}e^{-\xi h_{i-1}}\right]+\frac{1}{\xi}(-A_{i3}e^{\xi h_{i-1}}+B_{i3}e^{-\xi h_{i-1}})$$

$$\hat{\bar{v}}_0(\xi,h_{i-1},s)=-k_i'q_i(A_{i1}e^{q_ih_{i-1}}-B_{i1}e^{-q_ih_{i-1}})-2k_i'\overline{G}_i\xi(A_{i2}e^{\xi h_{i-1}}-B_{i2}e^{-\xi h_{i-1}})$$

$$\hat{\bar{u}}_1(\xi,h_i,s)=-\frac{c_i\xi}{s}(A_{i1}e^{q_ih_i}+B_{i1}e^{-q_ih_i})-h_i(A_{i2}e^{\xi h_i}-B_{i2}e^{-\xi h_i})+\frac{1}{\xi}(A_{i3}e^{\xi h_i}+B_{i3}e^{-\xi h_i})$$

$$\hat{\bar{w}}_0(\xi,h_i,s)=\frac{c_iq_i}{s}(A_{i1}e^{q_ih_i}-B_{i1}e^{-q_ih_i})+\left[\left(h_i-\frac{1}{\xi}\right)A_{i2}e^{\xi h_{i-1}}+\left(h_i+\frac{1}{\xi}\right)B_{i2}e^{-\xi h_i}\right]+\frac{1}{\xi}(-A_{i3}e^{\xi h_i}+B_{i3}e^{-\xi h_i})$$

$$\hat{\bar{v}}_0(\xi,h_i,s)=-k_i'q_i(A_{i1}e^{q_ih_i}-B_{i1}e^{-q_ih_i})-2k_i'\overline{G}_i\xi(A_{i2}e^{\xi h_i}-B_{i2}e^{-\xi h_i})$$

以上 6 个等式可以写成矩阵的形式：

$$\{\hat{\overline{\boldsymbol{U}}}\}^i=[\boldsymbol{B}]^i\{\boldsymbol{C}\}^i \tag{7.1.8}$$

式中

$$\{\hat{\overline{\boldsymbol{U}}}\}^i=\begin{Bmatrix} \hat{\bar{u}}_1(\xi,h_{i-1},s) \\ \hat{\bar{w}}_0(\xi,h_{i-1},s) \\ \hat{\bar{v}}_0(\xi,h_{i-1},s) \\ \hat{\bar{u}}_1(\xi,h_i,s) \\ \hat{\bar{w}}_0(\xi,h_i,s) \\ \hat{\bar{v}}_0(\xi,h_i,s) \end{Bmatrix}^i$$

$$[\boldsymbol{B}]^i=\begin{bmatrix}-\frac{c_i\xi}{s}e^{q_ih_{i-1}} & -\frac{c_i\xi}{s}e^{-q_ih_{i-1}} & -h_{i-1}e^{\xi h_{i-1}} & h_{i-1}e^{-\xi h_{i-1}} & \frac{1}{\xi}e^{\xi h_{i-1}} & \frac{1}{\xi}e^{-\xi h_{i-1}}\\ \frac{c_iq_i}{s}e^{q_ih_{i-1}} & -\frac{c_iq_i}{s}e^{-q_ih_{i-1}} & \left(h_{i-1}-\frac{1}{\xi}\right)e^{\xi h_{i-1}} & \left(h_{i-1}+\frac{1}{\xi}\right)e^{-\xi h_{i-1}} & -\frac{1}{\xi}e^{\xi h_{i-1}} & \frac{1}{\xi}e^{-\xi h_{i-1}}\\ -k_i'q_ie^{q_ih_{i-1}} & k_i'q_ie^{-q_ih_{i-1}} & -2k_i'\overline{G}_i\xi e^{\xi h_{i-1}} & 2k_i'\overline{G}_i\xi e^{-\xi h_{i-1}} & 0 & 0\\ -\frac{c_i\xi}{s}e^{q_ih_i} & -\frac{c_i\xi}{s}e^{-q_ih_i} & -h_ie^{\xi h_i} & h_ie^{-\xi h_i} & \frac{1}{\xi}e^{\xi h_i} & \frac{1}{\xi}e^{-\xi h_i}\\ \frac{c_iq_i}{s}e^{q_ih_i} & -\frac{c_iq_i}{s}e^{-q_ih_i} & \left(h_i-\frac{1}{\xi}\right)e^{\xi h_i} & \left(h_i+\frac{1}{\xi}\right)e^{-\xi h_i} & -\frac{1}{\xi}e^{\xi h_i} & \frac{1}{\xi}e^{-\xi h_i}\\ -k_i'q_ie^{q_ih_i} & k_i'q_ie^{-q_ih_i} & -2k_i'\overline{G}_i\xi e^{\xi h_i} & 2k_i'\overline{G}_i\xi e^{-\xi h_i} & 0 & 0\end{bmatrix}$$

式(7.1.8)两端同时左乘$[\boldsymbol{B}]^i$的逆矩阵,可得

$$[\boldsymbol{B}]^{i-1}\{\hat{\overline{\boldsymbol{U}}}\}^i=[\boldsymbol{B}]^{i-1}[\boldsymbol{B}]^i\{\boldsymbol{C}\}^i$$

$$\{\boldsymbol{C}\}^i=[\boldsymbol{B}]^{i-1}\{\hat{\overline{\boldsymbol{U}}}\}^i \tag{7.1.9}$$

将式(7.1.9)代入式(7.1.7),可得

$$\{\hat{\overline{\boldsymbol{\sigma}}}\}^i=[\boldsymbol{A}]^i\{\boldsymbol{C}\}^i=[\boldsymbol{A}]^i[\boldsymbol{B}]^{i-1}\{\hat{\overline{\boldsymbol{U}}}\}^i$$

设$[\boldsymbol{k}]^i=[\boldsymbol{A}]^i[\boldsymbol{B}]^{i-1}$,称为单元刚度矩阵,建立了单元应力与位移之间的关系,上式可以写成式(7.1.10)的形式,称为单元刚度方程,即

$$\{\hat{\overline{\boldsymbol{\sigma}}}\}^i=[\boldsymbol{k}]^i\{\hat{\overline{\boldsymbol{U}}}\}^i \tag{7.1.10}$$

7.1.2 第 *N* 层的单元刚度矩阵

第 N 层为半空间体,根据无穷远处的边界条件,即

$$\lim_{z\to\infty}\langle\sigma_r',\sigma_\theta',\sigma_z',\tau_{zr},\sigma,u,w\rangle=0$$

在饱和层状粘弹性体系的一般解中含有 e^{qz}、$e^{\xi z}$ 项,这与该边界条件不符,因此

$$A_{N1}=A_{N2}=A_{N3}=0$$

则饱和粘弹性半空间体的一般解为

$$\hat{\overline{\sigma}}_{z0}'(\xi,z,s)=2\overline{G}\left(\frac{\overline{\mu}}{1-2\overline{\mu}}+\frac{cq^2}{s}\right)B_1e^{-qz}-2\overline{G}z\xi B_2e^{-\xi z}-2\overline{G}B_3e^{-\xi z}$$

$$\hat{\overline{\tau}}_{rz1}(\xi,z,s)=\frac{2\overline{G}cq\xi}{s}B_1e^{-qz}-2\overline{G}z\xi B_2e^{-\xi z}-2\overline{G}B_3e^{-\xi z}$$

$$\hat{\overline{\sigma}}_0(\xi,z,s)=MB_1e^{-qz}+2\overline{G}B_2e^{-\xi z}$$

$$\hat{\overline{u}}_1(\xi,z,s)=-\frac{c\xi}{s}B_1e^{-qz}+zB_2e^{-\xi z}+\frac{1}{\xi}B_3e^{-\xi z}$$

$$\hat{\overline{w}}_0(\xi,z,s)=-\frac{cq}{s}B_1e^{-qz}+\left(z+\frac{1}{\xi}\right)B_2e^{-\xi z}+\frac{1}{\xi}B_3e^{-\xi z}$$

$$\hat{\overline{v}}_0(\xi,z,s)=k'MqB_1e^{-qz}+2k'\overline{G}\xi B_2e^{-\xi z}$$

将 $z=h_{N-1}$ 和第 N 层的粘弹性参数代入以上 6 个公式，并写成矩阵的形式：

$$\{\hat{\boldsymbol{\sigma}}\}^N=[\boldsymbol{A}]^N\{\boldsymbol{C}\}^N \tag{7.1.11}$$

$$\{\hat{\boldsymbol{U}}\}^N=[\boldsymbol{B}]^N\{\boldsymbol{C}\}^N \tag{7.1.12}$$

式中

$$\{\hat{\boldsymbol{\sigma}}\}^N=\begin{Bmatrix}\hat{\sigma}'_{z0}(\xi,h_{N-1},s)\\ \hat{\tau}_{rz1}(\xi,h_{N-1},s)\\ \hat{\sigma}_0(\xi,h_{N-1},s)\end{Bmatrix}^N$$

$$\{\hat{\boldsymbol{U}}\}^N=\begin{Bmatrix}\hat{u}_1(\xi,h_{N-1},s)\\ \hat{w}_0(\xi,h_{N-1},s)\\ \hat{v}_0(\xi,h_{N-1},s)\end{Bmatrix}^N$$

$$\{\boldsymbol{C}\}^N=\begin{Bmatrix}B_{N1}\\ B_{N2}\\ B_{N3}\end{Bmatrix}^N$$

$$[\boldsymbol{A}]^N=\begin{bmatrix}2\overline{G}_N\left(\dfrac{\overline{\mu}_N}{1-2\overline{\mu}_N}+\dfrac{c_Nq_N^2}{s}\right)\mathrm{e}^{-q_Nh_{N-1}} & -2\overline{G}_Nh_{N-1}\xi\mathrm{e}^{-\xi h_{N-1}} & -2\overline{G}_N\mathrm{e}^{-\xi h_{N-1}}\\ \dfrac{2\overline{G}_Nc_Nq_N\xi}{s}\mathrm{e}^{-q_Nh_{N-1}} & -2\overline{G}_Nh_{N-1}\xi\mathrm{e}^{-\xi h_{N-1}} & -2\overline{G}_N\mathrm{e}^{-\xi h_{N-1}}\\ M_N\mathrm{e}^{-q_Nh_{N-1}} & 2\overline{G}_N\mathrm{e}^{-\xi h_{N-1}} & 0\end{bmatrix}^N$$

$$[\boldsymbol{B}]^N=\begin{bmatrix}-\dfrac{c_N\xi}{s}\mathrm{e}^{-q_Nh_{N-1}} & h_{N-1}\mathrm{e}^{-\xi h_{N-1}} & \dfrac{1}{\xi}\mathrm{e}^{-\xi h_{N-1}}\\ -\dfrac{c_Nq_N}{s}\mathrm{e}^{-q_Nh_{N-1}} & \left(h_{N-1}+\dfrac{1}{\xi}\right)\mathrm{e}^{-\xi h_{N-1}} & \dfrac{1}{\xi}\mathrm{e}^{-\xi h_{N-1}}\\ k'_NM_Nq_N\mathrm{e}^{-q_Nh_{N-1}} & 2k'_N\overline{G}_N\xi\mathrm{e}^{-\xi h_{N-1}} & 0\end{bmatrix}^N$$

式(7.1.12)两端同时左乘 $[\boldsymbol{B}]^i$ 的逆矩阵，可得

$$[\boldsymbol{B}]^{N-1}\{\hat{\boldsymbol{U}}\}^N=[\boldsymbol{B}]^{N-1}[\boldsymbol{B}]^N\{\boldsymbol{C}\}^N$$

$$\{\boldsymbol{C}\}^N=[\boldsymbol{B}]^{N-1}\{\hat{\boldsymbol{U}}\}^N \tag{7.1.13}$$

将式(7.1.13)代入式(7.1.11)，可得

$$\{\hat{\boldsymbol{\sigma}}\}^N=[\boldsymbol{A}]^N\{\boldsymbol{C}\}^N=[\boldsymbol{A}]^N[\boldsymbol{B}]^{N-1}\{\hat{\boldsymbol{U}}\}^N$$

设 $[\boldsymbol{k}]^N=[\boldsymbol{A}]^N[\boldsymbol{B}]^{N-1}$，上式可以写成

$$\{\hat{\boldsymbol{\sigma}}\}^N=[\boldsymbol{k}]^N\{\hat{\boldsymbol{U}}\}^N \tag{7.1.14}$$

7.2　整体刚度矩阵

上一节建立了单元刚度矩阵，本节将使用有限元方法来建立整体刚度矩阵。为了说明整体刚度矩阵的集成过程，选择任意两层进行集成，如图 7.2.1 所示。

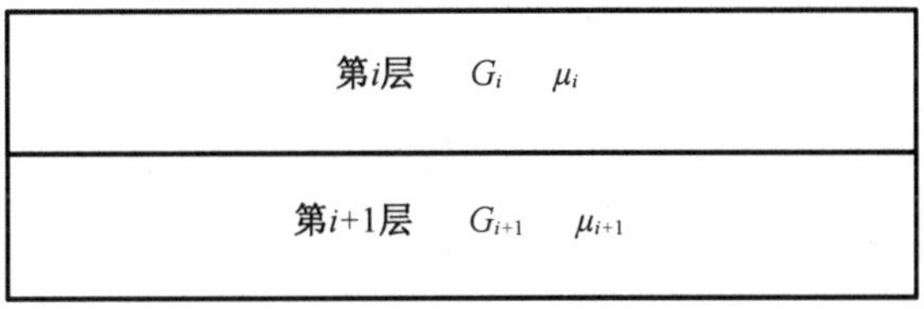

第i层　G_i　μ_i
第$i+1$层　G_{i+1}　μ_{i+1}

图 7.2.1　任意两层示意图

将第 i 层的上下两层间接触面的深度 h_{i-1} 和 h_i 及粘弹性参数 $\overline{G}_i$ 和 $\overline{\mu}_i$ 代入式(7.1.10)可得

$$\{\hat{\overline{\boldsymbol{\sigma}}}\}^i=[\boldsymbol{k}]^i\{\hat{\overline{\boldsymbol{U}}}\}^i \tag{7.2.1}$$

式中

$$\{\hat{\overline{\boldsymbol{\sigma}}}\}^i=\begin{Bmatrix}\hat{\overline{\sigma}}'_{z0}(\xi,h_{i-1},s)\\ \hat{\overline{\tau}}_{rz1}(\xi,h_{i-1},s)\\ \hat{\overline{\sigma}}_0(\xi,h_{i-1},s)\\ \hat{\overline{\sigma}}'_{z0}(\xi,h_i,s)\\ \hat{\overline{\tau}}_{rz1}(\xi,h_i,s)\\ \hat{\overline{\sigma}}_0(\xi,h_i,s)\end{Bmatrix}^i$$

$$\{\hat{\overline{\boldsymbol{U}}}\}^i=\begin{Bmatrix}\hat{\overline{u}}_1(\xi,h_{i-1},s)\\ \hat{\overline{w}}_0(\xi,h_{i-1},s)\\ \hat{\overline{v}}_0(\xi,h_{i-1},s)\\ \hat{\overline{u}}_1(\xi,h_i,s)\\ \hat{\overline{w}}_0(\xi,h_i,s)\\ \hat{\overline{v}}_0(\xi,h_i,s)\end{Bmatrix}^i$$

$$[\boldsymbol{k}]^i=\begin{bmatrix} k_{11}^i & k_{12}^i & k_{13}^i & k_{14}^i & k_{15}^i & k_{16}^i \\ k_{21}^i & k_{22}^i & k_{23}^i & k_{24}^i & k_{25}^i & k_{26}^i \\ k_{31}^i & k_{32}^i & k_{33}^i & k_{34}^i & k_{35}^i & k_{36}^i \\ k_{41}^i & k_{42}^i & k_{43}^i & k_{44}^i & k_{45}^i & k_{46}^i \\ k_{51}^i & k_{52}^i & k_{53}^i & k_{54}^i & k_{55}^i & k_{56}^i \\ k_{61}^i & k_{62}^i & k_{63}^i & k_{64}^i & k_{65}^i & k_{66}^i \end{bmatrix}$$

将式(7.2.1)写成分块矩阵的形式:

$$\begin{Bmatrix} \hat{\bar{\boldsymbol{\sigma}}}_1(\xi,h_{i-1},s) \\ \hat{\bar{\boldsymbol{\sigma}}}_2(\xi,h_i,s) \end{Bmatrix}^i=\begin{bmatrix} \boldsymbol{k}_{11} & \boldsymbol{k}_{12} \\ \boldsymbol{k}_{21} & \boldsymbol{k}_{22} \end{bmatrix}^i \begin{Bmatrix} \hat{\bar{\boldsymbol{U}}}_1(\xi,h_{i-1},s) \\ \hat{\bar{\boldsymbol{U}}}_2(\xi,h_i,s) \end{Bmatrix}^i \tag{7.2.2}$$

式中

$$\{\hat{\bar{\boldsymbol{\sigma}}}_1(\xi,h_{i-1},s)\}^i=\begin{Bmatrix} \hat{\bar{\sigma}}'_{z0}(\xi,h_{i-1},s) \\ \hat{\bar{\tau}}_{rz1}(\xi,h_{i-1},s) \\ \hat{\bar{\sigma}}_0(\xi,h_{i-1},s) \end{Bmatrix}^i$$

$$\{\hat{\bar{\boldsymbol{\sigma}}}_2(\xi,h_i,s)\}^i=\begin{Bmatrix} \hat{\bar{\sigma}}'_{z0}(\xi,h_i,s) \\ \hat{\bar{\tau}}_{rz1}(\xi,h_i,s) \\ \hat{\bar{\sigma}}_0(\xi,h_i,s) \end{Bmatrix}^i$$

$$\{\hat{\bar{\boldsymbol{U}}}_1(\xi,h_{i-1},s)\}^i=\begin{Bmatrix} \hat{\bar{u}}_1(\xi,h_{i-1},s) \\ \hat{\bar{w}}_0(\xi,h_{i-1},s) \\ \hat{\bar{v}}_0(\xi,h_{i-1},s) \end{Bmatrix}^i$$

$$\{\hat{\bar{\boldsymbol{U}}}_2(\xi,h_i,s)\}^i=\begin{Bmatrix} \hat{\bar{u}}_1(\xi,h_i,s) \\ \hat{\bar{w}}_0(\xi,h_i,s) \\ \hat{\bar{v}}_0(\xi,h_i,s) \end{Bmatrix}^i$$

$$[\boldsymbol{k}_{11}]^i=\begin{bmatrix} k_{11}^i & k_{12}^i & k_{13}^i \\ k_{21}^i & k_{22}^i & k_{23}^i \\ k_{31}^i & k_{32}^i & k_{33}^i \end{bmatrix}$$

$$[\boldsymbol{k}_{12}]^i=\begin{bmatrix} k_{14}^i & k_{15}^i & k_{16}^i \\ k_{24}^i & k_{25}^i & k_{26}^i \\ k_{34}^i & k_{35}^i & k_{36}^i \end{bmatrix}$$

$$[\boldsymbol{k}_{21}]^i=\begin{bmatrix} k_{41}^i & k_{42}^i & k_{43}^i \\ k_{51}^i & k_{52}^i & k_{53}^i \\ k_{61}^i & k_{62}^i & k_{63}^i \end{bmatrix}$$

$$[\boldsymbol{k}_{22}]^i=\begin{bmatrix} k_{44}^i & k_{45}^i & k_{46}^i \\ k_{54}^i & k_{55}^i & k_{56}^i \\ k_{64}^i & k_{65}^i & k_{66}^i \end{bmatrix}$$

将式(7.2.2)展开,可得

$$\{\hat{\bar{\boldsymbol{\sigma}}}_1(\xi,h_{i-1},s)\}^i=[\boldsymbol{k}_{11}]^i\{\hat{\bar{\boldsymbol{U}}}_1(\xi,h_{i-1},s)\}^i+[\boldsymbol{k}_{12}]^i\{\hat{\bar{\boldsymbol{U}}}_2(\xi,h_i,s)\}^i \tag{7.2.3}$$

$$\{\hat{\bar{\boldsymbol{\sigma}}}_2(\xi,h_i,s)\}^i=[\boldsymbol{k}_{21}]^i\{\hat{\bar{\boldsymbol{U}}}_1(\xi,h_{i-1},s)\}^i+[\boldsymbol{k}_{22}]^i\{\hat{\bar{\boldsymbol{U}}}_2(\xi,h_i,s)\}^i \tag{7.2.4}$$

将第 $i+1$ 层的上下两层间接触面的深度 h_i 和 h_{i+1} 及粘弹性参数 $\overline{G}_{i+1}$ 和 $\overline{\mu}_{i+1}$ 代入式(7.1.10)可得

$$\{\hat{\bar{\boldsymbol{\sigma}}}\}^{i+1}=[\boldsymbol{k}]^{i+1}\{\hat{\bar{\boldsymbol{U}}}\}^{i+1} \tag{7.2.5}$$

式中

$$\{\hat{\bar{\boldsymbol{\sigma}}}\}^{i+1}=\begin{Bmatrix} \hat{\bar{\sigma}}'_{z0}(\xi,h_i,s) \\ \hat{\bar{\tau}}_{rz1}(\xi,h_i,s) \\ \hat{\bar{\sigma}}_0(\xi,h_i,s) \\ \hat{\bar{\sigma}}'_{z0}(\xi,h_{i+1},s) \\ \hat{\bar{\tau}}_{rz1}(\xi,h_{i+1},s) \\ \hat{\bar{\sigma}}_0(\xi,h_{i+1},s) \end{Bmatrix}^{i+1}$$

$$\{\hat{\bar{\boldsymbol{U}}}\}^{i+1}=\begin{Bmatrix} \hat{\bar{u}}_1(\xi,h_i,s) \\ \hat{\bar{w}}_0(\xi,h_i,s) \\ \hat{\bar{v}}_0(\xi,h_i,s) \\ \hat{\bar{u}}_1(\xi,h_{i+1},s) \\ \hat{\bar{w}}_0(\xi,h_{i+1},s) \\ \hat{\bar{v}}_0(\xi,h_{i+1},s) \end{Bmatrix}^{i+1}$$

$$[\boldsymbol{k}]^{i+1}=\begin{bmatrix} \boldsymbol{k}_{11} & \boldsymbol{k}_{12} \\ \boldsymbol{k}_{21} & \boldsymbol{k}_{22} \end{bmatrix}^{i+1}=\begin{bmatrix} k_{11}^{i+1} & k_{12}^{i+1} & k_{13}^{i+1} & k_{14}^{i+1} & k_{15}^{i+1} & k_{16}^{i+1} \\ k_{21}^{i+1} & k_{22}^{i+1} & k_{23}^{i+1} & k_{24}^{i+1} & k_{25}^{i+1} & k_{26}^{i+1} \\ k_{31}^{i+1} & k_{32}^{i+1} & k_{33}^{i+1} & k_{34}^{i+1} & k_{35}^{i+1} & k_{36}^{i+1} \\ k_{41}^{i+1} & k_{42}^{i+1} & k_{43}^{i+1} & k_{44}^{i+1} & k_{45}^{i+1} & k_{46}^{i+1} \\ k_{51}^{i+1} & k_{52}^{i+1} & k_{53}^{i+1} & k_{54}^{i+1} & k_{55}^{i+1} & k_{56}^{i+1} \\ k_{61}^{i+1} & k_{62}^{i+1} & k_{63}^{i+1} & k_{64}^{i+1} & k_{65}^{i+1} & k_{66}^{i+1} \end{bmatrix}$$

将式(7.2.1)写成分块矩阵的形式:

$$\begin{Bmatrix} \hat{\bar{\boldsymbol{\sigma}}}_1(\xi,h_i,s) \\ \hat{\bar{\boldsymbol{\sigma}}}_2(\xi,h_{i+1},s) \end{Bmatrix}^{i+1}=\begin{bmatrix} \boldsymbol{k}_{11} & \boldsymbol{k}_{12} \\ \boldsymbol{k}_{21} & \boldsymbol{k}_{22} \end{bmatrix}^{i+1}\begin{Bmatrix} \hat{\bar{\boldsymbol{U}}}_1(\xi,h_i,s) \\ \hat{\bar{\boldsymbol{U}}}_2(\xi,h_{i+1},s) \end{Bmatrix}^{i+1} \tag{7.2.6}$$

式中

$$\{\hat{\bar{\boldsymbol{\sigma}}}_1(\xi,h_i,s)\}^{i+1}=\begin{Bmatrix}\hat{\bar{\sigma}}'_{z0}(\xi,h_i,s)\\ \hat{\bar{\tau}}_{rz1}(\xi,h_i,s)\\ \hat{\bar{\sigma}}_0(\xi,h_i,s)\end{Bmatrix}^{i+1}$$

$$\{\hat{\bar{\boldsymbol{\sigma}}}_2(\xi,h_{i+1},s)\}^{i+1}=\begin{Bmatrix}\hat{\bar{\sigma}}'_{z0}(\xi,h_{i+1},s)\\ \hat{\bar{\tau}}_{rz1}(\xi,h_{i+1},s)\\ \hat{\bar{\sigma}}_0(\xi,h_{i+1},s)\end{Bmatrix}^{i+1}$$

$$\{\hat{\bar{\boldsymbol{U}}}_1(\xi,h_i,s)\}^{i+1}=\begin{Bmatrix}\hat{\bar{u}}_1(\xi,h_i,s)\\ \hat{\bar{w}}_0(\xi,h_i,s)\\ \hat{\bar{v}}_0(\xi,h_i,s)\end{Bmatrix}^{i+1}$$

$$\{\hat{\bar{\boldsymbol{U}}}_2(\xi,h_{i+1},s)\}^{i+1}=\begin{Bmatrix}\hat{\bar{u}}_1(\xi,h_{i+1},s)\\ \hat{\bar{w}}_0(\xi,h_{i+1},s)\\ \hat{\bar{v}}_0(\xi,h_{i+1},s)\end{Bmatrix}^{i+1}$$

$$[\boldsymbol{k}_{11}]^{i+1}=\begin{bmatrix}k_{11}^{i+1} & k_{12}^{i+1} & k_{13}^{i+1}\\ k_{21}^{i+1} & k_{22}^{i+1} & k_{23}^{i+1}\\ k_{31}^{i+1} & k_{32}^{i+1} & k_{33}^{i+1}\end{bmatrix}$$

$$[\boldsymbol{k}_{12}]^{i+1}=\begin{bmatrix}k_{14}^{i+1} & k_{15}^{i+1} & k_{16}^{i+1}\\ k_{24}^{i+1} & k_{25}^{i+1} & k_{26}^{i+1}\\ k_{34}^{i+1} & k_{35}^{i+1} & k_{36}^{i+1}\end{bmatrix}$$

$$[\boldsymbol{k}_{21}]^{i+1}=\begin{bmatrix}k_{41}^{i+1} & k_{42}^{i+1} & k_{43}^{i+1}\\ k_{51}^{i+1} & k_{52}^{i+1} & k_{53}^{i+1}\\ k_{61}^{i+1} & k_{62}^{i+1} & k_{63}^{i+1}\end{bmatrix}$$

$$[\boldsymbol{k}_{22}]^{i+1}=\begin{bmatrix}k_{44}^{i+1} & k_{45}^{i+1} & k_{46}^{i+1}\\ k_{54}^{i+1} & k_{55}^{i+1} & k_{56}^{i+1}\\ k_{64}^{i+1} & k_{65}^{i+1} & k_{66}^{i+1}\end{bmatrix}$$

将式(7.2.2)展开,可得

$$\{\hat{\bar{\boldsymbol{\sigma}}}_1(\xi,h_i,s)\}^{i+1}=[\boldsymbol{k}_{11}]^{i+1}\{\hat{\bar{\boldsymbol{U}}}_1(\xi,h_i,s)\}^{i+1}+[\boldsymbol{k}_{12}]^{i+1}\{\hat{\bar{\boldsymbol{U}}}_2(\xi,h_{i+1},s)\}^{i+1} \tag{7.2.7}$$

$$\{\hat{\bar{\boldsymbol{\sigma}}}_2(\xi,h_{i+1},s)\}^{i+1}=[\boldsymbol{k}_{21}]^{i+1}\{\hat{\bar{\boldsymbol{U}}}_1(\xi,h_i,s)\}^{i+1}+[\boldsymbol{k}_{22}]^{i+1}\{\hat{\bar{\boldsymbol{U}}}_2(\xi,h_{i+1},s)\}^{i+1} \tag{7.2.8}$$

层间接触条件为完全连续的表达式为

$$\begin{Bmatrix} \sigma'_{z0}(\xi,h_i,s) \\ \tau_{rz1}(\xi,h_i,s) \\ \sigma_0(\xi,h_i,s) \\ u_1(\xi,h_i,s) \\ w_0(\xi,h_i,s) \\ v_0(\xi,h_i,s) \end{Bmatrix}^i = \begin{Bmatrix} \sigma'_{z0}(\xi,h_i,s) \\ \tau_{rz1}(\xi,h_i,s) \\ \sigma_0(\xi,h_i,s) \\ u_1(\xi,h_i,s) \\ w_0(\xi,h_i,s) \\ v_0(\xi,h_i,s) \end{Bmatrix}^{i+1}$$

对上式进行 Laplace 变换和 Hankel 变换,可得

$$\begin{Bmatrix} \hat{\bar{\sigma}}'_{z0}(\xi,h_i,s) \\ \hat{\bar{\tau}}_{rz1}(\xi,h_i,s) \\ \hat{\bar{\sigma}}_0(\xi,h_i,s) \\ \hat{\bar{u}}_1(\xi,h_i,s) \\ \hat{\bar{w}}_0(\xi,h_i,s) \\ \hat{\bar{v}}_0(\xi,h_i,s) \end{Bmatrix}^i = \begin{Bmatrix} \hat{\bar{\sigma}}'_{z0}(\xi,h_i,s) \\ \hat{\bar{\tau}}_{rz1}(\xi,h_i,s) \\ \hat{\bar{\sigma}}_0(\xi,h_i,s) \\ \hat{\bar{u}}_1(\xi,h_i,s) \\ \hat{\bar{w}}_0(\xi,h_i,s) \\ \hat{\bar{v}}_0(\xi,h_i,s) \end{Bmatrix}^{i+1}$$

可以表示为

$$\{\hat{\bar{\boldsymbol{\sigma}}}_2(\xi,h_i,s)\}^i = \{\hat{\bar{\boldsymbol{\sigma}}}_1(\xi,h_i,s)\}^{i+1} \tag{7.2.9}$$

$$\{\hat{\bar{\boldsymbol{U}}}_2(\xi,h_i,s)\}^i = \{\hat{\bar{\boldsymbol{U}}}_1(\xi,h_i,s)\}^{i+1} \tag{7.2.10}$$

将式(7.2.4)和式(7.2.7)相加可得

$$\begin{aligned}\{\hat{\bar{\boldsymbol{\sigma}}}_2(\xi,h_i,s)\}^i+\{\hat{\bar{\boldsymbol{\sigma}}}_1(\xi,h_i,s)\}^{i+1} = {} & [\boldsymbol{k}_{21}]^i\{\hat{\bar{\boldsymbol{U}}}_1(\xi,h_{i-1},s)\}^i+[\boldsymbol{k}_{22}]^i\{\hat{\bar{\boldsymbol{U}}}_2(\xi,h_i,s)\}^i+ \\ & [\boldsymbol{k}_{11}]^{i+1}\{\hat{\bar{\boldsymbol{U}}}_1(\xi,h_i,s)\}^{i+1}+[\boldsymbol{k}_{12}]^{i+1}\{\hat{\bar{\boldsymbol{U}}}_2(\xi,h_{i+1},s)\}^{i+1}\end{aligned} \tag{7.2.11}$$

在深度 h_i 的层间接触面上,第 i 层和第 $i+1$ 层的应力为作用力与反作用力,即大小相等、方向相反,有

$$\{\hat{\bar{\boldsymbol{\sigma}}}_2(\xi,h_i,s)\}^i+\{\hat{\bar{\boldsymbol{\sigma}}}_1(\xi,h_i,s)\}^{i+1}=\{\boldsymbol{0}\}$$

再根据式(7.2.10),将式(7.2.11)整理为

$$\begin{aligned}\{\boldsymbol{0}\} = {} & [\boldsymbol{k}_{21}]^i\{\hat{\bar{\boldsymbol{U}}}_1(\xi,h_{i-1},s)\}^i+([\boldsymbol{k}_{22}]^i+[\boldsymbol{k}_{11}]^{i+1})\{\hat{\bar{\boldsymbol{U}}}_1(\xi,h_i,s)\}^{i+1}+[\boldsymbol{k}_{12}]^{i+1}\cdot \\ & \{\hat{\bar{\boldsymbol{U}}}_2(\xi,h_{i+1},s)\}^{i+1}\end{aligned} \tag{7.2.12}$$

联立式(7.2.3)、式(7.2.8)和式(7.2.12)可得

$$\begin{Bmatrix} \{\hat{\bar{\boldsymbol{\sigma}}}_1(\xi,h_{i-1},s)\}^i \\ \{\boldsymbol{0}\} \\ \{\hat{\bar{\boldsymbol{\sigma}}}_2(\xi,h_{i+1},s)\}^{i+1} \end{Bmatrix} = \begin{bmatrix} [\boldsymbol{k}_{11}]^i & [\boldsymbol{k}_{12}]^i & [\boldsymbol{0}] \\ [\boldsymbol{k}_{21}]^i & [\boldsymbol{k}_{22}]^i+[\boldsymbol{k}_{11}]^{i+1} & [\boldsymbol{k}_{12}]^{i+1} \\ [\boldsymbol{0}] & [\boldsymbol{k}_{21}]^{i+1} & [\boldsymbol{k}_{22}]^{i+1} \end{bmatrix} \begin{Bmatrix} \{\hat{\bar{\boldsymbol{U}}}_1(\xi,h_{i-1},s)\}^i \\ \{\hat{\bar{\boldsymbol{U}}}_1(\xi,h_i,s)\}^{i+1} \\ \{\hat{\bar{\boldsymbol{U}}}_2(\xi,h_{i+1},s)\}^{i+1} \end{Bmatrix}$$

将上式展开,可得

$$\begin{Bmatrix} \hat{\bar{\sigma}}'^{i}_{z0}(\xi,h_{i-1},s) \\ \hat{\bar{\tau}}^{i}_{rz1}(\xi,h_{i-1},s) \\ \hat{\bar{\sigma}}^{i}_{0}(\xi,h_{i-1},s) \\ 0 \\ 0 \\ 0 \\ \hat{\bar{\sigma}}'^{i+1}_{z0}(\xi,h_{i+1},s) \\ \hat{\bar{\tau}}^{i+1}_{rz1}(\xi,h_{i+1},s) \\ \hat{\bar{\sigma}}^{i+1}_{0}(\xi,h_{i+1},s) \end{Bmatrix} = \begin{bmatrix} k^{i}_{11} & k^{i}_{12} & k^{i}_{13} & k^{i}_{14} & k^{i}_{15} & k^{i}_{16} & 0 & 0 & 0 \\ k^{i}_{21} & k^{i}_{22} & k^{i}_{23} & k^{i}_{24} & k^{i}_{25} & k^{i}_{26} & 0 & 0 & 0 \\ k^{i}_{31} & k^{i}_{32} & k^{i}_{33} & k^{i}_{34} & k^{i}_{35} & k^{i}_{36} & 0 & 0 & 0 \\ k^{i}_{41} & k^{i}_{42} & k^{i}_{43} & k^{i}_{44}+k^{i+1}_{11} & k^{i}_{45}+k^{i+1}_{12} & k^{i}_{46}+k^{i+1}_{13} & k^{i+1}_{14} & k^{i+1}_{15} & k^{i+1}_{16} \\ k^{i}_{51} & k^{i}_{52} & k^{i}_{53} & k^{i}_{54}+k^{i+1}_{21} & k^{i}_{55}+k^{i+1}_{22} & k^{i}_{56}+k^{i+1}_{23} & k^{i+1}_{24} & k^{i+1}_{25} & k^{i+1}_{26} \\ k^{i}_{61} & k^{i}_{62} & k^{i}_{63} & k^{i}_{64}+k^{i+1}_{31} & k^{i}_{65}+k^{i+1}_{32} & k^{i}_{66}+k^{i+1}_{33} & k^{i+1}_{34} & k^{i+1}_{35} & k^{i+1}_{36} \\ 0 & 0 & 0 & k^{i+1}_{41} & k^{i+1}_{42} & k^{i+1}_{43} & k^{i+1}_{44} & k^{i+1}_{45} & k^{i+1}_{46} \\ 0 & 0 & 0 & k^{i+1}_{51} & k^{i+1}_{52} & k^{i+1}_{53} & k^{i+1}_{54} & k^{i+1}_{55} & k^{i+1}_{56} \\ 0 & 0 & 0 & k^{i+1}_{61} & k^{i+1}_{62} & k^{i+1}_{63} & k^{i+1}_{64} & k^{i+1}_{65} & k^{i+1}_{66} \end{bmatrix} \cdot \begin{Bmatrix} \hat{\bar{u}}^{i}_{1}(\xi,h_{i-1},s) \\ \hat{\bar{w}}^{i}_{0}(\xi,h_{i-1},s) \\ \hat{\bar{v}}^{i}_{0}(\xi,h_{i-1},s) \\ \hat{\bar{u}}^{i+1}_{1}(\xi,h_{i},s) \\ \hat{\bar{w}}^{i+1}_{0}(\xi,h_{i},s) \\ \hat{\bar{v}}^{i+1}_{0}(\xi,h_{i},s) \\ \hat{\bar{u}}^{i+1}_{1}(\xi,h_{i+1},s) \\ \hat{\bar{w}}^{i+1}_{0}(\xi,h_{i+1},s) \\ \hat{\bar{v}}^{i+1}_{0}(\xi,h_{i+1},s) \end{Bmatrix}$$

上式为第 i 层和第 $i+1$ 层的刚度方程，这里假设层间接触条件是完全连续进行推导刚度矩阵，对于完全滑动和相对滑动的层间接触条件会有不同的刚度矩阵。等式的左侧为应力向量，前三项为第 i 层上层间接触面的应力；后三项为 0，这是因为在第 i 层和第 $i+1$ 层的层间接触面上应力为作用力与反作用力；最后三项为第 $i+1$ 层下表面的应力。以此类推，对于 N 层饱和粘弹性体系的应力向量，前三项为第 1 层上表面的应力，可以根据荷载边界条件确定；最后三项为第 N 层下表面的应力，一般情况下第 N 层为半空间体，在无穷远处的应力等于 0，因此最后三项为 0；中间项的值均为 0。这是因为层间接触面处上下两层的应力为作用力与反作用力，即大小相等、方向相反。

等式中的矩阵称为第 i 层和第 $i+1$ 层的整体刚度矩阵，由单元刚度矩阵沿主对角线组成。整体刚度矩阵是一个 9 阶方阵，而单元矩阵是一个 6 阶方阵。在集成的时候两个单元刚度矩阵的元素要进行累加，累加元素是第 i 层和第 $i+1$ 层接触面上位移对应的元素。

等式右侧的向量为位移向量，由第 i 层上层间接触面的位移、两层之间层间接触面和第 $i+1$ 层下层间接触面的位移组成，有 9 个元素。对于 N 层饱和粘弹性体系的位移向量，由上表面的位移和层间接触面的位移组成，对于第 N 层无穷远处位移为 0，因此不列入位移向量，因此位移向量有 $3N$ 个元素。

通过以上分析，可以写出 N 层饱和粘弹性体系的刚度方程，这里假设上面作用着竖向

均布荷载,不考虑水平荷载的作用。整体刚度方程为

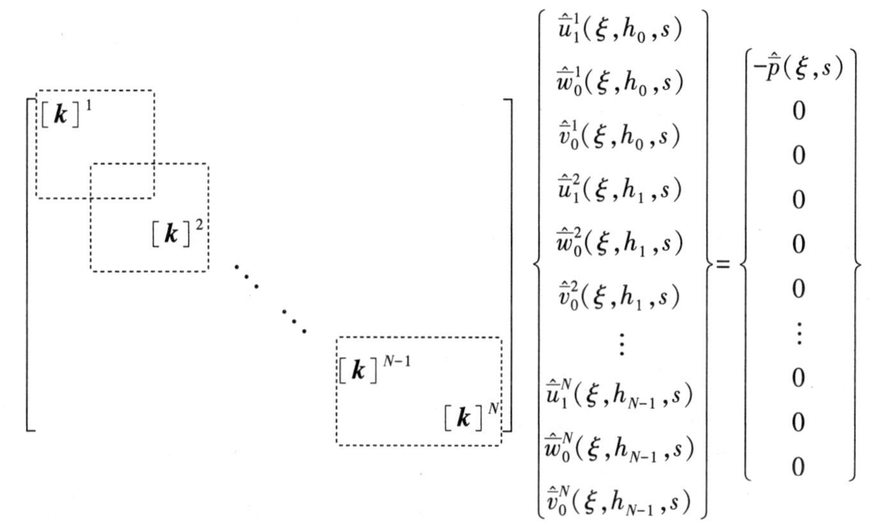

式中,$[\boldsymbol{k}]^N$ 为半空间体的刚度矩阵,3 阶方阵。

整体刚度方程是一非齐次线性方程组,利用线性代数知识,可以求出各层间接触面的位移,再代入单元刚度方程中,得到各层间接触面的应力。利用层间接触面的位移和应力,可以求解每层的系数 A_1、B_1、A_2、B_2、A_3、B_3,代入饱和层状粘弹性体系的一般解中,可以求出任意深度的应力和位移的积分空间中表达式。

第 8 章　传递矩阵法

本章采用传递矩阵法求解饱和多层粘弹性体系,首先,根据 Laplace 空间中的固结方程、渗流连续方程和物理方程,建立由位移、应变和应力组成的状态向量表达的矩阵偏微分方程。状态向量由径向位移 u、竖向位移 w、孔隙水压力 σ、剪应力 τ_{rz}、竖向有效应力 σ_z'以及孔隙水的渗流速度 v 等 6 个分量组成。然后,对坐标 r 施加 Hankel 变换,将矩阵偏微分方程变成关于坐标 z 的矩阵常微分方程,求解矩阵常微分方程可以建立传递矩阵,从而建立状态向量与初始状态向量之间的关系式。利用边界条件和层间接触条件,确定初始状态向量。根据传递矩阵得到任意深度状态向量的解,对其进行 Laplace 逆变换和 Hankel 逆变换,就可得到应力、应变与位移分量的一般表达式。

8.1　传 递 矩 阵

Laplace 空间中的 Biot 固结方程为

$$\frac{\partial\bar{\sigma}_r'(r,z,s)}{\partial r}+\frac{\partial\bar{\tau}_{rz}(r,z,s)}{\partial z}+\frac{\bar{\sigma}_r'(r,z,s)-\bar{\sigma}_\theta'(r,z,s)}{r}-\frac{\partial\bar{\sigma}(r,z,s)}{\partial r}=0 \tag{8.1.1}$$

$$\frac{\partial\bar{\tau}_{rz}(r,z,s)}{\partial r}+\frac{\partial\bar{\sigma}_z'(r,z,s)}{\partial z}+\frac{\bar{\tau}_{rz}(r,z,s)}{r}-\frac{\partial\bar{\sigma}(r,z,s)}{\partial z}=0 \tag{8.1.2}$$

Laplace 空间中的渗流连续方程为

$$k'\nabla^2\bar{\sigma}(r,z,s)=\overline{se}(r,z,s) \tag{8.1.3}$$

Laplace 空间中的物理方程为

$$\bar{\sigma}_r'(r,z,s)=[\bar{\lambda}(s)+2\bar{G}(s)]\frac{\partial\bar{u}(r,z,s)}{\partial r}+\bar{\lambda}(s)\frac{\bar{u}(r,z,s)}{r}+\bar{\lambda}(s)\frac{\partial\bar{w}(r,z,s)}{\partial z} \tag{8.1.4}$$

$$\bar{\sigma}_\theta'(r,z,s)=\bar{\lambda}(s)\frac{\partial\bar{u}(r,z,s)}{\partial r}+[\bar{\lambda}(s)+2\bar{G}(s)]\frac{\bar{u}(r,z,s)}{r}+\bar{\lambda}(s)\frac{\partial\bar{w}(r,z,s)}{\partial z} \tag{8.1.5}$$

$$\bar{\sigma}_z'(r,z,s)=\bar{\lambda}(s)\frac{\partial\bar{u}(r,z,s)}{\partial r}+\bar{\lambda}(s)\frac{\bar{u}(r,z,s)}{r}+[\bar{\lambda}(s)+2\bar{G}(s)]\frac{\partial\bar{w}(r,z,s)}{\partial z} \tag{8.1.6}$$

$$\bar{\tau}(r,z,s)=\bar{G}(s)\left[\frac{\partial\bar{u}(r,z,s)}{\partial z}+\frac{\partial\bar{w}(r,z,s)}{\partial r}\right] \tag{8.1.7}$$

式中

$$\bar{\lambda}(s)=\frac{\bar{\mu}(s)\bar{E}(s)}{[1+\bar{\mu}(s)][1-2\bar{\mu}(s)]}$$

$$\bar{G}(s)=\frac{\bar{E}(s)}{2[1+\bar{\mu}(s)]}$$

将式(8.1.4)和式(8.1.5)代入式(8.1.1),整理可得

$$\frac{2\overline{G}(1-\overline{\mu})}{1-2\overline{\mu}}\left(\frac{\partial^2\overline{u}}{\partial r^2}+\frac{1}{r}\frac{\partial\overline{u}}{\partial r}-\frac{\overline{u}}{r^2}\right)+\frac{2\overline{G}\overline{\mu}}{1-2\overline{\mu}}\frac{\partial^2 w}{\partial z\partial r}+\frac{\partial\overline{\tau}}{\partial z}-\frac{\partial\overline{\sigma}}{\partial r}=0 \tag{8.1.8}$$

将式(8.1.6)对坐标 r 求偏导数可得

$$\frac{2\overline{G}\overline{\mu}}{1-2\overline{\mu}}\left(\frac{\partial^2\overline{u}}{\partial r^2}+\frac{1}{r}\frac{\partial\overline{u}}{\partial r}-\frac{\overline{u}}{r^2}\right)+\frac{2\overline{G}(1-\overline{\mu})}{1-2\overline{\mu}}\frac{\partial^2\overline{w}}{\partial r\partial z}-\frac{\partial\sigma_z'}{\partial r}=0 \tag{8.1.9}$$

联立式(8.1.8)和式(8.1.9),消去$\frac{\partial^2\overline{w}}{\partial r\partial z}$项,可得

$$\frac{\partial\overline{\tau}}{\partial z}=-\frac{2\overline{G}}{1-\overline{\mu}}\left(\frac{\partial^2\overline{u}}{\partial r^2}+\frac{1}{r}\frac{\partial\overline{u}}{\partial r}-\frac{\overline{u}}{r^2}\right)-\frac{\overline{\mu}}{1-\overline{\mu}}\frac{\partial\overline{\sigma}_z'}{\partial r}+\frac{\partial\overline{\sigma}}{\partial r} \tag{8.1.10}$$

将式(8.1.3)展开可得

$$s\left(\frac{\partial\overline{u}}{\partial r}+\frac{\overline{u}}{r}+\frac{\partial\overline{w}}{\partial z}\right)=k'\left(\frac{\partial^2\overline{\sigma}}{\partial r^2}+\frac{1}{r}\frac{\partial\overline{\sigma}}{\partial r}+\frac{\partial^2\overline{\sigma}}{\partial z^2}\right) \tag{8.1.11}$$

渗流速度 v 为

$$v=k'\frac{\partial\sigma}{\partial z} \tag{8.1.12}$$

对式(8.1.12)施加关于时间 t 的 Laplace 变换,可得

$$\overline{v}=k'\frac{\partial\overline{\sigma}}{\partial z} \tag{8.1.13}$$

利用式(8.1.13),式(8.1.11)可变为

$$s\left(\frac{\partial\overline{u}}{\partial r}+\frac{\overline{u}}{r}+\frac{\partial\overline{w}}{\partial z}\right)=k'\left(\frac{\partial^2\overline{\sigma}}{\partial r^2}+\frac{1}{r}\frac{\partial\overline{\sigma}}{\partial r}\right)+\frac{\partial\overline{v}}{\partial z} \tag{8.1.14}$$

由式(8.1.6)和式(8.1.14)可得

$$\frac{\partial\overline{v}}{\partial z}=\frac{2s\overline{G}}{\overline{\lambda}+2\overline{G}}\left(\frac{\partial\overline{u}}{\partial r}+\frac{\overline{u}}{r}\right)+\frac{s}{\overline{\lambda}+2\overline{G}}\overline{\sigma}_z'-k'\left(\frac{\partial^2\overline{\sigma}}{\partial r^2}+\frac{1}{r}\frac{\partial\overline{\sigma}}{\partial r}\right) \tag{8.1.15}$$

将式(8.1.2)、式(8.1.6)、式(8.1.7)、式(8.1.10)、式(8.1.13)和式(8.1.15)进行整理,可得

$$\frac{\partial\overline{\sigma}_z'}{\partial z}=-\left(\frac{\partial}{\partial r}+\frac{1}{r}\right)\overline{\tau}_{rz}+\frac{1}{k'}\overline{v} \tag{8.1.16}$$

$$\frac{\partial\overline{\tau}_{rz}}{\partial z}=-\frac{2\overline{G}}{1-\overline{\mu}}\left(\frac{\partial^2}{\partial r^2}+\frac{1}{r}\frac{\partial}{\partial r}-\frac{1}{r^2}\right)\overline{u}-\frac{\overline{\mu}}{1-\overline{\mu}}\frac{\partial}{\partial r}\overline{\sigma}_z'+\frac{\partial}{\partial r}\overline{\sigma} \tag{8.1.17}$$

$$\frac{\partial\overline{\sigma}}{\partial z}=\frac{1}{k'}\overline{v} \tag{8.1.18}$$

$$\frac{\partial\overline{u}}{\partial z}=-\frac{\partial\overline{w}}{\partial r}+\frac{1}{k'}\overline{\tau}_{rz} \tag{8.1.19}$$

$$\frac{\partial\overline{w}}{\partial z}=-\frac{\overline{\mu}}{1-\overline{\mu}}\left(\frac{\partial}{\partial r}+\frac{1}{r}\right)\overline{u}+\frac{1-2\overline{\mu}}{2\overline{G}(1-\overline{\mu})}\overline{\sigma}_z' \tag{8.1.20}$$

$$\frac{\partial\bar{v}}{\partial z}=\frac{s(1-2\bar{\mu})}{1-\bar{\mu}}\left(\frac{\partial}{\partial r}+\frac{1}{r}\right)\bar{u}+\frac{s(1-2\bar{\mu})}{2\bar{G}(1-\bar{\mu})}\bar{\sigma}_z'-k'\left(\frac{\partial^2}{\partial r^2}+\frac{1}{r}\frac{\partial}{\partial r}\right)\bar{\sigma} \tag{8.1.21}$$

为了消去对于坐标 r 的偏导数,这里采用 Hankel 变换,使用了下列关系式:

$$\int_0^{\infty} r\left(\frac{\mathrm{d}}{\mathrm{d}r}+\frac{k}{r}\right)f(r)\mathrm{J}_{k-1}(\xi r)\,\mathrm{d}r=\xi\hat{f}_k(\xi)$$

$$\int_0^{\infty} r\left(\frac{\mathrm{d}^2}{\mathrm{d}r^2}+\frac{1}{r}\frac{\mathrm{d}}{\mathrm{d}r}-\frac{n^2}{r^2}\right)f(r)\mathrm{J}_n(\xi r)\,\mathrm{d}r=-\xi^2\hat{f}_n(\xi)$$

$$\hat{f}_n^{(k)}(\xi)=-\xi\left[\frac{n+1}{2n}\bar{f}_{n-1}^{(k-1)}(\xi)-\frac{n-1}{2n}\bar{f}_{n+1}^{(k-1)}(\xi)\right]$$

对式(8.1.16)进行 1 阶 Hankel 变换,可得

$$\frac{\partial\hat{\bar{u}}_1}{\partial z}=\xi\hat{\bar{w}}_0+\frac{1}{\bar{G}}\hat{\bar{\tau}}_{rz1} \tag{8.1.22}$$

对式(8.1.17)进行 0 阶 Hankel 变换,可得

$$\frac{\partial\hat{\bar{w}}_0}{\partial z}=-\frac{\bar{\mu}}{1-\bar{\mu}}\xi\hat{\bar{u}}_1+\frac{1-2\bar{\mu}}{2\bar{G}(1-\bar{\mu})}\hat{\bar{\sigma}}_{z0}' \tag{8.1.23}$$

对式(8.1.18)进行 0 阶 Hankel 变换,可得

$$\frac{\partial\hat{\bar{\sigma}}_{z0}'}{\partial z}=-\xi\hat{\bar{\tau}}_{rz1}+\frac{1}{k'}\hat{\bar{v}}_0 \tag{8.1.24}$$

对式(8.1.19)进行 1 阶 Hankel 变换,可得

$$\frac{\partial\hat{\bar{\tau}}_{rz1}}{\partial z}=\frac{2\bar{G}}{1-\bar{\mu}}\xi^2\bar{u}_1+\frac{\bar{\mu}}{1-\bar{\mu}}\xi\hat{\bar{\sigma}}_{z0}'-\xi\hat{\bar{\sigma}}_0 \tag{8.1.25}$$

对式(8.1.20)进行 0 阶 Hankel 变换,可得

$$\frac{\partial\hat{\bar{\sigma}}_0}{\partial z}=\frac{1}{k'}\hat{\bar{v}}_0 \tag{8.1.26}$$

对式(8.1.21)进行 0 阶 Hankel 变换,可得

$$\frac{\partial\hat{\bar{v}}_0}{\partial z}=\frac{s(1-2\bar{\mu})}{2\bar{G}(1-\bar{\mu})}\hat{\bar{\sigma}}_{z0}'+\xi^2k'\hat{\bar{\sigma}}_0+\frac{s(1-2\bar{\mu})}{1-\bar{\mu}}\xi\hat{\bar{u}}_1 \tag{8.1.27}$$

式中,下标中的 0 和 1 分别表示 0 阶和 1 阶 Hankel 变换。

将式(8.1.22)~式(8.1.27)写为矩阵的形式:

$$\frac{\mathrm{d}}{\mathrm{d}z}\begin{Bmatrix}\hat{\bar{u}}_1\\ \hat{\bar{w}}_0\\ \hat{\bar{\sigma}}'_{z0}\\ \hat{\bar{\tau}}_{rz1}\\ \hat{\bar{\sigma}}_0\\ \hat{\bar{v}}_0\end{Bmatrix}=\begin{bmatrix}0 & \xi & 0 & \dfrac{1}{\overline{G}} & 0 & 0\\ -\dfrac{\bar{\mu}}{1-\bar{\mu}}\xi & 0 & \dfrac{1-2\bar{\mu}}{2\overline{G}(1-\bar{\mu})} & 0 & 0 & 0\\ 0 & 0 & 0 & -\xi & 0 & \dfrac{1}{k'}\\ \dfrac{2\overline{G}}{1-\bar{\mu}}\xi^2 & 0 & \dfrac{\bar{\mu}}{1-\bar{\mu}}\xi & 0 & -\xi & 0\\ 0 & 0 & 0 & 0 & 0 & \dfrac{1}{k'}\\ \dfrac{s\xi(1-2\bar{\mu})}{1-\bar{\mu}} & 0 & \dfrac{s(1-2\bar{\mu})}{2\overline{G}(1-\bar{\mu})} & 0 & \xi^2k' & 0\end{bmatrix}\begin{Bmatrix}\hat{\bar{u}}_1\\ \hat{\bar{w}}_0\\ \hat{\bar{\sigma}}'_{z0}\\ \hat{\bar{\tau}}_{rz1}\\ \hat{\bar{\sigma}}_0\\ \hat{\bar{v}}_0\end{Bmatrix}\tag{8.1.28}$$

若令状态向量$\{\hat{\bar{\boldsymbol{X}}}\}$为

$$\{\hat{\bar{\boldsymbol{X}}}\}=\begin{Bmatrix}\hat{\bar{u}}_1(\xi,z,s)\\ \hat{\bar{w}}_0(\xi,z,s)\\ \hat{\bar{\sigma}}'_{z0}(\xi,z,s)\\ \hat{\bar{\tau}}_{rz1}(\xi,z,s)\\ \hat{\bar{\sigma}}_0(\xi,z,s)\\ \hat{\bar{v}}_0(\xi,z,s)\end{Bmatrix}$$

则式(8.1.28)可以表示为

$$\frac{\mathrm{d}}{\mathrm{d}z}\{\hat{\bar{\boldsymbol{X}}}\}=[\boldsymbol{A}]\{\hat{\bar{\boldsymbol{X}}}\}\tag{8.1.29}$$

式中

$$[\boldsymbol{A}]=\begin{bmatrix}0 & \xi & 0 & \dfrac{1}{\overline{G}} & 0 & 0\\ -\dfrac{\bar{\mu}}{1-\bar{\mu}}\xi & 0 & \dfrac{1-2\bar{\mu}}{2\overline{G}(1-\bar{\mu})} & 0 & 0 & 0\\ 0 & 0 & 0 & -\xi & 0 & \dfrac{1}{k'}\\ \dfrac{2\overline{G}}{1-\bar{\mu}}\xi^2 & 0 & \dfrac{\bar{\mu}}{1-\bar{\mu}}\xi & 0 & -\xi & 0\\ 0 & 0 & 0 & 0 & 0 & \dfrac{1}{k'}\\ \dfrac{s\xi(1-2\bar{\mu})}{1-\bar{\mu}} & 0 & \dfrac{s(1-2\bar{\mu})}{2\overline{G}(1-\bar{\mu})} & 0 & \xi^2k' & 0\end{bmatrix}$$

式(8.1.29)的解可表示为

$$\{\hat{\bar{X}}\}=e^{[A]z}\{\hat{\bar{X}}_0\}=[G]\{\hat{\bar{X}}_0\} \tag{8.1.30}$$

式(8.1.30)中的向量$\{\hat{\bar{X}}_0\}$称为初始状态向量,为

$$\{\hat{\bar{X}}_0\}=\begin{Bmatrix} \hat{\bar{u}}_1(\xi,0,s) \\ \hat{\bar{w}}_0(\xi,0,s) \\ \hat{\bar{\sigma}}'_{z0}(\xi,0,s) \\ \hat{\bar{\tau}}_{rz1}(\xi,0,s) \\ \hat{\bar{\sigma}}_0(\xi,0,s) \\ \hat{\bar{v}}_0(\xi,0,s) \end{Bmatrix}$$

式(8.1.30)中的指数矩阵$e^{[A]z}$称为传递矩阵,以下用$[G]$表示。传递矩阵$[G]$建立了初始状态向量$\{\hat{\bar{X}}_0(\xi,0,s)\}$与任意深度状态向量$\{\hat{\bar{X}}(\xi,z,s)\}$之间的关系。

方阵$[A]$的特征方程为

$$\det([A]-\lambda[I])=0 \tag{8.1.31}$$

式中,$[I]$为与矩阵$[A]$同阶的单位矩阵。

解特征方程(8.1.31)可得

$$(\lambda^2-m^2)(\lambda^2-\xi^2)^2=0$$

式中

$$m=\frac{\sqrt{2\bar{G}k'(-1+\bar{\mu})(2\bar{G}k'\bar{\mu}\xi^2-2\bar{G}k'\xi^2+2\bar{\mu}s-s)}}{2\bar{G}k'(-1+\bar{\mu})}$$

方阵$[A]$的特征方程为

$$\lambda^6-(m^2+2\xi^2)\lambda^4+(2m^2\xi^2+\xi^4)\lambda^2-m^2\xi^4=0$$

根据 Cayley-Hamilton 定理,方阵$[A]$满足其特征方程,必有

$$[A]^6-(m^2+2\xi^2)[A]^4+(2m^2\xi^2+\xi^4)[A]^2-m^2\xi^4[I]=0$$

可知指数矩阵$[G]$的级数展开式的最高次幂不能高于5次,因此有

$$[G]=e^{[A]z}=a_0[I]+a_1[A]+a_2[A]^2+a_3[A]^3+a_4[A]^4+a_5[A]^5 \tag{8.1.32}$$

上式的方阵$[A]$可用特征值代替,仍然成立,即

$$e^{\lambda z}=a_0+a_1\lambda+a_2\lambda^2+a_3\lambda^3+a_4\lambda^4+a_5\lambda^5 \tag{8.1.33}$$

由于方阵$[A]$的特征方程具有重根,它应满足式(8.1.33)对λ的导数关系式,有

$$ze^{\lambda z}=a_1+2a_2\lambda+3a_3\lambda^2+4a_4\lambda^3+5a_5\lambda^4 \tag{8.1.34}$$

将$\lambda=\pm m$和$\lambda=\pm\xi$代入式(8.1.33)和式(8.1.34),可得下述线性方程组:

$$\begin{cases} a_0+a_1m+a_2m^2+a_3m^3+a_4m^4+a_5m^5=e^{mz} \\ a_0-a_1m+a_2m^2-a_3m^3+a_4m^4-a_5m^5=e^{-mz} \\ a_0+a_1\xi+a_2\xi^2+a_3\xi^3+a_4\xi^4+a_5\xi^5=e^{\xi z} \\ a_0-a_1\xi+a_2\xi^2-a_3\xi^3+a_4\xi^4-a_5\xi^5=e^{-\xi z} \\ a_1+2a_2\xi+3a_3\xi^2+4a_4\xi^3+5a_5\xi^4=ze^{\xi z} \\ a_1-2a_2\xi+3a_3\xi^2-4a_4\xi^3+5a_5\xi^4=ze^{-\xi z} \end{cases}$$

可以表示成矩阵的形式：

$$[\boldsymbol{M}]\{\boldsymbol{a}\}=\{\mathbf{e}\} \tag{8.1.35}$$

式中

$$[\boldsymbol{M}]=\begin{bmatrix}1 & m & m^2 & m^3 & m^4 & m^5\\ 1 & -m & m^2 & -m^3 & m^4 & -m^5\\ 1 & \xi & \xi^2 & \xi^3 & \xi^4 & \xi^5\\ 1 & -\xi & \xi^2 & -\xi^3 & \xi^4 & -\xi^5\\ 0 & 1 & 2\xi & 3\xi^2 & 4\xi^3 & 5\xi^4\\ 0 & 1 & -2\xi & 3\xi^2 & -4\xi^3 & 5\xi^4\end{bmatrix}$$

$$\{\boldsymbol{a}\}=\begin{Bmatrix}a_0\\ a_1\\ a_2\\ a_3\\ a_4\\ a_5\end{Bmatrix}$$

$$\{\mathbf{e}\}=\begin{Bmatrix}\mathrm{e}^{mz}\\ \mathrm{e}^{-mz}\\ \mathrm{e}^{\xi z}\\ \mathrm{e}^{-\xi z}\\ z\mathrm{e}^{\xi z}\\ z\mathrm{e}^{-\xi z}\end{Bmatrix}$$

求解式(8.1.34)可得

$$a_0=\frac{m^2(m^2\xi z-z\xi^3+2m^2-4\xi^2)\mathrm{e}^{-\xi z}+2\xi^4\mathrm{e}^{-mz}-m^2(m^2\xi z-z\xi^3-2m^2+4\xi^2)\mathrm{e}^{\xi z}+2\xi^4\mathrm{e}^{mz}}{4(m-\xi)^2(m+\xi)^2}$$

$$a_1=\frac{-m^3(m^2\xi z-z\xi^3+3m^2-5\xi^2)\mathrm{e}^{-\xi z}-2\xi^5\mathrm{e}^{-mz}-m^3(m^2\xi z-z\xi^3-3m^2+5\xi^2)\mathrm{e}^{\xi z}+2\xi^5\mathrm{e}^{mz}}{4m\xi(m-\xi)^2(m+\xi)^2}$$

$$a_2=\frac{(-m^4z+z\xi^4+4\xi^3)\mathrm{e}^{-\xi z}-4\xi^3\mathrm{e}^{-mz}+(m^4z-z\xi^4+4\xi^3)\mathrm{e}^{\xi z}-4\xi^3\mathrm{e}^{mz}}{4\xi(m-\xi)^2(m+\xi)^2}$$

$$a_3=\frac{m(m^4\xi z-z\xi^5+m^4-5\xi^4)\mathrm{e}^{-\xi z}+4\xi^5\mathrm{e}^{-mz}+m(m^4\xi z-z\xi^5-m^4+5\xi^4)\mathrm{e}^{\xi z}-4\xi^5\mathrm{e}^{mz}}{4m\xi^3(m-\xi)^2(m+\xi)^2}$$

$$a_4=\frac{(m^2z-z\xi^2-2\xi)\mathrm{e}^{-\xi z}+2\xi\mathrm{e}^{-mz}+(-m^2z+z\xi^2-2\xi)\mathrm{e}^{\xi z}+2\xi\mathrm{e}^{mz}}{4\xi(m-\xi)^2(m+\xi)^2}$$

$$a_5=\frac{-m(m^2\xi z-z\xi^3+m^2-3\xi^2)\mathrm{e}^{-\xi z}-2\xi^3\mathrm{e}^{-mz}-m(m^2\xi z-z\xi^3-m^2+3\xi^2)\mathrm{e}^{\xi z}+2\xi^3\mathrm{e}^{mz}}{4m\xi^3(m-\xi)^2(m+\xi)^2}$$

将以上系数代入式(8.1.32)可以得到传递矩阵$[\boldsymbol{G}]$：

$$[\boldsymbol{G}]=\mathrm{e}^{[\boldsymbol{A}]z}=a_0[\boldsymbol{I}]+a_1[\boldsymbol{A}]+a_2[\boldsymbol{A}]^2+a_3[\boldsymbol{A}]^3+a_4[\boldsymbol{A}]^4+a_5[\boldsymbol{A}]^5 \tag{8.1.36}$$

通过式(8.1.36)可以得到 Laplace 变换和 Hankel 变换下的任意深度的状态向量$\{\boldsymbol{X}\}$，即

$$\{\hat{\bar{X}}\} = [G]\{\hat{\bar{X}}_0\} \tag{8.1.37}$$

8.2 传递矩阵法在饱和粘弹性半空间体中的应用

粘弹性半空间体是以 $z=0$ 的水平面为边界，由无限大半径 r 和深度 z 围成的半无限粘弹性均质体，它是层状粘弹性体系中最简单的一种模式，在道路工程中可将路基视为粘弹性半空间体，如图 8.2.1 所示。本节将利用上表面和无限远处的边界条件求解饱和粘弹性半空间体的应力和位移的表达式，上表面作用着轴对称圆形均布荷载：

$$p(r,t) = \begin{cases} pH(t) & (r \leqslant \delta) \\ 0 & (r > \delta) \end{cases} \tag{8.2.1}$$

式中，$H(t)$ 为单位阶梯函数，$H(t) = \begin{cases} 1 & (t>0) \\ 0 & (t<0) \end{cases}$。

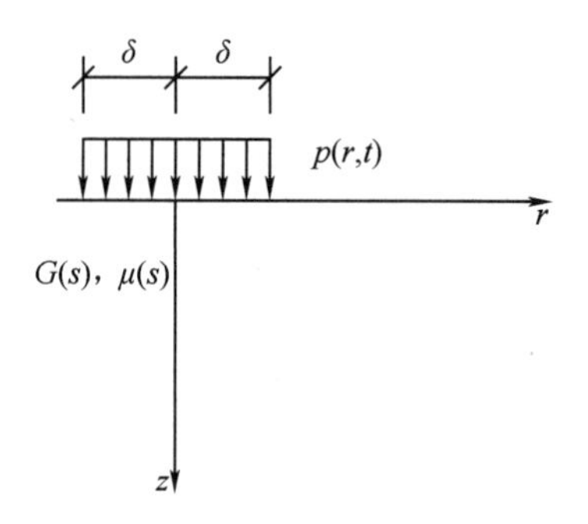

图 8.2.1　轴对称半空间体

考虑路面排水和不排水两种情况。排水条件是指孔隙水可以从上表面排出，超孔隙水压力等于 0；竖向的有效应力等于行车荷载；不考虑水平力的作用，剪应力等于 0。排水的边界条件可表示为

$$\begin{cases} \sigma_z'(r,0,t) = -p(r,t) \\ \tau_{rz}(r,0,t) = 0 \\ \sigma(r,0,t) = 0 \end{cases} \tag{8.2.2}$$

对上式进行 Laplace 变换和 0 阶、1 阶 Hankel 变换，可得

$$\begin{cases} \hat{\bar{\sigma}}_{z0}'(\xi,0,s) = -\hat{\bar{p}}(\xi,s) = \dfrac{-p\delta J_1(\xi\delta)}{s\xi} \\ \hat{\bar{\tau}}_{rz1}(\xi,0,s) = 0 \\ \hat{\bar{\sigma}}_0(\xi,0,s) = 0 \end{cases} \tag{8.2.3}$$

式中，0 和 1 分别表示 0 阶和 1 阶 Hankel 变换。

如果沥青路面的面层加铺稀浆封层等作为封水或者防水处理措施时，可以将路面表面视为不排水条件，孔隙水不能从路面表面排出，孔隙水竖直方向的流速等于 0。竖向的有效

应力等于行车荷载,由于不考虑水平力的作用,剪应力等于 0。不排水的边界条件可以表示为

$$\begin{cases}\sigma_z'(r,0,t)=-p(r,t)\\ \tau_{rz}(r,0,t)=0\\ v(r,0,t)=0\end{cases} \tag{8.2.4}$$

对上式进行 Laplace 变换和 0 阶、1 阶 Hankel 变换,可得

$$\begin{cases}\hat{\bar{\sigma}}_{z0}'(\xi,0,s)=-\hat{\bar{p}}(\xi,s)=\dfrac{-p\delta J_1(\xi\delta)}{s\xi}\\ \hat{\bar{\tau}}_{rz1}(\xi,0,s)=0\\ \hat{\bar{v}}_0(\xi,0,s)=0\end{cases} \tag{8.2.5}$$

根据无穷远处的应力和位移等于 0 的假设,当 $z\to\infty$ 时,所有的应力和位移分量都趋于 0,即

$$\lim_{z\to\infty}(\sigma_r',\sigma_\theta',\sigma_z',\tau_{zr},\sigma,u,w)=0 \tag{8.2.6}$$

将半空间体的材料参数 $\bar{G}(s)$ 和 $\bar{\mu}(s)$ 代入式(8.1.36)可得传递矩阵$[\boldsymbol{G}]$,再代入式(8.1.37),可以建立半空间体任意深度的状态向量$\{\hat{\bar{\boldsymbol{X}}}\}$与初始状态向量$\{\hat{\bar{\boldsymbol{X}}}_0\}$之间的关系:

$$\{\hat{\bar{\boldsymbol{X}}}\}=[\boldsymbol{G}]\{\hat{\bar{\boldsymbol{X}}}_0\} \tag{8.2.7}$$

式中

$$\{\hat{\bar{\boldsymbol{X}}}_0\}=\begin{Bmatrix}\hat{\bar{u}}_1(\xi,0,s)\\ \hat{\bar{w}}_0(\xi,0,s)\\ \hat{\bar{\sigma}}_{z0}'(\xi,0,s)\\ \hat{\bar{\tau}}_{rz1}(\xi,0,s)\\ \hat{\bar{\sigma}}_0(\xi,0,s)\\ \hat{\bar{v}}_0(\xi,0,s)\end{Bmatrix}$$

初始状态向量$\{\hat{\bar{\boldsymbol{X}}}_0\}$有 6 个分量,其中有 3 个分量可以通过上表面($z=0$)的边界条件确定,即 $\hat{\bar{\sigma}}_{z0}'(\xi,0,s)$、$\hat{\bar{\tau}}_{rz1}(\xi,0,s)$、$\hat{\bar{\sigma}}_0(\xi,0,s)$(表面排水)或 $\hat{\bar{v}}_0(\xi,0,s)$(表面不排水)。对于其他 3 个分量要利用无穷远处的边界条件来确定,根据式(8.2.6),无穷远处的状态向量等于 0,即

$$\{\hat{\bar{\boldsymbol{X}}}\}_{z\to\infty}=\{\boldsymbol{0}\} \tag{8.2.8}$$

代入式(8.2.7)可得

$$[\boldsymbol{G}]_{z\to\infty}\{\hat{\bar{\boldsymbol{X}}}_0\}=\{\boldsymbol{0}\} \tag{8.2.9}$$

将上式展开可得

$$\begin{bmatrix} G_{11} & G_{12} & G_{13} & G_{14} & G_{15} & G_{16} \\ G_{21} & G_{22} & G_{23} & G_{24} & G_{25} & G_{26} \\ G_{31} & G_{32} & G_{33} & G_{34} & G_{35} & G_{36} \\ G_{41} & G_{42} & G_{43} & G_{44} & G_{45} & G_{46} \\ G_{51} & G_{52} & G_{53} & G_{54} & G_{55} & G_{56} \\ G_{61} & G_{62} & G_{63} & G_{64} & G_{65} & G_{66} \end{bmatrix}_{z\to\infty} \begin{Bmatrix} \hat{\bar{u}}_1(\xi,0,s) \\ \hat{\bar{w}}_0(\xi,0,s) \\ \hat{\bar{\sigma}}'_{z0}(\xi,0,s) \\ \hat{\bar{\tau}}_{rz1}(\xi,0,s) \\ \hat{\bar{\sigma}}_0(\xi,0,s) \\ \hat{\bar{v}}_0(\xi,0,s) \end{Bmatrix} = \begin{Bmatrix} 0 \\ 0 \\ 0 \\ 0 \\ 0 \\ 0 \end{Bmatrix} \tag{8.2.10}$$

对式(8.2.10)进行整理,将已知的3个分量调整到初始状态向量的前3位,以表面排水情况为例,即

$$\begin{bmatrix} G_{31} & G_{32} & G_{33} & G_{34} & G_{35} & G_{36} \\ G_{41} & G_{42} & G_{43} & G_{44} & G_{45} & G_{46} \\ G_{51} & G_{52} & G_{53} & G_{54} & G_{55} & G_{56} \\ G_{11} & G_{12} & G_{13} & G_{14} & G_{15} & G_{16} \\ G_{21} & G_{22} & G_{23} & G_{24} & G_{25} & G_{26} \\ G_{61} & G_{62} & G_{63} & G_{64} & G_{65} & G_{66} \end{bmatrix}_{z\to\infty} \begin{Bmatrix} \hat{\bar{\sigma}}'_{z0}(\xi,0,s) \\ \hat{\bar{\tau}}_{rz1}(\xi,0,s) \\ \hat{\bar{\sigma}}_0(\xi,0,s) \\ \hat{\bar{u}}_1(\xi,0,s) \\ \hat{\bar{w}}_0(\xi,0,s) \\ \hat{\bar{v}}_0(\xi,0,s) \end{Bmatrix} = \begin{Bmatrix} 0 \\ 0 \\ 0 \\ 0 \\ 0 \\ 0 \end{Bmatrix}$$

写成分块矩阵的形式:

$$\begin{bmatrix} [\boldsymbol{G}_{11}] & [\boldsymbol{G}_{12}] \\ [\boldsymbol{G}_{21}] & [\boldsymbol{G}_{22}] \end{bmatrix}_{z\to\infty} \begin{Bmatrix} \hat{\bar{\boldsymbol{X}}}_{01} \\ \hat{\bar{\boldsymbol{X}}}_{02} \end{Bmatrix} = \begin{Bmatrix} \boldsymbol{0} \\ \boldsymbol{0} \end{Bmatrix} \tag{8.2.11}$$

式中

$$\{\hat{\bar{\boldsymbol{X}}}_{01}\} = \begin{Bmatrix} \hat{\bar{\sigma}}'_{z0}(\xi,0,s) \\ \hat{\bar{\tau}}_{rz1}(\xi,0,s) \\ \hat{\bar{\sigma}}_0(\xi,0,s) \end{Bmatrix}$$

$$\{\hat{\bar{\boldsymbol{X}}}_{02}\} = \begin{Bmatrix} \hat{\bar{u}}_1(\xi,0,s) \\ \hat{\bar{w}}_0(\xi,0,s) \\ \hat{\bar{v}}_0(\xi,0,s) \end{Bmatrix}$$

$$[\boldsymbol{G}_{11}]_{z\to\infty} = \begin{bmatrix} G_{31} & G_{32} & G_{33} \\ G_{41} & G_{42} & G_{43} \\ G_{51} & G_{52} & G_{53} \end{bmatrix}_{z\to\infty}$$

$$[\boldsymbol{G}_{12}]_{z\to\infty} = \begin{bmatrix} G_{34} & G_{35} & G_{36} \\ G_{44} & G_{45} & G_{46} \\ G_{54} & G_{55} & G_{56} \end{bmatrix}_{z\to\infty}$$

$$[\boldsymbol{G}_{21}]_{z\to\infty}=\begin{bmatrix} G_{11} & G_{12} & G_{13} \\ G_{21} & G_{22} & G_{23} \\ G_{61} & G_{62} & G_{63} \end{bmatrix}_{z\to\infty}$$

$$[\boldsymbol{G}_{22}]_{z\to\infty}=\begin{bmatrix} G_{14} & G_{15} & G_{16} \\ G_{24} & G_{25} & G_{26} \\ G_{64} & G_{65} & G_{66} \end{bmatrix}_{z\to\infty}$$

将式(8.2.11)展开可得

$$[\boldsymbol{G}_{11}]_{z\to\infty}\{\hat{\bar{\boldsymbol{X}}}_{01}\}+[\boldsymbol{G}_{12}]_{z\to\infty}\{\hat{\bar{\boldsymbol{X}}}_{02}\}=\{\boldsymbol{0}\} \tag{8.2.12}$$

$$[\boldsymbol{G}_{21}]_{z\to\infty}\{\hat{\bar{\boldsymbol{X}}}_{01}\}+[\boldsymbol{G}_{22}]_{z\to\infty}\{\hat{\bar{\boldsymbol{X}}}_{02}\}=\{\boldsymbol{0}\} \tag{8.2.13}$$

通过式(8.2.12)和式(8.2.13)可以求解未知的 3 个分量,即

$$\{\hat{\bar{\boldsymbol{X}}}_{02}\}=-[\boldsymbol{G}_{12}]_{z\to\infty}^{-1}[\boldsymbol{G}_{11}]_{z\to\infty}\{\hat{\bar{\boldsymbol{X}}}_{01}\} \tag{8.2.14}$$

$$\{\hat{\bar{\boldsymbol{X}}}_{02}\}=-[\boldsymbol{G}_{22}]_{z\to\infty}^{-1}[\boldsymbol{G}_{21}]_{z\to\infty}\{\hat{\bar{\boldsymbol{X}}}_{01}\} \tag{8.2.15}$$

将式(8.2.14)或式(8.2.15)代入初始状态向量$\{\hat{\bar{\boldsymbol{X}}}_0\}$,6 个分量均是已知的,再代入式(8.2.7),有

$$\{\hat{\bar{\boldsymbol{X}}}\}=[\boldsymbol{G}]\{\hat{\bar{\boldsymbol{X}}}_0\}$$

可以求解任意深度的状态向量。

8.3　传递矩阵法在饱和多层粘弹性体系中的应用

设饱和 n 层粘弹性体系表面作用有圆形荷载 $p(r,t)$,各层厚度为 h_i,Laplace 空间中的材料参数为 $\bar{G}_i(s)$、$\bar{\mu}_i(s)$,$i=1,2,\cdots,n-1$;最下层为粘弹性半空间体,Laplace 空间中的材料参数为 $\bar{G}_n(s)$、$\bar{\mu}_n(s)$,如图 8.3.1 所示。

层间接触条件能够反映层状体系中各层之间的结合状态,同时也会影响到层状体系的应力状态和位移的大小。积分空间中的层间连续接触条件为

$$\begin{Bmatrix} \hat{\bar{\sigma}}_{z0}(\xi,h_i,s) \\ \hat{\bar{\tau}}_{rz1}(\xi,h_i,s) \\ \hat{\bar{\sigma}}_0(\xi,h_i,s) \\ \hat{\bar{u}}_1(\xi,h_i,s) \\ \hat{\bar{w}}_0(\xi,h_i,s) \\ \hat{\bar{v}}_0(\xi,h_i,s) \end{Bmatrix}^{i}=\begin{Bmatrix} \hat{\bar{\sigma}}_{z0}(\xi,h_i,s) \\ \hat{\bar{\tau}}_{rz1}(\xi,h_i,s) \\ \hat{\bar{\sigma}}_0(\xi,h_i,s) \\ \hat{\bar{u}}_1(\xi,h_i,s) \\ \hat{\bar{w}}_0(\xi,h_i,s) \\ \hat{\bar{v}}_0(\xi,h_i,s) \end{Bmatrix}^{i+1} \tag{8.3.1}$$

式中　下标中的数字表示 Hankel 变换的阶数;

h_i——第 i 层与第 $i+1$ 层接触面的深度。

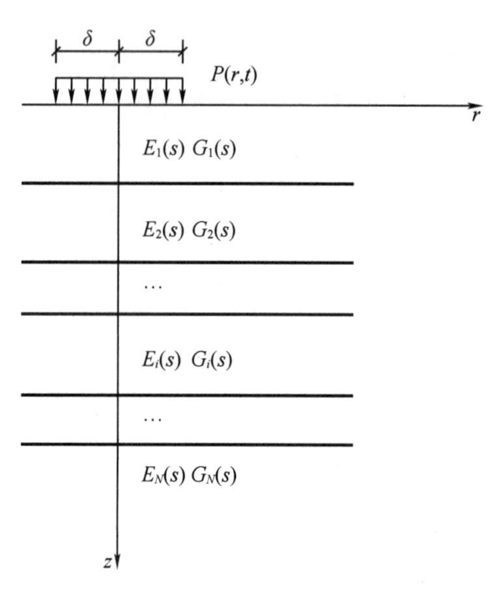

图 8.3.1　饱和多层粘弹性体系

积分空间中的层间完全滑动接触条件

$$\begin{Bmatrix} \hat{\bar{\sigma}}_{z0}(\xi,h_i,s) \\ \hat{\bar{\tau}}_{rz1}(\xi,h_i,s) \\ \hat{\bar{\sigma}}_0(\xi,h_i,s) \\ 0 \\ \hat{\bar{w}}_0(\xi,h_i,s) \\ \hat{\bar{v}}_0(\xi,h_i,s) \end{Bmatrix}^i = \begin{Bmatrix} \hat{\bar{\sigma}}_{z0}(\xi,h_i,s) \\ 0 \\ \hat{\bar{\sigma}}_0(\xi,h_i,s) \\ \hat{\bar{\tau}}_{rz1}(\xi,h_i,s) \\ \hat{\bar{w}}_0(\xi,h_i,s) \\ \hat{\bar{v}}_0(\xi,h_i,s) \end{Bmatrix}^{i+1} \tag{8.3.2}$$

对于相对滑动层间接触条件，将古德曼模型应用到层间接触条件，层间接触面上的剪应力等于粘结系数 K 乘以上下两层的相对水平位移，积分空间中的层间接触条件为

$$\begin{Bmatrix} \hat{\bar{\sigma}}_{z0}(\xi,h_i,s) \\ \hat{\bar{\tau}}_{rz1}(\xi,h_i,s) \\ \hat{\bar{\sigma}}_0(\xi,h_i,s) \\ \hat{\bar{\tau}}_{rz1}(\xi,h_i,s) \\ \hat{\bar{w}}_0(\xi,h_i,s) \\ \hat{\bar{v}}_0(\xi,h_i,s) \end{Bmatrix}^i = \begin{Bmatrix} \hat{\bar{\sigma}}_{z0}(\xi,h_i,s) \\ \hat{\bar{\tau}}_{rz1}(\xi,h_i,s) \\ \hat{\bar{\sigma}}_0(\xi,h_i,s) \\ K[\hat{\bar{u}}_1(\xi,h_i,s)^{i+1}-\hat{\bar{u}}_1(\xi,h_i,s)^i] \\ \hat{\bar{w}}_0(\xi,h_i,s) \\ \hat{\bar{v}}_0(\xi,h_i,s) \end{Bmatrix}^{i+1} \tag{8.3.3}$$

以层间接触条件为完全连续为例，来分析传递矩阵法在多层粘弹性体系中的应用。将第 i 层的粘弹性参数代入，就可以得到第 i 层的传递矩阵$[\boldsymbol{G}]^i$，例如：

第 1 层为

$$\{\hat{\bar{\boldsymbol{X}}}(\xi,z,s)\} = [\boldsymbol{G}(\xi,z,s)]^1\{\hat{\bar{\boldsymbol{X}}}_0(\xi,0,s)\} \tag{8.3.4}$$

第 2 层为

$$\{\hat{\bar{\boldsymbol{X}}}(\xi,z,s)\} = [\boldsymbol{G}(\xi,z,s)]^2\{\hat{\bar{\boldsymbol{X}}}_0(\xi,h_1,s)\} \tag{8.3.5}$$

式中,h_1 为第 1 层和第 2 层接触面的深度。

第 2 层的初始状态向量$\{\hat{\bar{\boldsymbol{X}}}_0(\xi,h_1,s)\}$为第 1 层与第 2 层接触面上的应力和位移,可以利用第 1 层的传递矩阵求解,将 $z=h_1$ 代入式(8.3.4),可得

$$\{\hat{\bar{\boldsymbol{X}}}_0(\xi,h_1,s)\}=\{\hat{\bar{\boldsymbol{X}}}(\xi,h_1,s)\}=[\boldsymbol{G}(\xi,h_1,s)]^1\{\hat{\bar{\boldsymbol{X}}}_0(\xi,0,s)\} \tag{8.3.6}$$

将式(8.3.6)代入式(8.3.5),可得第 2 层的传递方程:

$$\{\hat{\bar{\boldsymbol{X}}}(\xi,z,s)\}=[\boldsymbol{G}(\xi,z,s)]^2[\boldsymbol{G}(\xi,h_1,s)]^1\{\hat{\bar{\boldsymbol{X}}}_0(\xi,0,s)\}$$

以此类推,通过接触条件可以逐层建立第 i 层($h_{i-1}\leqslant z\leqslant h_i$)的状态向量与上表面的初始状态向量的关系:

$$\{\hat{\bar{\boldsymbol{X}}}(\xi,z,s)\}=[\boldsymbol{G}(\xi,z,s)]^i[\boldsymbol{G}(\xi,h_{i-1},s)]^{i-1}\cdots[\boldsymbol{G}(\xi,h_2,s)]^2[\boldsymbol{G}(\xi,h_1,s)]^1\{\hat{\bar{\boldsymbol{X}}}_0(\xi,0,s)\}$$

则第 n 层的状态向量与初始状态向量的关系为

$$\{\hat{\bar{\boldsymbol{X}}}(\xi,z,s)\}=[\boldsymbol{G}(\xi,z,s)]\{\hat{\bar{\boldsymbol{X}}}_0(\xi,0,s)\} \tag{8.3.7}$$

式中

$$[\boldsymbol{G}(\xi,z,s)]=[\boldsymbol{G}(\xi,z,s)]^n[\boldsymbol{G}(\xi,h_{N-1},s)]^{n-1}\cdots[\boldsymbol{G}(\xi,h_3,s)]^3[\boldsymbol{G}(\xi,h_2,s)]^2[\boldsymbol{G}(\xi,h_1,s)]^1$$

初始状态向量$\{\hat{\bar{\boldsymbol{X}}}_0(\xi,0,s)\}$的 6 个分量中,有 3 个已知、3 个未知。下面利用上表面和无穷远处的边界条件进行求解。

设孔隙水能够从表面排出,即超孔隙水压力等于 0,竖向的有效应力等于行车荷载,由于不考虑水平力的作用,剪应力等于 0,积分空间中的上表面边界条件可表示为

$$\begin{cases}\hat{\bar{\sigma}}'_{z0}(\xi,0,s)=-\hat{\bar{p}}(\xi,s)\\ \hat{\bar{\tau}}_{rz1}(\xi,0,s)=0\\ \hat{\bar{\sigma}}_0(\xi,0,s)=0\end{cases} \tag{8.3.8}$$

根据无穷远处的应力和位移等于 0 的假设,当 $z\to\infty$ 时,所有的应力和位移分量都趋于 0,即

$$\{\hat{\bar{\boldsymbol{X}}}(\xi,\infty,s)\}=\begin{Bmatrix}\hat{\bar{u}}_1(\xi,\infty,s)\\ \hat{\bar{w}}_0(\xi,\infty,s)\\ \hat{\bar{\sigma}}'_{z0}(\xi,\infty,s)\\ \hat{\bar{\tau}}_{rz1}(\xi,\infty,s)\\ \hat{\bar{\sigma}}_0(\xi,\infty,s)\\ \hat{\bar{v}}_0(\xi,\infty,s)\end{Bmatrix}=\begin{Bmatrix}0\\0\\0\\0\\0\\0\end{Bmatrix} \tag{8.3.9}$$

将式(8.3.9)和 $z\to\infty$ 代入式(8.3.7),可得

$$[\boldsymbol{G}(\xi,z,s)]_{z\to\infty}\{\hat{\bar{\boldsymbol{X}}}_0(\xi,0,s)\}=\{0\}$$

将上式展开可得

$$\begin{bmatrix} G_{11} & G_{12} & G_{13} & G_{14} & G_{15} & G_{16} \\ G_{21} & G_{22} & G_{23} & G_{24} & G_{25} & G_{26} \\ G_{31} & G_{32} & G_{33} & G_{34} & G_{35} & G_{36} \\ G_{41} & G_{42} & G_{43} & G_{44} & G_{45} & G_{46} \\ G_{51} & G_{52} & G_{53} & G_{54} & G_{55} & G_{56} \\ G_{61} & G_{62} & G_{63} & G_{64} & G_{65} & G_{66} \end{bmatrix}_{z\to\infty} \begin{Bmatrix} \hat{\bar{u}}_1(\xi,0,s) \\ \hat{\bar{w}}_0(\xi,0,s) \\ \hat{\bar{\sigma}}'_{z0}(\xi,0,s) \\ \hat{\bar{\tau}}_{rz1}(\xi,0,s) \\ \hat{\bar{\sigma}}_0(\xi,0,s) \\ \hat{\bar{v}}_0(\xi,0,s) \end{Bmatrix} = \begin{Bmatrix} 0 \\ 0 \\ 0 \\ 0 \\ 0 \\ 0 \end{Bmatrix} \tag{8.3.10}$$

对式(8.3.10)进行整理,将已知的3个分量调整到初始状态向量的前3行,即

$$\begin{bmatrix} G_{31} & G_{32} & G_{33} & G_{34} & G_{35} & G_{36} \\ G_{41} & G_{42} & G_{43} & G_{44} & G_{45} & G_{46} \\ G_{51} & G_{52} & G_{53} & G_{54} & G_{55} & G_{56} \\ G_{11} & G_{12} & G_{13} & G_{14} & G_{15} & G_{16} \\ G_{21} & G_{22} & G_{23} & G_{24} & G_{25} & G_{26} \\ G_{61} & G_{62} & G_{63} & G_{64} & G_{65} & G_{66} \end{bmatrix}_{z\to\infty} \begin{Bmatrix} \hat{\bar{\sigma}}'_{z0}(\xi,0,s) \\ \hat{\bar{\tau}}_{rz1}(\xi,0,s) \\ \hat{\bar{\sigma}}_0(\xi,0,s) \\ \hat{\bar{u}}_1(\xi,0,s) \\ \hat{\bar{w}}_0(\xi,0,s) \\ \hat{\bar{v}}_0(\xi,0,s) \end{Bmatrix} = \begin{Bmatrix} 0 \\ 0 \\ 0 \\ 0 \\ 0 \\ 0 \end{Bmatrix} \tag{8.3.11}$$

写成分块矩阵的形式:

$$\begin{bmatrix} [\boldsymbol{G}_{11}] & [\boldsymbol{G}_{12}] \\ [\boldsymbol{G}_{21}] & [\boldsymbol{G}_{22}] \end{bmatrix}_{z\to\infty} \begin{Bmatrix} \hat{\bar{\boldsymbol{X}}}_{01} \\ \hat{\bar{\boldsymbol{X}}}_{02} \end{Bmatrix} = \begin{Bmatrix} \boldsymbol{0} \\ \boldsymbol{0} \end{Bmatrix} \tag{8.3.12}$$

式中

$$\{\hat{\bar{\boldsymbol{X}}}_{01}\} = \begin{Bmatrix} \hat{\bar{\sigma}}'_{z0}(\xi,0,s) \\ \hat{\bar{\tau}}_{rz1}(\xi,0,s) \\ \hat{\bar{\sigma}}_0(\xi,0,s) \end{Bmatrix}$$

$$\{\hat{\bar{\boldsymbol{X}}}_{02}\} = \begin{Bmatrix} \hat{\bar{u}}_1(\xi,0,s) \\ \hat{\bar{w}}_0(\xi,0,s) \\ \hat{\bar{v}}_0(\xi,0,s) \end{Bmatrix}$$

$$[\boldsymbol{G}_{11}]_{z\to\infty} = \begin{bmatrix} G_{31} & G_{32} & G_{33} \\ G_{41} & G_{42} & G_{43} \\ G_{51} & G_{52} & G_{53} \end{bmatrix}_{z\to\infty}$$

$$[\boldsymbol{G}_{12}]_{z\to\infty} = \begin{bmatrix} G_{34} & G_{35} & G_{36} \\ G_{44} & G_{45} & G_{46} \\ G_{54} & G_{55} & G_{56} \end{bmatrix}_{z\to\infty}$$

$$[\boldsymbol{G}_{21}]_{z\to\infty} = \begin{bmatrix} G_{11} & G_{12} & G_{13} \\ G_{21} & G_{22} & G_{23} \\ G_{61} & G_{62} & G_{63} \end{bmatrix}_{z\to\infty}$$

$$[\boldsymbol{G}_{22}]_{z\to\infty}=\begin{bmatrix} G_{14} & G_{15} & G_{16} \\ G_{24} & G_{25} & G_{26} \\ G_{64} & G_{65} & G_{66} \end{bmatrix}_{z\to\infty}$$

将式(8.3.12)展开可得

$$[\boldsymbol{G}_{11}]_{z\to\infty}\{\hat{\bar{\boldsymbol{X}}}_{01}\}+[\boldsymbol{G}_{12}]_{z\to\infty}\{\hat{\bar{\boldsymbol{X}}}_{02}\}=\{\boldsymbol{0}\} \tag{8.3.13}$$

$$[\boldsymbol{G}_{21}]_{z\to\infty}\{\hat{\bar{\boldsymbol{X}}}_{01}\}+[\boldsymbol{G}_{22}]_{z\to\infty}\{\hat{\bar{\boldsymbol{X}}}_{02}\}=\{\boldsymbol{0}\} \tag{8.3.14}$$

通过式(8.3.13)和式(8.3.14)可以得到未知的 3 个分量,即

$$\{\hat{\bar{\boldsymbol{X}}}_{02}\}=-[\boldsymbol{G}_{12}]_{z\to\infty}^{-1}[\boldsymbol{G}_{11}]_{z\to\infty}\{\hat{\bar{\boldsymbol{X}}}_{01}\} \tag{8.3.15}$$

$$\{\hat{\bar{\boldsymbol{X}}}_{02}\}=-[\boldsymbol{G}_{22}]_{z\to\infty}^{-1}[\boldsymbol{G}_{21}]_{z\to\infty}\{\hat{\bar{\boldsymbol{X}}}_{01}\} \tag{8.3.16}$$

将式(8.3.15)或式(8.3.16)代入初始状态向量$\{\hat{\bar{\boldsymbol{X}}}_0\}$,6 个分量均是已知的,再代入式(8.3.7)可得

$$\{\hat{\bar{\boldsymbol{X}}}\}=[\boldsymbol{G}]\{\hat{\bar{\boldsymbol{X}}}_0\} \tag{8.3.17}$$

通过式(8.3.17)可以求得任意深度的状态向量。

第三篇

直角坐标系下空间饱和层状粘弹性体系的求解

第 9 章　直角坐标系下饱和粘弹性体系

前面在对饱和沥青路面进行分析时，假设轮胎与路面的接触面积为圆形，并且忽略了水平荷载的作用，只考虑了竖向荷载的作用，可以简化为空间轴对称问题，车辆在正常行驶的时候符合这种情况。但是，当车辆在加速、减速或转弯时，车辆作用在沥青路面上的水平荷载较大，这时不能够忽略，必须考虑水平荷载作用。在这种情况下，行车荷载作用下的饱和沥青路面就是一个非轴对称空间问题。

本章将轮胎与沥青路面的接触面假设为矩形，将行车荷载简化为矩形的竖向荷载和纵向水平荷载。在建立直角坐标系时，以荷载的中心位置为原点，z 轴垂直于层面向下，x 轴沿着行车方向，y 轴垂直于行车方向。考虑了沥青混合料的粘弹特性，材料参数 G、K、E 和 μ 是时间 t 的函数，而位移、应力和超孔隙水压力是坐标 x、y、z 和时间 t 的函数。在推导传递矩阵的过程中，应用 Laplace 变换和二重 Fourier 变换，Laplace 变换的主要目的是消去水流连续方程中的体积应变 e 对于时间 t 的一阶偏导数，并且可以应用粘弹性体的三维微分型本构关系。二重 Fourier 变换可以消去方程中对于坐标 x、y 的偏导数，从而得到关于坐标 z 的微分方程组。通过求解该方程组，确定传递矩阵，利用传递矩阵可以建立积分变换下的任意深度的状态向量与初始状态向量的关系。

9.1　Biot 固结理论

在直角坐标系下，以整个沥青路面和孔隙水为隔离体，不考虑重力荷载的影响，平衡方程为

$$\frac{\partial\sigma_x}{\partial x}+\frac{\partial\tau_{yx}}{\partial y}+\frac{\partial\tau_{zx}}{\partial z}=0$$

$$\frac{\partial\tau_{xy}}{\partial x}+\frac{\partial\sigma_y}{\partial y}+\frac{\partial\tau_{zy}}{\partial y}=0$$

$$\frac{\partial\tau_{xz}}{\partial x}+\frac{\partial\tau_{yz}}{\partial y}+\frac{\partial\sigma_z}{\partial z}=0 \tag{9.1.1}$$

式中　σ_x、σ_y 和 σ_z——x、y 和 z 方向的应力；

τ_{zx}、τ_{zy} 和 τ_{xy}——剪应力。

如果以沥青路面为隔离体，以有效应力表示平衡条件，根据有效应力原理，则有

$$\sigma'=\sigma-p_{\mathrm{w}}$$

式中　σ'——有效应力；

p_{w}——水压力，$p_{\mathrm{w}}=(z_0-z)\gamma_{\mathrm{w}}+u$，其中 $(z_0-z)\gamma_{\mathrm{w}}$ 表示该点静水压力，u 为超静水压力。如果不考虑孔隙水的容重，则用 p_{w} 表示超孔隙水压力。

平衡方程可以表示为

$$\frac{\partial\sigma_x'}{\partial x}+\frac{\partial\tau_{yx}}{\partial y}+\frac{\partial\tau_{zx}}{\partial z}+\frac{\partial p_w}{\partial x}=0$$

$$\frac{\partial\tau_{xy}}{\partial x}+\frac{\partial\sigma_y'}{\partial y}+\frac{\partial\tau_{zy}}{\partial y}+\frac{\partial p_w}{\partial y}=0$$

$$\frac{\partial\tau_{xz}}{\partial x}+\frac{\partial\tau_{yz}}{\partial y}+\frac{\partial\sigma_z'}{\partial z}+\frac{\partial p_w}{\partial z}=0 \tag{9.1.2}$$

在求解过程中,对固结方程进行了简化:

(1)不考虑重力荷载的影响;

(2)超孔隙水压力(超静水压力,由荷载在水中引起的高于静水压力的那部分)以压为正,表示该位置向外排水,用 p_w 表示,将 $-p_w$ 代入式(9.1.2)。

简化后的 Biot 固结方程可以表示为

$$\frac{\partial\sigma_x'(x,y,z,t)}{\partial x}+\frac{\partial\tau_{yx}(x,y,z,t)}{\partial y}+\frac{\partial\tau_{zx}(x,y,z,t)}{\partial z}-\frac{\partial p_w(x,y,z,t)}{\partial x}=0$$

$$\frac{\partial\tau_{xy}(x,y,z,t)}{\partial x}+\frac{\partial\sigma_y'(x,y,z,t)}{\partial y}+\frac{\partial\tau_{zy}(x,y,z,t)}{\partial y}-\frac{\partial p_w(x,y,z,t)}{\partial y}=0$$

$$\frac{\partial\tau_{xz}(x,y,z,t)}{\partial x}+\frac{\partial\tau_{yz}(x,y,z,t)}{\partial y}+\frac{\partial\sigma_z'(x,y,z,t)}{\partial z}-\frac{\partial p_w(x,y,z,t)}{\partial z}=0 \tag{9.1.3}$$

由于孔隙水是不可压缩的,对于饱和沥青路面,沥青路面单元体内水量的变化率在数值上等于沥青路面体积的变化率,故由达西定律可得渗流连续方程:

$$\frac{k}{\gamma_w}\nabla^2 p_w(x,y,z,t)=\frac{\partial e(x,y,z,t)}{\partial t} \tag{9.1.4}$$

式中 k——沥青路面的渗透系数;

γ_w——水的容重;

$\nabla^2=\frac{\partial^2}{\partial x^2}+\frac{\partial^2}{\partial y^2}+\frac{\partial^2}{\partial z^2}$;

$e=\frac{\partial u}{\partial x}+\frac{\partial v}{\partial y}+\frac{\partial w}{\partial z}$,表示体积应变。

在 Laplace 空间中用位移表示的沥青路面物理方程为

$$\bar{\sigma}_x=\frac{2\bar{G}(s)}{1-2\bar{\mu}(s)}\left\{[1-\bar{\mu}(s)]\frac{\partial\bar{u}}{\partial x}+\bar{\mu}(s)\frac{\partial\bar{v}}{\partial y}+\bar{\mu}(s)\frac{\partial\bar{w}}{\partial z}\right\} \tag{9.1.5}$$

$$\bar{\sigma}_y=\frac{2\bar{G}(s)}{1-2\bar{\mu}(s)}\left\{[1-\bar{\mu}(s)]\frac{\partial\bar{v}}{\partial y}+\bar{\mu}(s)\frac{\partial\bar{u}}{\partial x}+\bar{\mu}(s)\frac{\partial\bar{w}}{\partial z}\right\} \tag{9.1.6}$$

$$\bar{\sigma}_z=\frac{2\bar{G}(s)}{1-2\bar{\mu}(s)}\left\{[1-\bar{\mu}(s)]\frac{\partial\bar{w}}{\partial z}+\bar{\mu}(s)\frac{\partial\bar{u}}{\partial x}+\bar{\mu}(s)\frac{\partial\bar{v}}{\partial y}\right\} \tag{9.1.7}$$

$$\bar{\tau}_{xy}=\bar{G}(s)\left(\frac{\partial\bar{u}}{\partial y}+\frac{\partial\bar{v}}{\partial x}\right) \tag{9.1.8}$$

$$\bar{\tau}_{yz}=\bar{G}(s)\left(\frac{\partial \bar{v}}{\partial z}+\frac{\partial \bar{w}}{\partial y}\right) \tag{9.1.9}$$

$$\bar{\tau}_{zx}=\bar{G}(s)\left(\frac{\partial \bar{u}}{\partial z}+\frac{\partial \bar{w}}{\partial x}\right) \tag{9.1.10}$$

式中　u、v 和 w——x、y 和 z 方向的位移。

$\bar{\mu}(s)$ 和 $\bar{G}(s)$——Laplace 空间中的粘弹性参数。

9.2　Biot 固结方程求解

对于 Biot 固结方程求解，本节采用传递矩阵法，主要根据固结方程、渗流连续方程和物理方程，利用积分变换，导出传递矩阵。传递矩阵建立了状态向量与初始状态向量之间的关系。初始状态向量可以依据粘弹性体的参数、层间接触条件和边界条件确定，从而求解积分空间中的状态向量，通过积分逆变换，求出应力、应变和位移的解析解。

在不计重力荷载的情况下，对 Biot 固结方程进行关于时间 t 的 Laplace 变换，可得

$$\frac{\partial \bar{\sigma}'_x(x,y,z,s)}{\partial x}+\frac{\partial \bar{\tau}_{yx}(x,y,z,s)}{\partial y}+\frac{\partial \bar{\tau}_{zx}(x,y,z,s)}{\partial z}-\frac{\partial \bar{p}_{w}(x,y,z,s)}{\partial x}=0 \tag{9.2.1}$$

$$\frac{\partial \bar{\tau}_{xy}(x,y,z,s)}{\partial x}+\frac{\partial \bar{\sigma}'_y(x,y,z,s)}{\partial y}+\frac{\partial \bar{\tau}_{zy}(x,y,z,s)}{\partial y}-\frac{\partial \bar{p}_{w}(x,y,z,s)}{\partial y}=0 \tag{9.2.2}$$

$$\frac{\partial \bar{\tau}_{xz}(x,y,z,s)}{\partial x}+\frac{\partial \bar{\tau}_{yz}(x,y,z,s)}{\partial y}+\frac{\partial \bar{\sigma}'_z(x,y,z,s)}{\partial z}-\frac{\partial \bar{p}_{w}(x,y,z,s)}{\partial z}=0 \tag{9.2.3}$$

在不计重力荷载的情况下，对渗流连续方程进行关于时间 t 的 Laplace 变换，假设初始状态体积应变等于 0，即 $e(x,y,z,0)=0$，可得

$$\frac{k}{\gamma_{w}}\nabla^2\bar{p}_{w}(x,y,z,s)=s\bar{e}(x,y,z,s) \tag{9.2.4}$$

设 $\bar{p}_{w,z}=\dfrac{\partial \bar{p}_{w}}{\partial z}=-\dfrac{\gamma_{w}}{k}v_z$，$v_z$ 表示 z 方向孔隙水的流速。为了书写方便，这里省略了各参量的自变量。对式(9.2.3)进行整理可得

$$\frac{\partial \bar{\sigma}'_z}{\partial z}=-\frac{\partial \bar{\tau}_{xz}}{\partial x}-\frac{\partial \bar{\tau}_{yz}}{\partial y}+\bar{p}_{w,z} \tag{9.2.5}$$

将式(9.1.5)和式(9.1.8)代入式(9.2.1)中，根据式(9.1.7)可得

$$\frac{\partial \bar{\tau}_{zx}}{\partial z}=-\bar{G}\left(\frac{2}{1-\bar{\mu}}\frac{\partial^2}{\partial x^2}+\frac{\partial^2}{\partial y^2}\right)\bar{u}-\bar{G}\frac{1+\bar{\mu}}{1-\bar{\mu}}\frac{\partial^2}{\partial x\partial y}\bar{v}-\frac{\bar{\mu}}{1-\bar{\mu}}\frac{\partial}{\partial x}\bar{\sigma}'_z+\frac{\partial}{\partial x}\bar{p}_{w} \tag{9.2.6}$$

将式(9.1.6)和式(9.1.8)代入式(9.2.2)中，根据式(9.1.7)可得

$$\frac{\partial \bar{\tau}_{zy}}{\partial z}=-\bar{G}\frac{1+\bar{\mu}}{1-\bar{\mu}}\frac{\partial^2\bar{u}}{\partial x\partial y}-\bar{G}\left(\frac{\partial^2}{\partial x^2}+\frac{2}{1-\bar{\mu}}\frac{\partial^2}{\partial y^2}\right)\bar{v}-\frac{\bar{\mu}}{1-\bar{\mu}}\frac{\partial \bar{\sigma}'_z}{\partial y}+\frac{\partial \bar{p}_{w}}{\partial y} \tag{9.2.7}$$

对式(9.1.10)进行整理可得

$$\frac{\partial \bar{u}}{\partial z}=\frac{1}{\bar{G}}\bar{\tau}_{zx}-\frac{\partial \bar{w}}{\partial x} \tag{9.2.8}$$

对式(9.1.9)进行整理可得

$$\frac{\partial \bar{v}}{\partial z}=\frac{1}{\bar{G}}\bar{\tau}_{yz}-\frac{\partial \bar{w}}{\partial y} \tag{9.2.9}$$

对式(9.1.7)进行整理可得

$$\frac{\partial \bar{w}}{\partial z}=\frac{1-2\bar{\mu}}{2(1-\bar{\mu})}\frac{1}{\bar{G}}\bar{\sigma}_z'-\frac{\bar{\mu}}{1-\bar{\mu}}\frac{\partial \bar{u}}{\partial x}-\frac{\bar{\mu}}{1-\bar{\mu}}\frac{\partial \bar{v}}{\partial y} \tag{9.2.10}$$

对式(9.2.4)进行整理,将式(9.2.10)代入,可得

$$\frac{\partial \bar{p}_{w,z}}{\partial z}=-\left(\frac{\partial^2}{\partial x^2}+\frac{\partial^2}{\partial y^2}\right)\bar{p}_w+\frac{\gamma_w s}{k}\frac{1-2\bar{\mu}}{1-\bar{\mu}}\frac{\partial \bar{u}}{\partial x}+\frac{\gamma_w s}{k}\frac{1-2\bar{\mu}}{1-\bar{\mu}}\frac{\partial \bar{v}}{\partial y}+\frac{\gamma_w s}{k}\frac{1-2\bar{\mu}}{2(1-\bar{\mu})}\frac{1}{\bar{G}}\bar{\sigma}_z' \tag{9.2.11}$$

根据假设可得

$$\frac{\partial \bar{p}_w}{\partial z}=\bar{p}_{w,z} \tag{9.2.12}$$

对式(9.2.5)~式(9.2.12)进行分析,可以发现,等式左侧为 $\bar{\sigma}_z'$、$\bar{\tau}_{zx}$、$\bar{\tau}_{zy}$、$\bar{p}_w$、$\bar{p}_{w,z}$、$\bar{u}$、$\bar{v}$、$\bar{w}$ 共 8 个参数对 z 的偏导数,等式右侧为这 8 个参数对 x 和 y 取偏导数的线性组合,设 $\{\bar{\boldsymbol{U}}(x,y,z,s)\}$ 为状态向量,可表示为

$$\{\bar{\boldsymbol{U}}(x,y,z,s)\}=\begin{Bmatrix}\bar{\sigma}_z'(x,y,z,s)\\ \bar{\tau}_{zx}(x,y,z,s)\\ \bar{\tau}_{zy}(x,y,z,s)\\ \bar{u}(x,y,z,s)\\ \bar{v}(x,y,z,s)\\ \bar{w}(x,y,z,s)\\ \bar{p}_w(x,y,z,s)\\ \bar{p}_{w,z}(x,y,z,s)\end{Bmatrix}$$

将式(9.2.5)~式(9.2.12)表示为矩阵的形式:

$$\frac{\partial}{\partial z}\{\bar{\boldsymbol{U}}(x,y,z,s)\}=[\boldsymbol{A}]\{\bar{\boldsymbol{U}}(x,y,z,s)\} \tag{9.2.13}$$

式中

$$
[\boldsymbol{A}]=\begin{bmatrix}
0 & -\frac{\partial}{\partial x} & -\frac{\partial}{\partial y} & 0 & 0 & 0 & 0 & 1 \\
-\frac{\bar{\mu}}{1-\bar{\mu}}\frac{\partial}{\partial x} & 0 & 0 & -\bar{G}\left(\frac{2}{1-\bar{\mu}}\frac{\partial^2}{\partial x^2}+\frac{\partial^2}{\partial y^2}\right) & -\bar{G}\frac{1+\bar{\mu}}{1-\bar{\mu}}\frac{\partial^2}{\partial x\partial y} & 0 & \frac{\partial}{\partial x} & 0 \\
-\frac{\bar{\mu}}{1-\bar{\mu}}\frac{\partial}{\partial y} & 0 & 0 & -\bar{G}\frac{1+\bar{\mu}}{1-\bar{\mu}}\frac{\partial^2}{\partial x\partial y} & -\bar{G}\left(\frac{\partial^2}{\partial x^2}+\frac{2}{1-\bar{\mu}}\frac{\partial^2}{\partial y^2}\right) & 0 & \frac{\partial}{\partial y} & 0 \\
0 & \frac{1}{\bar{G}} & 0 & 0 & 0 & -\frac{\partial}{\partial x} & 0 & 0 \\
0 & 0 & \frac{1}{\bar{G}} & 0 & 0 & -\frac{\partial}{\partial y} & 0 & 0 \\
\frac{1-2\bar{\mu}}{2(1-\bar{\mu})}\frac{1}{\bar{G}} & 0 & 0 & -\frac{\bar{\mu}}{1-\bar{\mu}}\frac{\partial}{\partial x} & -\frac{\bar{\mu}}{1-\bar{\mu}}\frac{\partial}{\partial y} & 0 & 0 & 0 \\
0 & 0 & 0 & 0 & 0 & 0 & 0 & 1 \\
\frac{\gamma_w s}{k}\frac{1-2\bar{\mu}}{2(1-\bar{\mu})}\frac{1}{\bar{G}} & 0 & 0 & \frac{\gamma_w s}{k}\frac{1-2\bar{\mu}}{1-\bar{\mu}}\frac{\partial}{\partial x} & \frac{\gamma_w s}{k}\frac{1-2\bar{\mu}}{1-\bar{\mu}}\frac{\partial}{\partial y} & 0 & -\left(\frac{\partial^2}{\partial x^2}+\frac{\partial^2}{\partial y^2}\right) & 0
\end{bmatrix}
$$

对式(9.2.13)进行关于坐标 x、y 的二重 Fourier 变换,可得

$$
\frac{\partial\{\hat{\bar{\boldsymbol{U}}}(\alpha,\beta,z,s)\}}{\partial z}=[\boldsymbol{T}]\{\hat{\bar{\boldsymbol{U}}}(\alpha,\beta,z,s)\} \tag{9.2.14}
$$

式中

$$
\{\hat{\bar{\boldsymbol{U}}}(\alpha,\beta,z,s)\}=\begin{Bmatrix}
\hat{\bar{\sigma}}_z'(\alpha,\beta,z,s) \\
\hat{\bar{\tau}}_{zx}(\alpha,\beta,z,s) \\
\hat{\bar{\tau}}_{zy}(\alpha,\beta,z,s) \\
\hat{\bar{u}}(\alpha,\beta,z,s) \\
\hat{\bar{v}}(\alpha,\beta,z,s) \\
\hat{\bar{w}}(\alpha,\beta,z,s) \\
\hat{\bar{p}}_w(\alpha,\beta,z,s) \\
\hat{\bar{p}}_{w,z}(\alpha,\beta,z,s)
\end{Bmatrix}
$$

$$[\boldsymbol{T}]=[\hat{\boldsymbol{A}}]=\begin{bmatrix} 0 & -\mathrm{i}\alpha & -\mathrm{i}\beta & 0 & 0 & 0 & 0 & 1 \\ -\frac{\bar{\mu}}{1-\bar{\mu}}\mathrm{i}\alpha & 0 & 0 & \bar{G}\left(\frac{2}{1-\bar{\mu}}\alpha^2+\beta^2\right) & \bar{G}\frac{1+\bar{\mu}}{1-\bar{\mu}}\alpha\beta & 0 & \mathrm{i}\alpha & 0 \\ -\frac{\bar{\mu}}{1-\bar{\mu}}\mathrm{i}\beta & 0 & 0 & \bar{G}\frac{1+\bar{\mu}}{1-\bar{\mu}}\alpha\beta & \bar{G}\left(\alpha^2+\frac{2}{1-\bar{\mu}}\beta^2\right) & 0 & \mathrm{i}\beta & 0 \\ 0 & \frac{1}{\bar{G}} & 0 & 0 & 0 & -\mathrm{i}\alpha & 0 & 0 \\ 0 & 0 & \frac{1}{\bar{G}} & 0 & 0 & -\mathrm{i}\beta & 0 & 0 \\ \frac{1-2\bar{\mu}}{2(1-\bar{\mu})}\frac{1}{\bar{G}} & 0 & 0 & -\frac{\bar{\mu}}{1-\bar{\mu}}\mathrm{i}\alpha & -\frac{\bar{\mu}}{1-\bar{\mu}}\mathrm{i}\beta & 0 & 0 & 0 \\ 0 & 0 & 0 & 0 & 0 & 0 & 0 & 1 \\ \frac{\gamma_w s}{k}\frac{1-2\bar{\mu}}{2(1-\bar{\mu})}\frac{1}{\bar{G}} & 0 & 0 & \frac{\gamma_w s}{k}\frac{1-2\bar{\mu}}{1-\bar{\mu}}\mathrm{i}\alpha & \frac{\gamma_w s}{k}\frac{1-2\bar{\mu}}{1-\bar{\mu}}\mathrm{i}\beta & 0 & \alpha^2+\beta^2 & 0 \end{bmatrix}$$

进行二重 Fourier 变换时,使用了下列关系式:

$$\int_{-\infty}^{+\infty}\int_{-\infty}^{+\infty}\frac{\partial}{\partial x}f(x,y)\mathrm{e}^{\mathrm{i}(\alpha x+\beta y)}=\mathrm{i}\alpha F(\alpha,\beta)$$

$$\int_{-\infty}^{+\infty}\int_{-\infty}^{+\infty}\frac{\partial^2}{\partial x^2}f(x,y)\mathrm{e}^{\mathrm{i}(\alpha x+\beta y)}=-\alpha^2F(\alpha,\beta)$$

$$\int_{-\infty}^{+\infty}\int_{-\infty}^{+\infty}\frac{\partial}{\partial y}f(x,y)\mathrm{e}^{\mathrm{i}(\alpha x+\beta y)}=\mathrm{i}\beta F(\alpha,\beta)$$

$$\int_{-\infty}^{+\infty}\int_{-\infty}^{+\infty}\frac{\partial^2}{\partial y^2}f(x,y)\mathrm{e}^{\mathrm{i}(\alpha x+\beta y)}=-\beta^2F(\alpha,\beta)$$

$$\int_{-\infty}^{+\infty}\int_{-\infty}^{+\infty}\frac{\partial^2}{\partial x\partial y}f(x,y)\mathrm{e}^{\mathrm{i}(\alpha x+\beta y)}=-\alpha\beta F(\alpha,\beta)$$

方程(9.2.14)的解可表示为

$$\{\hat{\bar{\boldsymbol{U}}}\}=\mathrm{e}^{[\boldsymbol{T}]z}\{\hat{\bar{\boldsymbol{U}}}_0\} \tag{9.2.15}$$

式中,$\{\hat{\bar{\boldsymbol{U}}}_0\}$为 $z=0$ 时的初始状态向量,即

$$\{\hat{\bar{\boldsymbol{U}}}_0\}=\begin{Bmatrix} \hat{\bar{\sigma}}'_z(\alpha,\beta,0,s) \\ \hat{\bar{\tau}}_{zx}(\alpha,\beta,0,s) \\ \hat{\bar{\tau}}_{zy}(\alpha,\beta,0,s) \\ \hat{\bar{u}}(\alpha,\beta,0,s) \\ \hat{\bar{v}}(\alpha,\beta,0,s) \\ \hat{\bar{w}}(\alpha,\beta,0,s) \\ \hat{\bar{p}}_w(\alpha,\beta,0,s) \\ \hat{\bar{p}}_{w,z}(\alpha,\beta,0,s) \end{Bmatrix}$$

式(9.2.15)中的指数矩阵 $e^{[T]z}$ 称为直角坐标系下空间问题的传递矩阵，设$[\boldsymbol{R}]=e^{[T]z}$。传递矩阵$[\boldsymbol{R}]$建立了初始状态向量$\{\hat{\bar{\boldsymbol{U}}}_0\}$与任意深度 Z 处的状态向量$\{\hat{\bar{\boldsymbol{U}}}\}$之间的关系。

下面对传递矩阵$[\boldsymbol{R}]$进行求解，根据线性代数可知，方阵$[\boldsymbol{T}]$的特征方程为

$$\det([\boldsymbol{T}]-\lambda[\boldsymbol{I}])=0 \tag{9.2.16}$$

式中，$[\boldsymbol{I}]$为 8×8 阶单位矩阵。

解特征方程(9.2.16)，可得

$$(\lambda^2-m^2)(\lambda^2-n^2)^3=0 \tag{9.2.17}$$

式中

$$m=\left[\alpha^2+\beta^2+\frac{\dfrac{\gamma_w s}{k}(2\bar{\mu}-1)}{2\bar{G}(\bar{\mu}-1)}\right]^{\frac{1}{2}}$$

$$n=(\alpha^2+\beta^2)^{\frac{1}{2}}$$

方阵$[\boldsymbol{T}]$的特征值为

$$\{\boldsymbol{\lambda}\}=\{m\quad -m\quad n\quad -n\quad n\quad -n\quad n\quad -n\}^{\mathrm{T}}$$

根据 Cayley-Hamilton 定理，方阵$[\boldsymbol{T}]$满足其特征方程，必有

$$[\boldsymbol{T}]^8-(3n^2+m^2)[\boldsymbol{T}]^6+(3n^4+3n^2m^2)[\boldsymbol{T}]^4-(n^6+3n^4m^2)[\boldsymbol{T}]^2+m^2n^6[\boldsymbol{I}]=0$$

可知指数矩阵 $e^{[T]z}$ 的级数展开式的最高次幂不能高于 7 次，因此有

$$e^{[T]z}=c_0[\boldsymbol{I}]+c_1[\boldsymbol{T}]+c_2[\boldsymbol{T}]^2+c_3[\boldsymbol{T}]^3+c_4[\boldsymbol{T}]^4+c_5[\boldsymbol{T}]^5+c_6[\boldsymbol{T}]^6+c_7[\boldsymbol{T}]^7$$

用特征值$\{\boldsymbol{\lambda}\}$代替上式中的方阵$[\boldsymbol{T}]$，上式仍然成立，即

$$e^{\lambda z}=c_0+c_1\lambda+c_2\lambda^2+c_3\lambda^3+c_4\lambda^4+c_5\lambda^5+c_6\lambda^6+c_7\lambda^7 \tag{9.2.18}$$

由于方阵$[\boldsymbol{T}]$的特征值具有三重根，它还应满足式(9.2.18)的对于 λ 的一阶和二阶导数的要求，故有

$$ze^{\lambda z}=c_1+2c_2\lambda+3c_3\lambda^2+4c_4\lambda^3+5c_5\lambda^4+6c_6\lambda^5+7c_7\lambda^6 \tag{9.2.19}$$

$$z^2e^{\lambda z}=2c_2+6c_3\lambda+12c_4\lambda^2+20c_5\lambda^3+30c_6\lambda^4+42c_7\lambda^5 \tag{9.2.20}$$

将特征值$\pm m$ 代入式(9.2.18)，将$\pm n$ 代入式(9.2.18)～式(9.2.20)，则可得到如下线性方程组：

$$\begin{cases}
e^{mz}=c_0+c_1m+c_2m^2+c_3m^3+c_4m^4+c_5m^5+c_6m^6+c_7m^7\\
e^{-mz}=c_0-c_1m+c_2m^2-c_3m^3+c_4m^4-c_5m^5+c_6m^6-c_7m^7\\
e^{nz}=c_0+c_1n+c_2n^2+c_3n^3+c_4n^4+c_5n^5+c_6n^6+c_7n^7\\
e^{-nz}=c_0-c_1n+c_2n^2-c_3n^3+c_4n^4-c_5n^5+c_6n^6-c_7n^7\\
ze^{nz}=c_1+2c_2n+3c_3n^2+4c_4n^3+5c_5n^4+6c_6n^5+7c_7n^6\\
ze^{-nz}=c_1-2c_2n+3c_3n^2-4c_4n^3+5c_5n^4-6c_6n^5+7c_7n^6\\
z^2e^{nz}=2c_2+6c_3n+12c_4n^2+20c_5n^3+30c_6n^4+42c_7n^5\\
z^2e^{-nz}=2c_2-6c_3n+12c_4n^2-20c_5n^3+30c_6n^4-42c_7n^5
\end{cases}$$

描述成矩阵的形式为

$$[\boldsymbol{M}]\{\boldsymbol{C}\}=\{\boldsymbol{E}\}$$

式中

$$[\boldsymbol{M}]=\begin{bmatrix}1 & m & m^2 & m^3 & m^4 & m^5 & m^6 & c_7m^7\\ 1 & -m & m^2 & -m^3 & m^4 & -m^5 & m^6 & -m^7\\ 1 & n & n^2 & n^3 & n^4 & n^5 & n^6 & n^7\\ 1 & -n & n^2 & -n^3 & n^4 & -n^5 & n^6 & -n^7\\ 0 & 1 & 2n & 3n^2 & 4n^3 & 5n^4 & 6n^5 & 7n^6\\ 0 & 1 & -2n & 3n^2 & -4n^3 & 5n^4 & -6n^5 & 7n^6\\ 0 & 0 & 2 & 6n & 12n^2 & 20n^3 & 30n^4 & 42n^5\\ 0 & 0 & 2 & -6n & 12n^2 & -20n^3 & 30n^4 & -42n^5\end{bmatrix}$$

$$\{\boldsymbol{C}\}=\begin{Bmatrix}c_0\\ c_1\\ c_2\\ c_3\\ c_4\\ c_5\\ c_6\\ c_7\end{Bmatrix}$$

$$\{\boldsymbol{E}\}=\begin{Bmatrix}\mathrm{e}^{mz}\\ \mathrm{e}^{-mz}\\ \mathrm{e}^{nz}\\ \mathrm{e}^{-nz}\\ z\mathrm{e}^{nz}\\ z\mathrm{e}^{-nz}\\ z^2\mathrm{e}^{nz}\\ z^2\mathrm{e}^{-nz}\end{Bmatrix}$$

求出系数 $c_0\sim c_7$ 的表达式：

$$c_0=\frac{(48n^4m^2-48n^2m^4-2n^4m^4+2z^2n^2m^6+16m^6+2z^2n^6m^2)\mathrm{ch}(nz)}{16(m^2-n^2)^3}+\frac{(-18zn^5m^2-10nm^6+28n^3m^4)\mathrm{sh}(nz)}{16(m^2-n^2)^3}-\frac{16n^6\mathrm{ch}(mz)}{16(m^2-n^2)^3}$$

$$c_1=\frac{(30m^7+2z^2m^7n^2-4z^2m^5n^4-84m^5n^2+70m^3n^4+2z^2m^3n^6)\mathrm{sh}(nz)}{16mn(m^2-n^2)^3}+\frac{(-14zm^7n+36zm^5n^3-22zm^3n^5)\mathrm{ch}(nz)}{16mn(m^2-n^2)^3}-\frac{16m^7\mathrm{sh}(mz)}{16mn(m^2-n^2)^3}$$

$$c_2=-\frac{(4z^2m^6n-6z^2m^4n^3+2z^2n^7+48n^5)\mathrm{ch}(nz)}{16n(m^2-n^2)^3}-\frac{(-12zm^6+30zm^4n^2-18zn^6)\mathrm{sh}(nz)}{16n(m^2-n^2)^3}-$$

$$\frac{48n^5\mathrm{ch}(mz)}{16n(m^2-n^2)^3}$$

$$c_3=\frac{(20zm^7n-42zm^5n^3+22zmn^7)\mathrm{ch}(nz)}{16mn^3(m^2-n^2)^3}+\frac{48n^7\mathrm{sh}(mz)}{16mn^3(m^2-n^2)^3}\cdot$$

$$\frac{(-4z^2m^7n^2-20m^7+42m^5n^2+6z^2m^5n^4-70mn^6-2z^2mn^8)\mathrm{sh}(nz)}{16mn^3(m^2-n^2)^3}$$

$$c_4=\frac{(-6z^2m^2n^5+2z^2m^6n+4z^2n^7+48n^5)\mathrm{ch}(nz)}{16n^3(m^2-n^2)}\ \frac{(30zm^2n^4-2zm^6-28zn^6)\mathrm{sh}(nz)}{16n^3(m^2-n^2)}-$$

$$\frac{48n^5\mathrm{ch}(mz)}{16n^3(m^2-n^2)}$$

$$c_5=-\frac{(-2z^2m^7n^2-6m^7+42m^3n^4+6z^2m^3n^6-4z^2mn^8-84mn^6)\mathrm{sh}(nz)}{16mn^5(m^2-n^2)^3}-$$

$$\frac{(6zm^7n-42zm^3n^5+36zmn^7)\mathrm{ch}(nz)}{16mn^5(m^2-n^2)^3}+\frac{48n^7\mathrm{sh}(mz)}{16mn^5(m^2-n^2)^3}$$

$$c_6=\frac{(2z^2n^5-4z^2m^2n^3+16n^3+2z^2m^4n)\mathrm{ch}(nz)}{16n^3(n^2-m^2)^3}\ \frac{(-10zn^4+12zm^2n^2-2zm^4)\mathrm{sh}(nz)}{16n^3(n^2-m^2)^3}-$$

$$\frac{16n^3\mathrm{ch}(mz)}{16n^3(n^2-m^2)^3}$$

$$c_7=\frac{(2z^2mn^6+30mn^4-4z^2m^3n^4+2z^2m^5n^2-20m^3n^2+6m^5)\mathrm{sh}(nz)}{16mn^5(n^2-m^2)}+$$

$$\frac{(-14zmn^5+20zm^3n^3-6zm^5n)\mathrm{ch}(nz)}{16mn^5(n^2-m^2)}-\frac{16n^5\mathrm{sh}(mz)}{16mn^5(n^2-m^2)}$$

将系数代入可以得到传递矩阵$[\boldsymbol{R}]$：

$$[\boldsymbol{R}]=\mathrm{e}^{[T]z}=c_0[\boldsymbol{I}]+c_1[\boldsymbol{T}]+c_2[\boldsymbol{T}]^2+c_3[\boldsymbol{T}]^3+c_4[\boldsymbol{T}]^4+c_5[\boldsymbol{T}]^5+c_6[\boldsymbol{T}]^6+c_7[\boldsymbol{T}]^7 \tag{9.2.21}$$

通过式(9.2.22)可以得到 Laplace 变换和 Fourier 变换下的任意深度的状态向量$\{\boldsymbol{U}\}$的解：

$$\{\hat{\overline{\boldsymbol{U}}}\}=[\boldsymbol{R}]\{\hat{\overline{\boldsymbol{U}}}_0\} \tag{9.2.22}$$

9.3　边界条件和层间接触条件

上节推导出直角坐标系下饱和层状粘弹性体系的一般解，代入各层的材料参数、边界条件和层间接触条件，便可以唯一确定传递矩阵和初始状态向量，利用传递矩阵法可以求得应力、应变和位移的解析解。

假设饱和多层粘弹性体系有 N 层，如图 9.3.1 所示，第 i 层粘弹性体的 Laplace 空间中的参数为 $\overline{G}_i(s)$ 和 $\overline{\mu}_i(s)$。

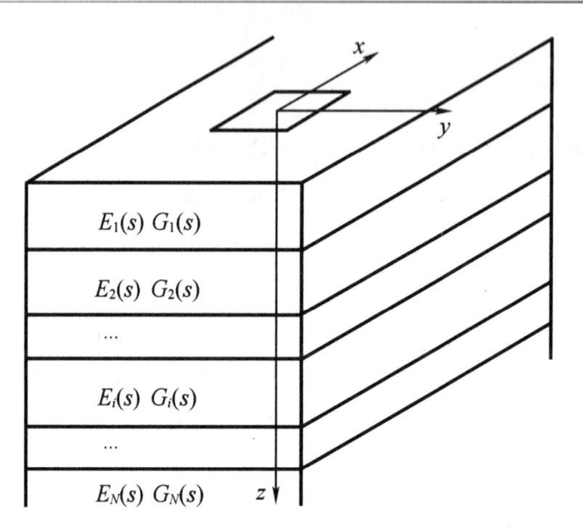

图 9.3.1　饱和多层粘弹性体系

9.3.1　边界条件

对于 N 层饱和粘弹性体系,定义直角坐标系时,x 轴为行车方向,y 轴为横向,z 轴为竖直方向,如图 9.3.1 所示。将轮胎与沥青路面的接触面简化为矩形,利用分离变量法,行车荷载可表示如下:

纵向水平均布荷载

$$P_x(x,y,t)=\begin{cases}P_{x1}(x,y)P_{x2}(t) & (|x|\leqslant x_0 \text{ 且 } |y|\leqslant y_0)\\ 0 & (|x|>x_0 \text{ 或 } |y|>y_0)\end{cases}$$

横向均布荷载

$$P_y(x,y,t)=\begin{cases}P_{y1}(x,y)P_{y2}(t) & (|x|\leqslant x_0 \text{ 且 } |y|\leqslant y_0)\\ 0 & (|x|>x_0 \text{ 或 } |y|>y_0)\end{cases}$$

竖向均布荷载

$$P_z(x,y,t)=\begin{cases}P_{z1}(x,y)P_{z2}(t) & (|x|\leqslant x_0 \text{ 且 } |y|\leqslant y_0)\\ 0 & (|x|>x_0 \text{ 或 } |y|>y_0)\end{cases}$$

式中　$P_{i1}(x,y)$——荷载的位置函数,$i=x,y,z$;

$P_{i2}(t)$——荷载的时间函数,$i=x,y,z$。

上表面($z=0$)的边界条件可表示为

$$\sigma_z'=-P_z(x,y,t)$$

$$\tau_{zx}=P_x(x,y,t)$$

$$\tau_{zy}=P_y(x,y,t)$$

上表面有以下两种排水情况:

第一种情况,表面排水时,孔隙水能够自由地排出,孔隙水压力等于 0,即

$$p_w(x,y,0,t)=0$$

第二种情况,如果沥青路面的面层加铺稀浆封层等作为封水或者防水处理措施时,可以将路面表面视为不排水条件,孔隙水不能从路面表面排出,孔隙水的竖直方向的流速等于 0,即

$$p_{w,z}(x,y,0,t)=-\frac{\gamma_w}{k}v_z(x,y,0,t)=0$$

对以上边界条件进行关于坐标 x 和 y 的二重 Fourier 变换和关于时间 t 的 Laplace 变换，可得以下两种边界条件：

第一种边界条件(排水)

$$\hat{\bar{\sigma}}_z'(\alpha,\beta,0,s)=-\hat{P}_{z1}(\alpha,\beta)\bar{P}_{z2}(s)$$

$$\hat{\bar{\tau}}_{zx}(\alpha,\beta,0,s)=\hat{P}_{x1}(\alpha,\beta)\bar{P}_{x2}(s)$$

$$\hat{\bar{\tau}}_{zy}(\alpha,\beta,0,s)=\hat{P}_{y1}(\alpha,\beta)\bar{P}_{y2}(s)$$

$$\hat{\bar{p}}_w(\alpha,\beta,0,s)=0$$

第二种边界条件(不排水)

$$\hat{\bar{\sigma}}_z'(\alpha,\beta,0,s)=-\hat{P}_{z1}(\alpha,\beta)\bar{P}_{z2}(s)$$

$$\hat{\bar{\tau}}_{zx}(\alpha,\beta,0,s)=\hat{P}_{x1}(\alpha,\beta)\bar{P}_{x2}(s)$$

$$\hat{\bar{\tau}}_{zy}(\alpha,\beta,0,s)=\hat{P}_{y1}(\alpha,\beta)\bar{P}_{y2}(s)$$

$$\hat{\bar{v}}_z(\alpha,\beta,0,s)=0$$

对于无穷远处的边界条件，当 x、y 和 z 无限增大时，无穷远处的应力、应变和位移分量都趋于 0，即

$$\left\{\begin{matrix}\sigma_z'(x,y,z,t)\\ \tau_{zx}(x,y,z,t)\\ \tau_{zy}(x,y,z,t)\\ u(x,y,z,t)\\ v(x,y,z,t)\\ w(x,y,z,t)\\ p_w(x,y,z,t)\\ p_{w,z}(x,y,z,t)\end{matrix}\right\}_{\substack{x\to\infty\\ y\to\infty\\ z\to\infty}}=\left\{\begin{matrix}0\\0\\0\\0\\0\\0\\0\\0\end{matrix}\right\}$$

则 Fourier 变换和 Laplace 变换空间中的无穷远处的边界条件为

$$\left\{\begin{matrix}\hat{\bar{\sigma}}_z'(\alpha,\beta,z,s)\\ \hat{\bar{\tau}}_{zx}(\alpha,\beta,z,s)\\ \hat{\bar{\tau}}_{zy}(\alpha,\beta,z,s)\\ \hat{\bar{u}}(\alpha,\beta,z,s)\\ \hat{\bar{v}}(\alpha,\beta,z,s)\\ \hat{\bar{w}}(\alpha,\beta,z,s)\\ \hat{\bar{p}}_w(\alpha,\beta,z,s)\\ \hat{\bar{p}}_{w,z}(\alpha,\beta,z,s)\end{matrix}\right\}=\left\{\begin{matrix}0\\0\\0\\0\\0\\0\\0\\0\end{matrix}\right\}$$

9.3.2 层间接触条件

沥青路面分层进行施工作业,根据层间结合条件,层间接触条件可以分为完全连续、完全滑动、相对滑动三种。

对于层间完全连续的情况,相邻两层在层间接触面处的应力、应变和位移相等,即

$$\begin{Bmatrix} \sigma'^{i}_{z}(x,y,h_i,t) \\ \tau^{i}_{zx}(x,y,h_i,t) \\ \tau^{i}_{zy}(x,y,h_i,t) \\ u^{i}(x,y,h_i,t) \\ v^{i}(x,y,h_i,t) \\ w^{i}(x,y,h_i,t) \\ p^{i}_{\mathrm{w}}(x,y,h_i,t) \\ p^{i}_{\mathrm{w},z}(x,y,h_i,t) \end{Bmatrix} = \begin{Bmatrix} \sigma'^{i+1}_{z}(x,y,h_i,t) \\ \tau^{i+1}_{zx}(x,y,h_i,t) \\ \tau^{i+1}_{zy}(x,y,h_i,t) \\ u^{i+1}(x,y,h_i,t) \\ v^{i+1}(x,y,h_i,t) \\ w^{i+1}(x,y,h_i,t) \\ p^{i+1}_{\mathrm{w}}(x,y,h_i,t) \\ p^{i+1}_{\mathrm{w},z}(x,y,h_i,t) \end{Bmatrix}$$

式中,h_i 为第 i 层与第 $i+1$ 层的层间接触面深度。

对上式进行关于坐标 x 和 y 的二重 Fourier 变换和关于时间 t 的 Laplace 变换,可得

$$\begin{Bmatrix} \hat{\bar{\sigma}}'^{i}_{z}(\alpha,\beta,h_i,s) \\ \hat{\bar{\tau}}^{i}_{zx}(\alpha,\beta,h_i,s) \\ \hat{\bar{\tau}}^{i}_{zy}(\alpha,\beta,h_i,s) \\ \hat{\bar{u}}^{i}(\alpha,\beta,h_i,s) \\ \hat{\bar{v}}^{i}(\alpha,\beta,h_i,s) \\ \hat{\bar{w}}^{i}(\alpha,\beta,h_i,s) \\ \hat{\bar{p}}^{i}_{\mathrm{w}}(\alpha,\beta,h_i,s) \\ \hat{\bar{p}}^{i}_{\mathrm{w},z}(\alpha,\beta,h_i,s) \end{Bmatrix} = \begin{Bmatrix} \hat{\bar{\sigma}}'^{i+1}_{z}(\alpha,\beta,h_i,s) \\ \hat{\bar{\tau}}^{i+1}_{zx}(\alpha,\beta,h_i,s) \\ \hat{\bar{\tau}}^{i+1}_{zy}(\alpha,\beta,h_i,s) \\ \hat{\bar{u}}^{i+1}(\alpha,\beta,h_i,s) \\ \hat{\bar{v}}^{i+1}(\alpha,\beta,h_i,s) \\ \hat{\bar{w}}^{i+1}(\alpha,\beta,h_i,s) \\ \hat{\bar{p}}^{i+1}_{\mathrm{w}}(\alpha,\beta,h_i,s) \\ \hat{\bar{p}}^{i+1}_{\mathrm{w},z}(\alpha,\beta,h_i,s) \end{Bmatrix}$$

对于层间接触为完全滑动的情况,在层间接触面的剪应力等于 0,层间接触条件可表示为

$$\begin{Bmatrix} \sigma'^{i}_{z}(x,y,h_i,t) \\ \tau^{i}_{zx}(x,y,h_i,t) \\ \tau^{i}_{zy}(x,y,h_i,t) \\ 0 \\ 0 \\ w^{i}(x,y,h_i,t) \\ p^{i}_{\mathrm{w}}(x,y,h_i,t) \\ p^{i}_{\mathrm{w},z}(x,y,h_i,t) \end{Bmatrix} = \begin{Bmatrix} \sigma'^{i+1}_{z}(x,y,h_i,t) \\ 0 \\ 0 \\ \tau^{i+1}_{zx}(x,y,h_i,t) \\ \tau^{i+1}_{zy}(x,y,h_i,t) \\ w^{i+1}(x,y,h_i,t) \\ p^{i+1}_{\mathrm{w}}(x,y,h_i,t) \\ p^{i+1}_{\mathrm{w},z}(x,y,h_i,t) \end{Bmatrix}$$

对上式进行关于坐标 x 和 y 的二重 Fourier 变换和关于时间 t 的 Laplace 变换,可得

$$\begin{Bmatrix} \hat{\bar{\sigma}}'^{i}_{z}(\alpha,\beta,h_i,s) \\ \hat{\bar{\tau}}^{i}_{zx}(\alpha,\beta,h_i,s) \\ \hat{\bar{\tau}}^{i}_{zy}(\alpha,\beta,h_i,s) \\ 0 \\ 0 \\ \hat{\bar{w}}^{i}(\alpha,\beta,h_i,s) \\ \hat{\bar{p}}^{i}_{\mathrm{w}}(\alpha,\beta,h_i,s) \\ \hat{\bar{p}}^{i}_{\mathrm{w},z}(\alpha,\beta,h_i,s) \end{Bmatrix} = \begin{Bmatrix} \hat{\bar{\sigma}}'^{i+1}_{z}(\alpha,\beta,h_i,s) \\ 0 \\ 0 \\ \hat{\bar{\tau}}^{i+1}_{zx}(\alpha,\beta,h_i,s) \\ \hat{\bar{\tau}}^{i+1}_{zy}(\alpha,\beta,h_i,s) \\ \hat{\bar{w}}^{i+1}(\alpha,\beta,h_i,s) \\ \hat{\bar{p}}^{i+1}_{\mathrm{w}}(\alpha,\beta,h_i,s) \\ \hat{\bar{p}}^{i+1}_{\mathrm{w},z}(\alpha,\beta,h_i,s) \end{Bmatrix}$$

对于沥青路面的层间接触面,一般既不是完全连续,也不是完全滑动,而是介于这两种极端情况之间。对于这种接触状态,可以采用古德曼模型进行描述,使用层间粘结系数 K(单位:Pa/m)来表示。相对滑动层间接触条件可表示为

$$\begin{Bmatrix} \sigma'^{i}_{z}(x,y,h_i,t) \\ \tau^{i}_{zx}(x,y,h_i,t) \\ \tau^{i}_{zy}(x,y,h_i,t) \\ \tau^{i}_{zx}(x,y,h_i,t) \\ \tau^{i}_{zy}(x,y,h_i,t) \\ w^{i}(x,y,h_i,t) \\ p^{i}_{\mathrm{w}}(x,y,h_i,t) \\ p^{i}_{\mathrm{w},z}(x,y,h_i,t) \end{Bmatrix} = \begin{Bmatrix} \sigma'^{i+1}_{z}(x,y,h_i,t) \\ \tau^{i+1}_{zx}(x,y,h_i,t) \\ \tau^{i+1}_{zy}(x,y,h_i,t) \\ K[u^{i+1}(x,y,h_i,t)-u^{i}(x,y,h_i,t)] \\ K[v^{i+1}(x,y,h_i,t)-v^{i}(x,y,h_i,t)] \\ w^{i+1}(x,y,h_i,t) \\ p^{i+1}_{\mathrm{w}}(x,y,h_i,t) \\ p^{i+1}_{\mathrm{w},z}(x,y,h_i,t) \end{Bmatrix}$$

对上式进行关于坐标 x 和 y 的二重 Fourier 变换和关于时间 t 的 Laplace 变换,可得

$$\begin{Bmatrix} \hat{\bar{\sigma}}'^{i}_{z}(\alpha,\beta,h_i,s) \\ \hat{\bar{\tau}}^{i}_{zx}(\alpha,\beta,h_i,s) \\ \hat{\bar{\tau}}^{i}_{zy}(\alpha,\beta,h_i,s) \\ \hat{\bar{\tau}}^{i}_{zx}(\alpha,\beta,h_i,s) \\ \hat{\bar{\tau}}^{i}_{zy}(\alpha,\beta,h_i,s) \\ \hat{\bar{w}}^{i}(\alpha,\beta,h_i,s) \\ \hat{\bar{p}}^{i}_{\mathrm{w}}(\alpha,\beta,h_i,s) \\ \hat{\bar{p}}^{i}_{\mathrm{w},z}(\alpha,\beta,h_i,s) \end{Bmatrix} = \begin{Bmatrix} \hat{\bar{\sigma}}'^{i+1}_{z}(\alpha,\beta,h_i,s) \\ \hat{\bar{\tau}}^{i+1}_{zx}(\alpha,\beta,h_i,s) \\ \hat{\bar{\tau}}^{i+1}_{zy}(\alpha,\beta,h_i,s) \\ K[\hat{\bar{u}}^{i+1}(\alpha,\beta,h_i,s)-\hat{\bar{u}}^{i}(\alpha,\beta,h_i,s)] \\ K[\hat{\bar{v}}^{i+1}(\alpha,\beta,h_i,s)-\hat{\bar{v}}^{i}(\alpha,\beta,h_i,s)] \\ \hat{\bar{w}}^{i+1}(\alpha,\beta,h_i,s) \\ \hat{\bar{p}}^{i+1}_{\mathrm{w}}(\alpha,\beta,h_i,s) \\ \hat{\bar{p}}^{i+1}_{\mathrm{w},z}(\alpha,\beta,h_i,s) \end{Bmatrix}$$

9.4 传递矩阵法在饱和粘弹性半空间体中的应用

饱和粘弹性半空间体是以无限水平面为边界、深度方向为无限的粘弹性均质体，它是层状粘弹性体系中最简单的一种情况。假设半空间体的粘弹性材料参数为$\overline{G}_1(s)$和$\overline{\mu}_1(s)$，代入矩阵$[\boldsymbol{T}]$可得

$$[\boldsymbol{T}_1]=\begin{bmatrix} 0 & -\mathrm{i}\alpha & -\mathrm{i}\beta & 0 & 0 & 0 & 0 & 1 \\ -\dfrac{\overline{\mu}_1}{1-\overline{\mu}_1}\mathrm{i}\alpha & 0 & 0 & \overline{G}_1\left(\dfrac{2}{1-\overline{\mu}_1}\alpha^2+\beta^2\right) & \overline{G}_1\dfrac{1+\overline{\mu}_1}{1-\overline{\mu}_1}\alpha\beta & 0 & \mathrm{i}\alpha & 0 \\ -\dfrac{\overline{\mu}_1}{1-\overline{\mu}_1}\mathrm{i}\beta & 0 & 0 & \overline{G}_1\dfrac{1+\overline{\mu}_1}{1-\overline{\mu}_1}\alpha\beta & \overline{G}_1\left(\alpha^2+\dfrac{2}{1-\overline{\mu}_1}\beta^2\right) & 0 & \mathrm{i}\beta & 0 \\ 0 & \dfrac{1}{\overline{G}_1} & 0 & 0 & 0 & -\mathrm{i}\alpha & 0 & 0 \\ 0 & 0 & \dfrac{1}{\overline{G}_1} & 0 & 0 & -\mathrm{i}\beta & 0 & 0 \\ \dfrac{1-2\overline{\mu}_1}{2(1-\overline{\mu}_1)}\dfrac{1}{\overline{G}_1} & 0 & 0 & -\dfrac{\overline{\mu}_1}{1-\overline{\mu}_1}\mathrm{i}\alpha & -\dfrac{\overline{\mu}_1}{1-\overline{\mu}_1}\mathrm{i}\beta & 0 & 0 & 0 \\ 0 & 0 & 0 & 0 & 0 & 0 & 0 & 1 \\ \dfrac{\gamma_w s}{k}\dfrac{1-2\overline{\mu}_1}{2(1-\overline{\mu}_1)}\dfrac{1}{\overline{G}_1} & 0 & 0 & \dfrac{\gamma_w s}{k}\dfrac{1-2\overline{\mu}_1}{1-\overline{\mu}_1}\mathrm{i}\alpha & \dfrac{\gamma_w s}{k}\dfrac{1-2\overline{\mu}_1}{1-\overline{\mu}_1}\mathrm{i}\beta & 0 & \alpha^2+\beta^2 & 0 \end{bmatrix}$$

代入式(9.2.21)可得传递矩阵$[\boldsymbol{R}_1]$：

$$[\boldsymbol{R}_1]=c_0[\boldsymbol{I}]+c_1[\boldsymbol{T}_1]+c_2[\boldsymbol{T}_1]^2+c_3[\boldsymbol{T}_1]^3+c_4[\boldsymbol{T}_1]^4+c_5[\boldsymbol{T}_1]^5+c_6[\boldsymbol{T}_1]^6+c_7[\boldsymbol{T}_1]^7$$

利用传递矩阵$[\boldsymbol{R}_1]$可以得到任意深度的状态向量$\{\boldsymbol{U}\}$的表达式：

$$\{\hat{\overline{\boldsymbol{U}}}\}=[\boldsymbol{R}_1]\{\hat{\overline{\boldsymbol{U}}}_0\} \tag{9.4.1}$$

式中，$\{\hat{\overline{\boldsymbol{U}}}_0\}$为$z=0$处的状态向量：

$$\{\hat{\overline{\boldsymbol{U}}}_0\}=\begin{Bmatrix} \hat{\overline{\sigma}}'_z(\alpha,\beta,0,s) \\ \hat{\overline{\tau}}_{zx}(\alpha,\beta,0,s) \\ \hat{\overline{\tau}}_{zy}(\alpha,\beta,0,s) \\ \hat{\overline{u}}(\alpha,\beta,0,s) \\ \hat{\overline{v}}(\alpha,\beta,0,s) \\ \hat{\overline{w}}(\alpha,\beta,0,s) \\ \hat{\overline{p}}_w(\alpha,\beta,0,s) \\ \hat{\overline{p}}_{w,z}(\alpha,\beta,0,s) \end{Bmatrix}$$

初始状态向量$\{\bar{\hat{U}}_0\}$包含了8个分量,其中有4个分量可以根据上表面的边界条件确定,其他4个分量未知。上表面的边界条件有以下两种情况:

第一种边界条件(排水)

$$\bar{\hat{\sigma}}'_z(\alpha,\beta,0,s)=-\hat{P}_{z1}(\alpha,\beta)\bar{P}_{z2}(s)$$

$$\bar{\hat{\tau}}_{zx}(\alpha,\beta,0,s)=\hat{P}_{x1}(\alpha,\beta)\bar{P}_{x2}(s)$$

$$\bar{\hat{\tau}}_{zy}(\alpha,\beta,0,s)=\hat{P}_{y1}(\alpha,\beta)\bar{P}_{y2}(s)$$

$$\bar{\hat{p}}_w(\alpha,\beta,0,s)=0$$

第二种边界条件(不排水)

$$\bar{\hat{\sigma}}'_z(\alpha,\beta,0,s)=-\hat{P}_{z1}(\alpha,\beta)\bar{P}_{z2}(s)$$

$$\bar{\hat{\tau}}_{zx}(\alpha,\beta,0,s)=\hat{P}_{x1}(\alpha,\beta)\bar{P}_{x2}(s)$$

$$\bar{\hat{\tau}}_{zy}(\alpha,\beta,0,s)=\hat{P}_{y1}(\alpha,\beta)\bar{P}_{y2}(s)$$

$$\bar{\hat{v}}_z(\alpha,\beta,0,s)=0$$

当饱和沥青路面为第一种边界条件时,求解未知的4个分量。首先对初始状态向量的分量进行调整,将已知分量调整到向量的前4位,未知分量调整到后4位,即

$$\{\bar{\hat{U}}_0\}=\begin{Bmatrix}\bar{\hat{U}}_{01}\\ \bar{\hat{U}}_{02}\end{Bmatrix}=\begin{Bmatrix}\bar{\hat{\sigma}}'_z(\alpha,\beta,0,s)\\ \bar{\hat{\tau}}_{zx}(\alpha,\beta,0,s)\\ \bar{\hat{\tau}}_{zy}(\alpha,\beta,0,s)\\ \bar{\hat{p}}_w(\alpha,\beta,0,s)\\ \bar{\hat{u}}(\alpha,\beta,0,s)\\ \bar{\hat{v}}(\alpha,\beta,0,s)\\ \bar{\hat{w}}(\alpha,\beta,0,s)\\ \bar{\hat{p}}_{w,z}(\alpha,\beta,0,s)\end{Bmatrix}$$

式中

$$\{\bar{\hat{U}}_{01}\}=\begin{Bmatrix}\bar{\hat{\sigma}}'_z(\alpha,\beta,0,s)\\ \bar{\hat{\tau}}_{zx}(\alpha,\beta,0,s)\\ \bar{\hat{\tau}}_{zy}(\alpha,\beta,0,s)\\ \bar{\hat{p}}_w(\alpha,\beta,0,s)\end{Bmatrix}$$

$$\{\bar{\hat{U}}_{02}\}=\begin{Bmatrix}\bar{\hat{u}}(\alpha,\beta,0,s)\\ \bar{\hat{v}}(\alpha,\beta,0,s)\\ \bar{\hat{w}}(\alpha,\beta,0,s)\\ \bar{\hat{p}}_{w,z}(\alpha,\beta,0,s)\end{Bmatrix}$$

对于其他4个未知分量,可以利用无穷远处的边界条件确定,即

$$\{\bar{\hat{U}}\}_{z\to\infty}=\{\mathbf{0}\} \tag{9.4.2}$$

将式(9.4.2)和 $z=\infty$ 代入式(9.4.1)并展开,可得

$$\begin{Bmatrix}0\\0\\0\\0\\0\\0\\0\\0\end{Bmatrix}=\begin{bmatrix}R_{11}&R_{12}&R_{13}&R_{14}&R_{15}&R_{16}&R_{17}&R_{18}\\R_{21}&R_{22}&R_{23}&R_{24}&R_{25}&R_{26}&R_{27}&R_{28}\\R_{31}&R_{32}&R_{33}&R_{34}&R_{35}&R_{36}&R_{37}&R_{38}\\R_{41}&R_{42}&R_{43}&R_{44}&R_{45}&R_{46}&R_{47}&R_{48}\\R_{51}&R_{52}&R_{53}&R_{54}&R_{55}&R_{56}&R_{57}&R_{58}\\R_{61}&R_{62}&R_{63}&R_{64}&R_{65}&R_{66}&R_{67}&R_{68}\\R_{71}&R_{72}&R_{73}&R_{74}&R_{75}&R_{76}&R_{77}&R_{78}\\R_{81}&R_{82}&R_{83}&R_{84}&R_{85}&R_{86}&R_{87}&R_{88}\end{bmatrix}_{z\to\infty}\begin{Bmatrix}\hat{\bar{\sigma}}_z'(\alpha,\beta,0,s)\\\hat{\bar{\tau}}_{zx}(\alpha,\beta,0,s)\\\hat{\bar{\tau}}_{zy}(\alpha,\beta,0,s)\\\hat{\bar{u}}(\alpha,\beta,0,s)\\\hat{\bar{v}}(\alpha,\beta,0,s)\\\hat{\bar{w}}(\alpha,\beta,0,s)\\\hat{\bar{p}}_{\mathrm{w}}(\alpha,\beta,0,s)\\\hat{\bar{p}}_{\mathrm{w},z}(\alpha,\beta,0,s)\end{Bmatrix}\tag{9.4.3}$$

对式(9.4.3)的顺序进行调整,可得

$$\begin{bmatrix}R_{11}&R_{12}&R_{13}&R_{14}&R_{15}&R_{16}&R_{17}&R_{18}\\R_{21}&R_{22}&R_{23}&R_{24}&R_{25}&R_{26}&R_{27}&R_{28}\\R_{31}&R_{32}&R_{33}&R_{34}&R_{35}&R_{36}&R_{37}&R_{38}\\R_{71}&R_{72}&R_{73}&R_{74}&R_{75}&R_{76}&R_{77}&R_{78}\\R_{41}&R_{42}&R_{43}&R_{44}&R_{45}&R_{46}&R_{47}&R_{48}\\R_{51}&R_{52}&R_{53}&R_{54}&R_{55}&R_{56}&R_{57}&R_{58}\\R_{61}&R_{62}&R_{63}&R_{64}&R_{65}&R_{66}&R_{67}&R_{68}\\R_{81}&R_{82}&R_{83}&R_{84}&R_{85}&R_{86}&R_{87}&R_{88}\end{bmatrix}_{z\to\infty}\begin{Bmatrix}\hat{\bar{\sigma}}_z'(\alpha,\beta,0,s)\\\hat{\bar{\tau}}_{zx}(\alpha,\beta,0,s)\\\hat{\bar{\tau}}_{zy}(\alpha,\beta,0,s)\\\hat{\bar{p}}_{\mathrm{w}}(\alpha,\beta,0,s)\\\hat{\bar{u}}(\alpha,\beta,0,s)\\\hat{\bar{v}}(\alpha,\beta,0,s)\\\hat{\bar{w}}(\alpha,\beta,0,s)\\\hat{\bar{p}}_{\mathrm{w},z}(\alpha,\beta,0,s)\end{Bmatrix}=\begin{Bmatrix}0\\0\\0\\0\\0\\0\\0\\0\end{Bmatrix}\tag{9.4.4}$$

将上式写成分块矩阵的形式:

$$\begin{bmatrix}[\boldsymbol{R}_{11}]&[\boldsymbol{R}_{12}]\\[\boldsymbol{R}_{21}]&[\boldsymbol{R}_{22}]\end{bmatrix}_{z\to\infty}\begin{Bmatrix}\hat{\bar{\boldsymbol{U}}}_{01}\\\hat{\bar{\boldsymbol{U}}}_{02}\end{Bmatrix}=\begin{Bmatrix}\boldsymbol{0}\\\boldsymbol{0}\end{Bmatrix}\tag{9.4.5}$$

式中

$$[\boldsymbol{R}_{11}]_{z\to\infty}=\begin{bmatrix}R_{11}&R_{12}&R_{13}&R_{14}\\R_{21}&R_{22}&R_{23}&R_{24}\\R_{31}&R_{32}&R_{33}&R_{34}\\R_{71}&R_{72}&R_{73}&R_{74}\end{bmatrix}_{z\to\infty}$$

$$[\boldsymbol{R}_{12}]_{z\to\infty}=\begin{bmatrix}R_{15}&R_{16}&R_{17}&R_{18}\\R_{25}&R_{26}&R_{27}&R_{28}\\R_{35}&R_{36}&R_{37}&R_{38}\\R_{75}&R_{76}&R_{77}&R_{78}\end{bmatrix}_{z\to\infty}$$

$$[\boldsymbol{R}_{21}]_{z\to\infty}=\begin{bmatrix}R_{41} & R_{42} & R_{43} & R_{44}\\ R_{51} & R_{52} & R_{53} & R_{54}\\ R_{61} & R_{62} & R_{63} & R_{64}\\ R_{81} & R_{82} & R_{83} & R_{84}\end{bmatrix}_{z\to\infty}$$

$$[\boldsymbol{R}_{22}]_{z\to\infty}=\begin{bmatrix}R_{45} & R_{46} & R_{47} & R_{48}\\ R_{55} & R_{56} & R_{57} & R_{58}\\ R_{65} & R_{66} & R_{67} & R_{68}\\ R_{85} & R_{86} & R_{87} & R_{88}\end{bmatrix}_{z\to\infty}$$

将式(9.4.5)展开,可得

$$[\boldsymbol{R}_{11}]_{z\to\infty}\{\hat{\bar{\boldsymbol{U}}}_{01}\}+[\boldsymbol{R}_{12}]_{z\to\infty}\{\hat{\bar{\boldsymbol{U}}}_{02}\}=\{\boldsymbol{0}\} \tag{9.4.6}$$

$$[\boldsymbol{R}_{21}]_{z\to\infty}\{\hat{\bar{\boldsymbol{U}}}_{01}\}+[\boldsymbol{R}_{22}]_{z\to\infty}\{\hat{\bar{\boldsymbol{U}}}_{02}\}=\{\boldsymbol{0}\} \tag{9.4.7}$$

由式(9.4.6)和式(9.4.7)可得$\{\hat{\bar{\boldsymbol{U}}}_{02}\}$:

$$\{\hat{\bar{\boldsymbol{U}}}_{02}\}=-[\boldsymbol{R}_{12}]^{-1}_{z\to\infty}[\boldsymbol{R}_{11}]_{z\to\infty}\{\hat{\bar{\boldsymbol{U}}}_{01}\} \tag{9.4.8}$$

$$\{\hat{\bar{\boldsymbol{U}}}_{02}\}=-[\boldsymbol{R}_{22}]^{-1}_{z\to\infty}[\boldsymbol{R}_{21}]_{z\to\infty}\{\hat{\bar{\boldsymbol{U}}}_{01}\} \tag{9.4.9}$$

将式(9.4.8)或式(9.4.9)代入初始状态向量$\{\hat{\bar{\boldsymbol{U}}}_{0}\}$,8 个分量均是已知的,再代入式(9.4.1)可得

$$\{\hat{\bar{\boldsymbol{U}}}\}=[\boldsymbol{R}_{1}]\{\hat{\bar{\boldsymbol{U}}}_{0}\} \tag{9.4.10}$$

利用式(9.4.10)可以求得任意深度的状态向量。

当饱和沥青路面为第二种边界条件时,求解未知的 4 个分量。首先对初始状态向量的分量进行调整,将已知分量调整到向量的前 4 位,未知分量调整到后 4 位,即

$$\{\hat{\bar{\boldsymbol{U}}}_{0}\}=\begin{Bmatrix}\hat{\bar{\boldsymbol{U}}}_{01}\\ \hat{\bar{\boldsymbol{U}}}_{02}\end{Bmatrix}=\begin{Bmatrix}\hat{\bar{\sigma}}'_z(\alpha,\beta,0,s)\\ \hat{\bar{\tau}}_{zx}(\alpha,\beta,0,s)\\ \hat{\bar{\tau}}_{zy}(\alpha,\beta,0,s)\\ \hat{\bar{p}}_{\mathrm{w},z}(\alpha,\beta,0,s)\\ \hat{\bar{u}}(\alpha,\beta,0,s)\\ \hat{\bar{v}}(\alpha,\beta,0,s)\\ \hat{\bar{w}}(\alpha,\beta,0,s)\\ \hat{\bar{p}}_{\mathrm{w}}(\alpha,\beta,0,s)\end{Bmatrix}$$

式中

$$\{\hat{\bar{\boldsymbol{U}}}_{01}\}=\begin{Bmatrix}\hat{\bar{\sigma}}'_z(\alpha,\beta,0,s)\\ \hat{\bar{\tau}}_{zx}(\alpha,\beta,0,s)\\ \hat{\bar{\tau}}_{zy}(\alpha,\beta,0,s)\\ \hat{\bar{p}}_{\mathrm{w},z}(\alpha,\beta,0,s)\end{Bmatrix}$$

$$\{\hat{\bar{\boldsymbol{U}}}_{02}\}=\begin{Bmatrix}\hat{\bar{u}}(\alpha,\beta,0,s)\\\hat{\bar{v}}(\alpha,\beta,0,s)\\\hat{\bar{w}}(\alpha,\beta,0,s)\\\hat{\bar{p}}_{\mathrm{w}}(\alpha,\beta,0,s)\end{Bmatrix}$$

对于其他 4 个未知分量,可以利用无穷远处的边界条件确定,即

$$\{\hat{\bar{\boldsymbol{U}}}\}_{z\to\infty}=\{\boldsymbol{0}\}\tag{9.4.11}$$

将式(9.4.11)和 $z=\infty$ 代入式(9.4.1)并展开,可得

$$\begin{Bmatrix}0\\0\\0\\0\\0\\0\\0\\0\end{Bmatrix}=\begin{bmatrix}R_{11}&R_{12}&R_{13}&R_{14}&R_{15}&R_{16}&R_{17}&R_{18}\\R_{21}&R_{22}&R_{23}&R_{24}&R_{25}&R_{26}&R_{27}&R_{28}\\R_{31}&R_{32}&R_{33}&R_{34}&R_{35}&R_{36}&R_{37}&R_{38}\\R_{41}&R_{42}&R_{43}&R_{44}&R_{45}&R_{46}&R_{47}&R_{48}\\R_{51}&R_{52}&R_{53}&R_{54}&R_{55}&R_{56}&R_{57}&R_{58}\\R_{61}&R_{62}&R_{63}&R_{64}&R_{65}&R_{66}&R_{67}&R_{68}\\R_{71}&R_{72}&R_{73}&R_{74}&R_{75}&R_{76}&R_{77}&R_{78}\\R_{81}&R_{82}&R_{83}&R_{84}&R_{85}&R_{86}&R_{87}&R_{88}\end{bmatrix}_{z\to\infty}\begin{Bmatrix}\hat{\bar{\sigma}}'_z(\alpha,\beta,0,s)\\\hat{\bar{\tau}}_{zx}(\alpha,\beta,0,s)\\\hat{\bar{\tau}}_{zy}(\alpha,\beta,0,s)\\\hat{\bar{u}}(\alpha,\beta,0,s)\\\hat{\bar{v}}(\alpha,\beta,0,s)\\\hat{\bar{w}}(\alpha,\beta,0,s)\\\hat{\bar{p}}_{\mathrm{w}}(\alpha,\beta,0,s)\\\hat{\bar{p}}_{\mathrm{w},z}(\alpha,\beta,0,s)\end{Bmatrix}\tag{9.4.12}$$

对式(9.4.12)的顺序进行调整,可得

$$\begin{bmatrix}R_{11}&R_{12}&R_{13}&R_{14}&R_{15}&R_{16}&R_{17}&R_{18}\\R_{21}&R_{22}&R_{23}&R_{24}&R_{25}&R_{26}&R_{27}&R_{28}\\R_{31}&R_{32}&R_{33}&R_{34}&R_{35}&R_{36}&R_{37}&R_{38}\\R_{81}&R_{82}&R_{83}&R_{84}&R_{85}&R_{86}&R_{87}&R_{88}\\R_{41}&R_{42}&R_{43}&R_{44}&R_{45}&R_{46}&R_{47}&R_{48}\\R_{51}&R_{52}&R_{53}&R_{54}&R_{55}&R_{56}&R_{57}&R_{58}\\R_{61}&R_{62}&R_{63}&R_{64}&R_{65}&R_{66}&R_{67}&R_{68}\\R_{71}&R_{72}&R_{73}&R_{74}&R_{75}&R_{76}&R_{77}&R_{78}\end{bmatrix}_{z\to\infty}\begin{Bmatrix}\hat{\bar{\sigma}}'_z(\alpha,\beta,0,s)\\\hat{\bar{\tau}}_{zx}(\alpha,\beta,0,s)\\\hat{\bar{\tau}}_{zy}(\alpha,\beta,0,s)\\\hat{\bar{p}}_{\mathrm{w},z}(\alpha,\beta,0,s)\\\hat{\bar{u}}(\alpha,\beta,0,s)\\\hat{\bar{v}}(\alpha,\beta,0,s)\\\hat{\bar{w}}(\alpha,\beta,0,s)\\\hat{\bar{p}}_{\mathrm{w}}(\alpha,\beta,0,s)\end{Bmatrix}=\begin{Bmatrix}0\\0\\0\\0\\0\\0\\0\\0\end{Bmatrix}$$

将上式写成分块矩阵的形式:

$$\begin{bmatrix}[\boldsymbol{R}_{11}]&[\boldsymbol{R}_{12}]\\[\boldsymbol{R}_{21}]&[\boldsymbol{R}_{22}]\end{bmatrix}_{z\to\infty}\begin{Bmatrix}\hat{\bar{\boldsymbol{U}}}_{01}\\\hat{\bar{\boldsymbol{U}}}_{02}\end{Bmatrix}=\begin{Bmatrix}\boldsymbol{0}\\\boldsymbol{0}\end{Bmatrix}\tag{9.4.13}$$

式中

$$[\boldsymbol{R}_{11}]_{z\to\infty}=\begin{bmatrix}R_{11}&R_{12}&R_{13}&R_{14}\\R_{21}&R_{22}&R_{23}&R_{24}\\R_{31}&R_{32}&R_{33}&R_{34}\\R_{81}&R_{82}&R_{83}&R_{84}\end{bmatrix}_{z\to\infty}$$

$$[\boldsymbol{R}_{12}]_{z\to\infty}=\begin{bmatrix} R_{15} & R_{16} & R_{17} & R_{18} \\ R_{25} & R_{26} & R_{27} & R_{28} \\ R_{35} & R_{36} & R_{37} & R_{38} \\ R_{85} & R_{86} & R_{87} & R_{88} \end{bmatrix}_{z\to\infty}$$

$$[\boldsymbol{R}_{21}]_{z\to\infty}=\begin{bmatrix} R_{41} & R_{42} & R_{43} & R_{44} \\ R_{51} & R_{52} & R_{53} & R_{54} \\ R_{61} & R_{62} & R_{63} & R_{64} \\ R_{71} & R_{72} & R_{73} & R_{74} \end{bmatrix}_{z\to\infty}$$

$$[\boldsymbol{R}_{22}]_{z\to\infty}=\begin{bmatrix} R_{45} & R_{46} & R_{47} & R_{48} \\ R_{55} & R_{56} & R_{57} & R_{58} \\ R_{65} & R_{66} & R_{67} & R_{68} \\ R_{75} & R_{76} & R_{77} & R_{78} \end{bmatrix}_{z\to\infty}$$

将式(9.4.13)展开,可得

$$[\boldsymbol{R}_{11}]_{z\to\infty}\{\hat{\overline{\boldsymbol{U}}}_{01}\}+[\boldsymbol{R}_{12}]_{z\to\infty}\{\hat{\overline{\boldsymbol{U}}}_{02}\}=\{\boldsymbol{0}\} \tag{9.4.14}$$

$$[\boldsymbol{R}_{21}]_{z\to\infty}\{\hat{\overline{\boldsymbol{U}}}_{01}\}+[\boldsymbol{R}_{22}]_{z\to\infty}\{\hat{\overline{\boldsymbol{U}}}_{02}\}=\{\boldsymbol{0}\} \tag{9.4.15}$$

通过式(9.4.14)和式(9.4.15)可得$\{\hat{\overline{\boldsymbol{U}}}_{02}\}$:

$$\{\hat{\overline{\boldsymbol{U}}}_{02}\}=-[\boldsymbol{R}_{12}]_{z\to\infty}^{-1}[\boldsymbol{R}_{11}]_{z\to\infty}\{\hat{\overline{\boldsymbol{U}}}_{01}\} \tag{9.4.16}$$

$$\{\hat{\overline{\boldsymbol{U}}}_{02}\}=-[\boldsymbol{R}_{22}]_{z\to\infty}^{-1}[\boldsymbol{R}_{21}]_{z\to\infty}\{\hat{\overline{\boldsymbol{U}}}_{01}\} \tag{9.4.17}$$

将式(9.4.16)或式(9.4.17)代入初始状态向量$\{\hat{\overline{\boldsymbol{U}}}_{0}\}$,8 个分量均是已知的,再代入式(9.4.1),有

$$\{\hat{\overline{\boldsymbol{U}}}\}=[\boldsymbol{R}_{1}]\{\hat{\overline{\boldsymbol{U}}}_{0}\}$$

可以求得任意深度的状态向量。

9.5　传递矩阵法在饱和多层粘弹性体系中的应用

对于 $N(N\geqslant 2)$ 层饱和粘弹性体系,建立如下直角坐标系:整体坐标系原点取在第一层上表面的荷载中心,z 轴垂直于层面向下,x 轴沿着行车方向,y 轴为垂直于行车方向,h_i 为第 i 层与第 $i+1$ 层接触面的深度,层间接触条件为完全连续,如图 9.5.1 所示。

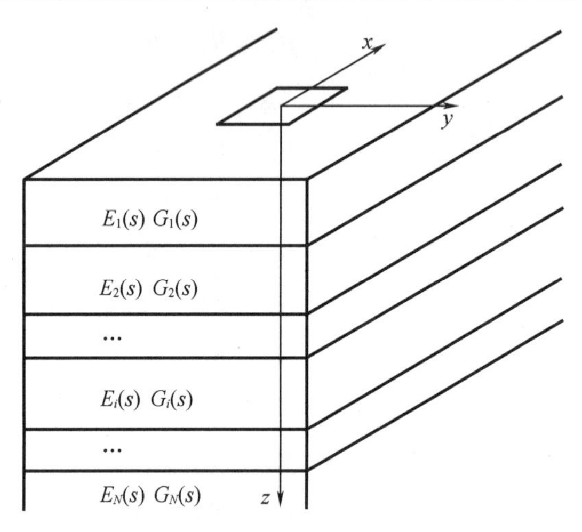

图 9.5.1　直角坐标系下的层状粘弹性体系

将第 i 层的粘弹性参数 $\overline{G}_i(s)$ 和 $\overline{\mu}_i(s)$ 代入式(9.2.21)，就可以得到第 i 层的传递矩阵 $[\boldsymbol{R}_i]$。利用式(9.2.22)可以建立各层状态向量与初始状态向量的关系，例如：

第 1 层 $0\leqslant z\leqslant h_1$

$$\{\hat{\overline{\boldsymbol{U}}}(\alpha,\beta,z,s)\}=[\boldsymbol{R}_1(\alpha,\beta,z,s)]\{\hat{\overline{\boldsymbol{U}}}_0(\alpha,\beta,0,s)\}\tag{9.5.1}$$

将 $z=h_1$ 代入可得

$$\{\hat{\overline{\boldsymbol{U}}}(\alpha,\beta,h_1,s)\}=[\boldsymbol{R}_1(\alpha,\beta,h_1,s)]\{\hat{\overline{\boldsymbol{U}}}_0(\alpha,\beta,0,s)\}\tag{9.5.2}$$

第 2 层 $h_1\leqslant z\leqslant h_2$

第 2 层的初始状态向量为第 1 层与第 2 层的接触面的状态向量 $\{\hat{\overline{\boldsymbol{U}}}(\alpha,\beta,h_1,s)\}$，即

$$\{\hat{\overline{\boldsymbol{U}}}(\alpha,\beta,z,s)\}=[\boldsymbol{R}_2(\alpha,\beta,z,s)]\{\hat{\overline{\boldsymbol{U}}}(\alpha,\beta,h_1,s)\}\tag{9.5.3}$$

将式(9.5.2)代入，可得

$$\{\hat{\overline{\boldsymbol{U}}}(\alpha,\beta,z,s)\}=[\boldsymbol{R}_2(\alpha,\beta,z,s)][\boldsymbol{R}_1(\alpha,\beta,h_1,s)]\{\hat{\overline{\boldsymbol{U}}}_0(\alpha,\beta,0,s)\}\tag{9.5.4}$$

以此类推，可得：

第 i 层 $h_{i-1}\leqslant z\leqslant h_i$

第 i 层的初始状态向量为第 $i-1$ 层与第 i 层的接触面的状态向量 $\{\hat{\overline{\boldsymbol{U}}}(\alpha,\beta,h_{i-1},s)\}$，即

$$\{\hat{\overline{\boldsymbol{U}}}(\alpha,\beta,z,s)\}=[\boldsymbol{R}_i(\alpha,\beta,z,s)]\{\hat{\overline{\boldsymbol{U}}}(\alpha,\beta,h_{i-1},s)\}\tag{9.5.5}$$

状态向量与上表面的初始状态向量 $\{\hat{\overline{\boldsymbol{U}}}_0(\alpha,\beta,0,s)\}$ 的关系为

$$\{\hat{\overline{\boldsymbol{U}}}(\alpha,\beta,z,s)\}=[\boldsymbol{R}_i(\alpha,\beta,z,s)]\prod_{k=1}^{i-1}[\boldsymbol{R}_k(\alpha,\beta,h_k,s)]\{\hat{\overline{\boldsymbol{U}}}_0(\alpha,\beta,0,s)\}\tag{9.5.6}$$

第 N 层 $h_{N-1}\leqslant z$

第 N 层的初始状态向量为第 $N-1$ 层与第 N 层的接触面的状态向量 $\{\hat{\overline{\boldsymbol{U}}}(\alpha,\beta,h_{N-1},s)\}$，即

$$\{\hat{\bar{\boldsymbol{U}}}(\alpha,\beta,z,s)\}=[\boldsymbol{R}_N(\alpha,\beta,z,s)]\{\hat{\bar{\boldsymbol{U}}}(\alpha,\beta,h_{N-1},s)\} \tag{9.5.7}$$

状态向量与上表面的初始状态向量$\{\hat{\bar{\boldsymbol{U}}}_0(\alpha,\beta,0,s)\}$的关系为

$$\{\hat{\bar{\boldsymbol{U}}}(\alpha,\beta,z,s)\}=[\boldsymbol{R}_N(\alpha,\beta,z,s)]\prod_{k=1}^{N-1}[\boldsymbol{R}_k(\alpha,\beta,h_k,s)]\{\hat{\bar{\boldsymbol{U}}}_0(\alpha,\beta,0,s)\} \tag{9.5.8}$$

设

$$[\boldsymbol{R}(\alpha,\beta,z,s)]=[\boldsymbol{R}_N(\alpha,\beta,z,s)]\prod_{k=1}^{N-1}[\boldsymbol{R}_k(\alpha,\beta,h_k,s)]$$

则式(9.5.8)可表示为

$$\{\hat{\bar{\boldsymbol{U}}}(\alpha,\beta,z,s)\}=[\boldsymbol{R}(\alpha,\beta,z,s)]\{\hat{\bar{\boldsymbol{U}}}_0(\alpha,\beta,0,s)\} \tag{9.5.9}$$

由此,建立了各层任意深度的状态向量$\{\hat{\bar{\boldsymbol{U}}}(\alpha,\beta,z,s)\}$与上表面的初始状态向量$\{\hat{\bar{\boldsymbol{U}}}_0(\alpha,\beta,0,s)\}$的关系。在初始状态向量中只有 4 个分量可以利用边界条件确定,以表面排水为例,则超孔隙水压力$\hat{\bar{p}}_w(\alpha,\beta,0,s)=0$,用向量$\{\hat{\bar{\boldsymbol{U}}}_{01}(\alpha,\beta,0,s)\}$表示,即

$$\{\hat{\bar{\boldsymbol{U}}}_{01}(\alpha,\beta,0,s)\}=\begin{Bmatrix}\hat{\bar{\sigma}}'_z(\alpha,\beta,0,s)\\ \hat{\bar{\tau}}_{zx}(\alpha,\beta,0,s)\\ \hat{\bar{\tau}}_{zy}(\alpha,\beta,0,s)\\ \hat{\bar{p}}_w(\alpha,\beta,0,s)\end{Bmatrix}$$

设未知的 4 个分量为$\{\hat{\bar{\boldsymbol{U}}}_{02}(\alpha,\beta,0,s)\}$,即

$$\{\hat{\bar{\boldsymbol{U}}}_{02}(\alpha,\beta,0,s)\}=\begin{Bmatrix}\hat{\bar{u}}(\alpha,\beta,0,s)\\ \hat{\bar{v}}(\alpha,\beta,0,s)\\ \hat{\bar{w}}(\alpha,\beta,0,s)\\ \hat{\bar{p}}_{w,z}(\alpha,\beta,0,s)\end{Bmatrix}$$

可以利用无穷远处的边界条件确定$\{\hat{\bar{\boldsymbol{U}}}_{02}(\alpha,\beta,0,s)\}$,无穷远处的边界条件为

$$\begin{Bmatrix}\hat{\bar{\sigma}}'_z(\alpha,\beta,z,s)\\ \hat{\bar{\tau}}_{zx}(\alpha,\beta,z,s)\\ \hat{\bar{\tau}}_{zy}(\alpha,\beta,z,s)\\ \hat{\bar{u}}(\alpha,\beta,z,s)\\ \hat{\bar{v}}(\alpha,\beta,z,s)\\ \hat{\bar{w}}(\alpha,\beta,z,s)\\ \hat{\bar{p}}_w(\alpha,\beta,z,s)\\ \hat{\bar{p}}_{w,z}(\alpha,\beta,z,s)\end{Bmatrix}_{z\to\infty}=\begin{Bmatrix}0\\0\\0\\0\\0\\0\\0\\0\end{Bmatrix}$$

将 $z\to\infty$ 代入式(9.5.9),可得

$$\begin{Bmatrix}0\\0\\0\\0\\0\\0\\0\\0\end{Bmatrix}=\begin{bmatrix}R_{11}&R_{12}&R_{13}&R_{14}&R_{15}&R_{16}&R_{17}&R_{18}\\R_{21}&R_{22}&R_{23}&R_{24}&R_{25}&R_{26}&R_{27}&R_{28}\\R_{31}&R_{32}&R_{33}&R_{34}&R_{35}&R_{36}&R_{37}&R_{38}\\R_{41}&R_{42}&R_{43}&R_{44}&R_{45}&R_{46}&R_{47}&R_{48}\\R_{51}&R_{52}&R_{53}&R_{54}&R_{55}&R_{56}&R_{57}&R_{58}\\R_{61}&R_{62}&R_{63}&R_{64}&R_{65}&R_{66}&R_{67}&R_{68}\\R_{71}&R_{72}&R_{73}&R_{74}&R_{75}&R_{76}&R_{77}&R_{78}\\R_{81}&R_{82}&R_{83}&R_{84}&R_{85}&R_{86}&R_{87}&R_{88}\end{bmatrix}_{z\to\infty}\begin{Bmatrix}\hat{\bar{\sigma}}'_z(\alpha,\beta,0,s)\\\hat{\bar{\tau}}_{zx}(\alpha,\beta,0,s)\\\hat{\bar{\tau}}_{zy}(\alpha,\beta,0,s)\\\hat{\bar{u}}(\alpha,\beta,0,s)\\\hat{\bar{v}}(\alpha,\beta,0,s)\\\hat{\bar{w}}(\alpha,\beta,0,s)\\\hat{\bar{p}}_{\mathrm{w}}(\alpha,\beta,0,s)\\\hat{\bar{p}}_{\mathrm{w},z}(\alpha,\beta,0,s)\end{Bmatrix}$$

再求解未知的向量$\{\hat{\bar{\boldsymbol{U}}}_{02}\}$。分别将$\{\hat{\bar{\boldsymbol{U}}}\}$、$\{\hat{\bar{\boldsymbol{U}}}_0\}$和$[\boldsymbol{T}_N]$的第 7 行元素调整到第 4 行,原来第 4、5、6 行的元素向下调整一行,可以得到

$$\begin{bmatrix}R_{11}&R_{12}&R_{13}&R_{14}&R_{15}&R_{16}&R_{17}&R_{18}\\R_{21}&R_{22}&R_{23}&R_{24}&R_{25}&R_{26}&R_{27}&R_{28}\\R_{31}&R_{32}&R_{33}&R_{34}&R_{35}&R_{36}&R_{37}&R_{38}\\R_{71}&R_{72}&R_{73}&R_{74}&R_{75}&R_{76}&R_{77}&R_{78}\\R_{41}&R_{42}&R_{43}&R_{44}&R_{45}&R_{46}&R_{47}&R_{48}\\R_{51}&R_{52}&R_{53}&R_{54}&R_{55}&R_{56}&R_{57}&R_{58}\\R_{61}&R_{62}&R_{63}&R_{64}&R_{65}&R_{66}&R_{67}&R_{68}\\R_{81}&R_{82}&R_{83}&R_{84}&R_{85}&R_{86}&R_{87}&R_{88}\end{bmatrix}_{z\to\infty}\begin{Bmatrix}\hat{\bar{\sigma}}'_z(\alpha,\beta,0,s)\\\hat{\bar{\tau}}_{zx}(\alpha,\beta,0,s)\\\hat{\bar{\tau}}_{zy}(\alpha,\beta,0,s)\\\hat{\bar{p}}_{\mathrm{w}}(\alpha,\beta,0,s)\\\hat{\bar{u}}(\alpha,\beta,0,s)\\\hat{\bar{v}}(\alpha,\beta,0,s)\\\hat{\bar{w}}(\alpha,\beta,0,s)\\\hat{\bar{p}}_{\mathrm{w},z}(\alpha,\beta,0,s)\end{Bmatrix}=\begin{Bmatrix}0\\0\\0\\0\\0\\0\\0\\0\end{Bmatrix}$$

将上式写成分块矩阵的形式:

$$\begin{bmatrix}[\boldsymbol{R}_{11}]&[\boldsymbol{R}_{12}]\\[\boldsymbol{R}_{21}]&[\boldsymbol{R}_{22}]\end{bmatrix}_{z\to\infty}\begin{Bmatrix}\hat{\bar{\boldsymbol{U}}}_{01}\\\hat{\bar{\boldsymbol{U}}}_{02}\end{Bmatrix}=\begin{Bmatrix}\boldsymbol{0}\\\boldsymbol{0}\end{Bmatrix}\tag{9.5.10}$$

式中

$$[\boldsymbol{R}_{11}]_{z\to\infty}=\begin{bmatrix}R_{11}&R_{12}&R_{13}&R_{14}\\R_{21}&R_{22}&R_{23}&R_{24}\\R_{31}&R_{32}&R_{33}&R_{34}\\R_{71}&R_{72}&R_{73}&R_{74}\end{bmatrix}_{z\to\infty}$$

$$[\boldsymbol{R}_{12}]_{z\to\infty}=\begin{bmatrix}R_{15}&R_{16}&R_{17}&R_{18}\\R_{25}&R_{26}&R_{27}&R_{28}\\R_{35}&R_{36}&R_{37}&R_{38}\\R_{75}&R_{76}&R_{77}&R_{78}\end{bmatrix}_{z\to\infty}$$

$$[\boldsymbol{R}_{21}]_{z\to\infty}=\begin{bmatrix}R_{41} & R_{42} & R_{43} & R_{44}\\ R_{51} & R_{52} & R_{53} & R_{54}\\ R_{61} & R_{62} & R_{63} & R_{64}\\ R_{81} & R_{82} & R_{83} & R_{84}\end{bmatrix}_{z\to\infty}$$

$$[\boldsymbol{R}_{22}]_{z\to\infty}=\begin{bmatrix}R_{45} & R_{46} & R_{47} & R_{48}\\ R_{55} & R_{56} & R_{57} & R_{58}\\ R_{65} & R_{66} & R_{67} & R_{68}\\ R_{85} & R_{86} & R_{87} & R_{88}\end{bmatrix}_{z\to\infty}$$

将式(9.5.10)展开,可得

$$[\boldsymbol{R}_{11}]_{z\to\infty}\{\hat{\bar{\boldsymbol{U}}}_{01}\}+[\boldsymbol{R}_{12}]_{z\to\infty}\{\hat{\bar{\boldsymbol{U}}}_{02}\}=\{\boldsymbol{0}\} \tag{9.5.11}$$

$$[\boldsymbol{R}_{21}]_{z\to\infty}\{\hat{\bar{\boldsymbol{U}}}_{01}\}+[\boldsymbol{R}_{22}]_{z\to\infty}\{\hat{\bar{\boldsymbol{U}}}_{02}\}=\{\boldsymbol{0}\} \tag{9.5.12}$$

通过式(9.5.11)和式(9.5.12)可得$\{\hat{\bar{\boldsymbol{U}}}_{02}\}$:

$$\{\hat{\bar{\boldsymbol{U}}}_{02}\}=-[\boldsymbol{R}_{12}]^{-1}_{z\to\infty}[\boldsymbol{R}_{11}]_{z\to\infty}\{\hat{\bar{\boldsymbol{U}}}_{01}\} \tag{9.5.13}$$

$$\{\hat{\bar{\boldsymbol{U}}}_{02}\}=-[\boldsymbol{R}_{22}]^{-1}_{z\to\infty}[\boldsymbol{R}_{21}]_{z\to\infty}\{\hat{\bar{\boldsymbol{U}}}_{01}\} \tag{9.5.14}$$

将式(9.5.13)或式(9.5.14)代入初始状态向量$\{\hat{\bar{\boldsymbol{U}}}_{0}\}$,8 个分量均是已知的,再代入式(9.5.1),有

$$\{\hat{\bar{\boldsymbol{U}}}(\alpha,\beta,z,s)\}=[\boldsymbol{R}]\{\hat{\bar{\boldsymbol{U}}}_{0}(\alpha,\beta,0,s)\} \tag{9.5.15}$$

通过式(9.5.15),可以计算出任意深度的 Laplace 和 Fourier 变换下的状态向量,再使用逆变换就可以得到应力和位移。

参 考 文 献

[1] ZHANG B ,ZHAO Y H . A viscoelastic analysis on saturated axial symmetrical problem [J]. Advanced Materials Research, 2012, 368 - 373: 2835 - 2838. DOI: 10. 4028/www. scientific. net/AMR. 368-373. 2835.

[2] 张斌,赵颖华. 饱和轴对称黏弹性体的求解[J]. 计算力学学报,2012,29(6):978-982.

[3] 张斌,赵颖华. 饱水沥青路面的粘弹性动力响应[J]. 公路交通科技,2012,4,29(4):23-28.

[4] 张斌,赵颖华. 车辆超载对于粘弹性沥青路面的影响分析[J]. 大连海事大学学报,2012,5,38(2):117-120.

[5] 张斌,薛辉,张荣花. 基于谐波叠加法车辆参数对车辆随机荷载模拟的影响分析[J]. 黑龙江八一农垦大学学报,2018,30(5):103-108.

[6] XIE G L,ZHANG B,LI Y Y,et al. Simulation of the random load of 1/4 vehicle model based on the harmonic superposition method[J]. Scholars Journal of Engineering and Technology,2019,5,7(5):174-179.

[7] ZHANG B,LI Y Y,GUO W,et al. Viscoelastic dynamic analysis of saturated asphalt pavement under semi - sinusoidal harmonic load[M]//Water Conservancy and Civil Construction Volume 1. London:CRC Press,2023:453-460.

[8] LI Y Y,ZHANG B,GUO W,et al. Saturated axisymmetric multilayered elastic system excess pore water pressure in asphalt pavement[M]//Water Conservancy and Civil Construction Volume 1. London:CRC Press,2023:206-213.

[9] GUO W,JIANG W. Structural damage identification method based on parametric boundary condition optimization[J]. Advances in Multimedia,2022:1-6.

[10] GUO W,RUBAIEE S, AHMED A, et al. Study on modal parameter identification of engineering structures based on nonlinear characteristics[J]. Nonlinear Engineering, 2022,11(1):92-99.

[11] 郭巍,姜伟,马令勇,等. 发泡水泥力学性能测试及管道保温试验研究[J]. 黑龙江八一农垦大学学报,2022,34(4):100-107.

[12] GUO W,LIU S D,LIU J Y,et al. Analysis of using interlayer seismic isolation technology in storey-adding structure[J]. Advanced Materials Research, 2012, 594 - 597: 1702 - 1706.

[13] 郭巍,孙建刚,陈光宇. 外激励作用下基于相关应变变化率的薄板损伤研究[J]. 黑龙江水利科技,2009,37(3):1-3.

[14] 李彦阳,徐敏强. 铁磁性材料疲劳性能磁记忆检测分析方法研究[J]. 黑龙江八一农

垦大学学报,2019,31(2):79-85.

[15] 李彦阳,郝宇. 水泥混凝土桥面冻融破坏的原因与防治[J]. 黑龙江交通科技,2013,36(3):133.

[16] 陈团结,贾润萍. 高速公路沥青路面水损害部分原因分析[J]. 公路交通科技,2005,22(5):21-23.

[17] 沙庆林. 高速公路沥青路面的水破坏及其防治措施(下)[J]. 国外公路,2000,20(4):1-5.

[18] 沙庆林. 高速公路沥青路面早期破坏现象及预防[M]. 2 版. 北京:人民交通出版社,2008.

[19] 王端宜,邹桂莲,韩传岱. 对沥青路面水损害早期破坏的认识[J]. 东北公路,2001,24(1):23-25.

[20] 蒋甫,应荣华,秦仁杰. 昌樟高速公路水损害调查分析与处治措施[J]. 公路,2006,51(12):200-204.

[21] 兰永红,张俊,刘世平,等. 沥青混凝土路面水损害破坏机理及预防措施[J]. 公路交通技术,2003,19(5):43-46.

[22] 刘志明,王哲人. 沥青路面水损害与车辙的分析研究[J]. 公路交通科技,2004,21(8):1-4.

[23] 杨美荣. 浅析沥青混凝土路面产生水损害的原因[J]. 公路,2011,56(4):114-117.

[24] 姜永昌. 沥青路面水损害分析与防治措施[J]. 公路交通科技,2004,21(4):9-11.

[25] 王哲人,冯德成,辛德刚,等. 寒冷地区高速公路沥青路面的水损害[J]. 公路交通技术,1999,15(4):23-29.

[26] 李剑. 高速公路沥青路面早期水损害防治措施研究[D]. 西安:长安大学,2003.

[27] 傅搏峰. 沥青路面水损害疲劳破坏过程的数值模拟分析[D]. 长沙:长沙理工大学,2005.

[28] 杨文锋. 沥青混合料抗水损害能力研究[D]. 武汉:武汉理工大学,2005.

[29] 张文佳. 沥青路面水损害成因分析及级配研究[D]. 西安:西安建筑科技大学,2008.

[30] 杨若冲,梁锡三,赖用满. 沥青路面水损害典型原因与对策[J]. 同济大学学报(自然科学版),2008,36(6):749-753.

[31] 罗志刚,周志刚,郑健龙. 沥青路面水损害问题研究现状[J]. 长沙交通学院学报,2003,19(3):39-44.

[32] 黄涛. 昌樟高速公路水损害综合处治技术研究[D]. 长沙:长沙理工大学,2006.

[33] BIOT M A. General theory of three-dimensional consolidation[J]. Journal of Applied Physics,1941,12(2):155-164.

[34] 张凯,周辉,冯夏庭,等. Biot 固结理论中连续性方程形式的讨论[J]. 岩土力学,2009,30(11):3273-3277.

[35] 顾尧章,金波. 轴对称荷载下多层地基的 Boit 固结及其变形[J]. 工程力学,1992,9(3):81-94.

[36] AI Z Y,CHENG Z Y. Transfer matrix solutions to plane-strain and three-dimensional

Biot's consolidation of multi-layered soils[J]. Mechanics of Materials, 2009, 41(3): 244-251.

[37] WANG J G, FANG S S. State space solution of non-axisymmetric Biot consolidation problem for multilayered porous media[J]. International Journal of Engineering Science, 2003, 41(15): 1799-1813.

[38] THEODORAKOPOULOS D D, BESKOS D E. Application of Biot's poroelasticity to some soil dynamics problems in civil engineering [J]. Soil Dynamics and Earthquake Engineering, 2006, 26(6/7): 666-679.

[39] GASPAR F J, LISBONA F J, VABISHCHEVICH P N. A finite difference analysis of Biot's consolidation model[J]. Applied Numerical Mathematics, 2003, 44(4): 487-506.

[40] CAVALCANTI M C, TELLES J C F. Biot's consolidation theory—Application of BEM with time independent fundamental solutions for poro-elastic saturated media[J]. Engineering Analysis with Boundary Elements, 2003, 27(2): 145-157.

[41] FERRONATO M, CASTELLETTO N, GAMBOLATI G. A fully coupled 3-D mixed finite element model of Biot consolidation[J]. Journal of Computational Physics, 2010, 229(12): 4813-4830.

[42] 王进廷,杜修力,赵成刚. 液固两相饱和介质动力分析的一种显式有限元法[J]. 岩石力学与工程学报,2002,21(8):1199-1204.

[43] WANG J G, XIE H, LEUNG C F. A local boundary integral-based meshless method for Biot's consolidation problem[J]. Engineering Analysis with Boundary Elements, 2009, 33(1): 35-42.

[44] MIGA M I, PAULSEN K D, KENNEDY F E. Von Neumann stability analysis of Biot's general two-dimensional theory of consolidation[J]. International Journal for Numerical Methods in Engineering, 1998, 43(5): 955-974.

[45] WANG J G, FANG S S. The state vector solution of axisymmetric Biot's consolidation problems for multilayered poroelastic media[J]. Mechanics Research Communications, 2001, 28(6): 671-677.

[46] 艾智勇,成志勇,赵锡宏. 多层饱和地基三维 Biot 固结问题的一个理论解[J]. 地下空间与工程学报,2008,4(2):295-301.

[47] 艾智勇,王全胜. 有限土层轴对称 Biot 固结的一个新的解析解[J]. 应用数学和力学,2008,29(12):1472-1478.

[48] 艾智勇,吴超. 位移函数法求解饱和层状地基中的抽水问题[J]. 岩土工程学报,2009,31(5):681-685.

[49] AI Z Y, WANG Q S. A new analytical solution to axisymmetric Biot's consolidation of a finite soil layer[J]. Applied Mathematics and Mechanicss (English Edition), 2008, 29(12): 1617-1624.

[50] AI Z Y, WU C. Plane strain consolidation of soil layer with anisotropic permeability[J]. Applied Mathematics and Mechanics (English Edition), 2009, 30(11): 1437-1444.

[51] 宰金珉,梅国雄.有限层法求解三维比奥固结问题[J].岩土工程学报,2002,24(1):31-33.

[52] DECKERS E, HÖRLIN N E, VANDEPITTE D, et al. A wave based method for the efficient solution of the 2d poroelastic biot equations[J]. Computer Methods in Applied Mechanics and Engineering,2012,201-204:245-262.

[53] NAUMOVICH A, GASPAR F J. On a multigrid solver for the three-dimensional Biot poroelasticity system in multilayered domains [J]. Computing and Visualization in Science,2008,11(2):77-87.

[54] 王志亮.无单元伽辽金法解固结问题[J].岩石力学与工程学报,2004,23(7):1141-1145.

[55] 黄传志,肖原.二维固结问题的解析解[J].岩土工程学报,1996,18(3):47-54.

[56] 耿立涛.沥青路面温度应力及超孔隙水压力计算[D].大连:大连理工大学,2009.

[57] 钟阳,耿立涛,周福霖,等.沥青路面超孔隙水压力计算的刚度矩阵法[J].沈阳建筑大学学报(自然科学版),2006,22(1):25-29.

[58] 彭永恒,任瑞波,宋凤立,等.轴对称条件下层状弹性体超孔隙水压力的求解[J].工程力学,2004,21(4):204-208.

[59] 彭永恒,任瑞波,潘宝峰.沥青路面层状黏弹体超孔隙水压力的求解[J].哈尔滨工业大学学报,2005,37(9):1291-1294.

[60] 李琳,彭永恒,徐静,等.动荷载下层状黏弹性体超孔隙水压力的求解[J].哈尔滨商业大学学报(自然科学版),2005,21(3):370-373.

[61] 李志刚,邓小勇.动载作用下沥青路面内部孔隙水压力的轴对称弹性解[J].东南大学学报(自然科学版),2008,38(5):804-810.

[62] 罗志刚,凌建明,周志刚,等.沥青混凝土路面层间孔隙水压力计算[J].公路,2005,50(11):86-89.

[63] 罗志刚,周志刚,郑健龙,等.沥青路面水损害分析[J].长沙交通学院学报,2005,21(3):32-36.

[64] 傅搏峰,周志刚,陈晓鸿,等.沥青路面水损害疲劳破坏过程的数值模拟分析[J].郑州大学学报(工学版),2006,27(1):51-58.

[65] KETTIL P, ENGSTRÖM G, WIBERG N E. Coupled hydro-mechanical wave propagation in road structures[J]. Computers & Structures,2005,83(21/22):1719-1729.

[66] NOVAK M E, BIRGISSON B, MCVAY M. Effects of vehicle speed and permeability on pore pressures in hot-mix asphalt pavements [J]. Computational Fluid & Solid Mechanics,2003:532-536. DOI:10.1016/B978-008044046-0.50131-7.

[67] 董泽蛟,曹丽萍,谭忆秋,等.表面排水条件对饱水沥青路面动力响应的影响分析[J].公路交通科技,2008,25(1):10-15.

[68] 董泽蛟,谭忆秋,曹丽萍,等.水-荷载耦合作用下沥青路面孔隙水压力研究[J].哈尔滨工业大学学报,2007,39(10):1614-1617.

[69] 董泽蛟,曹丽萍,谭忆秋.饱水沥青路面动力响应的空间分布分析[J].重庆建筑大学

学报,2007,29(4):79-82.
[70] 董泽蛟,曹丽萍,谭忆秋. 饱和状态沥青路面动力响应的时程分析[J]. 武汉理工大学学报(交通科学与工程版),2009,33(6):1033-1036.
[71] DONG Z J, CAO L P, CHENG X L. Dynamic response of saturated asphalt pavement based on three dimensional finite element simulation[C]//ICCTP 2009. Harbin, China. Reston, VA: American Society of Civil Engineers,2009:358:2786-2792.
[72] 祁文洋,任瑞波,李美玲. 饱和沥青路面内孔隙水压力研究[J]. 山东理工大学学报(自然科学版),2011,25(3):63-66.
[73] 蔡云梅. 沥青路面水损害:孔隙水压力影响因素的研究[D]. 乌鲁木齐:新疆大学,2010.
[74] 李之达,沈成武,周增国,等. 超孔隙水压对沥青混凝土的影响[J]. 湘潭大学自然科学学报,2003,25(4):98-109.
[75] CUI X Z, JIN Q, SHANG Q S, et al. Numerical simulation of dynamic pore pressure in asphalt pavement[J]. Journal of Southeast University (English Edition),2009,25(1):79-82.
[76] 崔新壮,金青. 轮载作用下饱水沥青路面的动力响应[J]. 山东大学学报(工学版),2008,38(5):19-24.
[77] KUTAY M E, AYDILEK A H. Pore pressure and viscous shear stress distribution due to water flow within asphalt pore structure[J]. Computer-Aided Civil and Infrastructure Engineering,2009,24(3):212-224.
[78] 郑晓光,吕伟民. 采用水泥增强沥青的抗剥落性能[J]. 公路,2003,48(5):119-121.
[79] 王旭东,戴为民. 水泥、消石灰在沥青混合料中的应用[J]. 公路交通科技,2001,18(4):20-24.
[80] 李剑,史立梅,刘慧敏. 沥青混合料中掺加消石灰的抗水损害性能研究[J]. 公路,2003,48(8):110-113.
[81] 郑晓光,吕伟民. 应用消石灰提高沥青路面的水稳性[J]. 石油沥青,2003,17(1):7-9.
[82] 郑晓光,吕伟民. 使用消石灰对沥青混合料性能的影响[J]. 石油沥青,2004,18(4):23-25.
[83] KOK B V, YILMAZ M. The effects of using lime and styrene-butadiene-styrene on moisture sensitivity resistance of hot mix asphalt[J]. Construction and Building Materials,2009,23(5):1999-2006.
[84] ABO-QUDAIS S, AL-SHWEILY H. Effect of antistripping additives on environmental damage of bituminous mixtures[J]. Building and Environment,2007,42(8):2929-2938.
[85] 张嘎吱,王永强. 掺干水泥的沥青混合料水稳性研究[J]. 公路,2004,49(6):131-134.
[86] 边疆,李国芬,侯曙光. 硅藻精土对沥青混合料水稳定性的影响[J]. 南京工业大学学报(自然科学版),2008,30(3):97-100.

[87] 李国芬,边疆,王立国. 硅藻土改性沥青混合料水稳定性的试验研究[J]. 石油沥青,2007,21(1):10-13.

[88] 李剑,郝培文,梅庆斌. 硅藻土改性沥青及其混合料路用性能研究[J]. 石油沥青,2003,17(4):29-32.

[89] 谢君. 活性矿粉对沥青混合料水稳性能的影响[D]. 武汉:武汉理工大学,2011.

[90] 王抒音,周纯秀. 提高沥青-酸性集料抗水损害的试验研究[J]. 中国公路学报,2003,16(1):6-9.

[91] 王抒音,王哲人,王翠红. 提高沥青混合料抗水损害新技术[J]. 石油大学学报(自然科学版),2002,26(6):95-98.

[92] 沈金安. 沥青路面的水损害与抗剥落剂性能评价[J]. 石油沥青,1998,12(2):1-8.

[93] 吕伟民,钱伟. 沥青路面水损害的防治与抗剥落剂的研制[J]. 石油沥青,1993,7(3):18-21.

[94] 胡同康,袁志英,马骉. 抗剥落剂 AST-3 性能研究[J]. 西安公路交通大学学报,1999,19(4):51-54.

[95] AKSOY A,ŞAMLIOGLU K,TAYFUR S,et al. Effects of various additives on the moisture damage sensitivity of asphalt mixtures[J]. Construction and Building Materials,2005,19(1):11-18.

[96] 彭振兴,杨志,高和生. 胺类与非胺类沥青抗剥落剂性能的评价[J]. 交通科技,2005(6):94-96.

[97] 郝培文,张登良. 石料碱值对沥青混合料水稳定性的影响[J]. 重庆交通学院学报,1997,16(1):80-85.

[98] ABO-QUDAIS S,AL-SHWEILY H. Effect of aggregate properties on asphalt mixtures stripping and creep behavior[J]. Construction and Building Materials,2007,21(9):1886-1898.

[99] 郑晓光,杨群,吕伟民. 沥青路面水损害的病害特征与机理分析[J]. 中南公路工程,2006,31(2):96-98.

[100] 丛林,郑晓光,吕伟民. 细集料泥土含量对沥青混合料水稳定性的影响[J]. 同济大学学报(自然科学版),2006,34(5):619-623.

[101] 霍俊香,邓爱民,张杰. 清洁度对沥青路面水稳性的影响研究[J]. 山西建筑,2010,36(21):262-263.

[102] 郝培文,李瑜,刘建强. 沥青集料混合料水敏感性的评价[J]. 武汉理工大学学报,2003,25(3):13-16.

[103] 宋艳茹,王成秀,张玉贞. 道路沥青水损害组分及其影响因素[J]. 中国石油大学学报(自然科学版),2011,35(4):172-176.

[104] 赖国华. 沥青化学成分对路面水损害的影响[J]. 中外公路,2004,24(4):52-53.

[105] 张倩,孟晓荣,闫雯. 降水对沥青结合料组分影响的化学机制分析[J]. 西安建筑科技大学学报(自然科学版),2010,42(5):669-673.

[106] 余志凯,黄刚,胥吉. 沥青膜厚度对混合料水稳定性的影响[J]. 北方交通,2010(7):

17-19.

[107] SENGOZ B, AGAR E. Effect of asphalt film thickness on the moisture sensitivity characteristics of hot-mix asphalt[J]. Building and Environment,2007,42(10):3621-3628.

[108] 黄云涌,刘朝晖,李宇峙. 沥青混合料水稳性试验方法[J]. 交通运输工程学报,2002,2(2):19-22.

[109] 朱梦良,王民,邱鑫贵. 空隙率对沥青混合料性能的影响分析[J]. 长沙交通学院学报,2005,21(3):25-31.

[110] 周纯秀,王抒音,董泽蛟. 沥青混合料水损害评价方法中试验条件的研究[J]. 东北公路,2003(4):19-21.

[111] 王抒音,谭忆秋,包秀宁,等. 用冻融循环劈裂比评价沥青混合料抗水损害能力[J]. 哈尔滨建筑大学学报,2002(5):123-126.

[112] 包秀宁,李燕枫,王哲人. 沥青混合料水损害试验方法探究[J]. 广州大学学报(自然科学版),2003,2(2):157-159.

[113] 王勇. 基于表面能理论的沥青与集料粘附性研究[D]. 长沙:湖南大学,2010.

[114] 郑晓光,吕伟民. 沥青路面水损害评价方法探究[J]. 石油沥青,2004,18(5):42-45.

[115] 王立新. 冻融作用下沥青混合料疲劳性能试验研究[J]. 公路交通技术,2011,27(4):28-31.

[116] 张倩,李艳丽,戴经梁. 水对沥青混合料疲劳性能影响的试验模拟研究[J]. 公路,2005,50(4):142-145.

[117] 汪继平,丁立. 沥青路面的水损害试验模拟环境设计及试验验证[J]. 中南公路工程,2006,31(6):37-41.

[118] 丁立,刘朝晖,史义. 沥青路面冲刷冻融劈裂的水损害试验模拟环境[J]. 公路交通科技,2006,23(9):15-19.

[119] 谢军,李宇峙,邵腊庚. 沥青混合料水稳定性 APA 试验研究[J]. 湖南科技大学学报(自然科学版),2005,20(2):53-57.

[120] 杜勇立,周光宗. 关于 APA 的沥青混合料高温浸水车辙试验分析[J]. 中外公路,2006,26(2):192-194.

[121] 郑晓光,吕伟民. 利用超声波定量分析沥青混合料的水稳定性[J]. 中外公路,2003,23(1):90-91.

[122] 张倩,白燕,戴经梁. 水对沥青混合料影响的 CT 图像熵值分析[J]. 公路,2007,52(4):158-161.

[123] 张宏超,孙立军. 沥青混合料水稳定性能全程评价方法研究[J]. 同济大学学报(自然科学版),2002,30(4):422-426.

[124] AIREY G D,COLLOP A C,ZOOROB S E,et al. The influence of aggregate,filler and bitumen on asphalt mixture moisture damage[J]. Construction and Building Materials,2008,22(9):2015-2024.

[125] 郭大智,马松林. 路面力学中的工程数学[M]. 哈尔滨:哈尔滨工业大学出版社,

2001.
[126] 杨挺青,罗文波,徐平,等.黏弹性理论与应用[M].北京:科学出版社,2004.
[127] 张肖宁.沥青与沥青混合料的粘弹力学原理及应用[M].北京:人民交通出版社,2006.
[128] 郭大智,任瑞波.层状粘弹性体系力学[M].哈尔滨:哈尔滨工业大学出版社,2001.
[129] DURBIN F. Numerical inversion of Laplace transforms: An efficient improvement to dubner and abate's method[J]. The Computer Journal,1974,17(4):371-376.
[130] 邓建中,刘之行.计算方法[M].2版.西安:西安交通大学出版社,2001.
[131] 龚晓南.高等土力学[M].杭州:浙江大学出版社,1996.
[132] 郭乃胜.聚酯纤维沥青混凝土的静动态性能研究[D].大连:大连海事大学,2007.
[133] 穆霞英.蠕变力学[M].西安:西安交通大学出版社,1990.
[134] 何兆益,杨锡武.路基路面工程[M].北京:人民交通出版社,2006.
[135] 邓学均,孙璐.车辆-地面结构系统动力学[M].北京:人民交通出版社,2000.
[136] 邵惠民.数学物理方法[M].北京:科学出版社,2004.
[137] 何淑芷,陈启流.数学物理方法[M].广州:华南理工大学出版社,1994.
[138] 刘次华.随机过程[M].2版.武汉:华中科技大学出版社,2001.
[139] 陈松强.非轴对称垂直荷载下层状黏弹性体系理论解与应用研究[D].哈尔滨:哈尔滨工业大学,2016.
[140] 倪远宝.沥青路面粘弹性层状体系力学响应分析[D].大连:大连理工大学,2014.
[141] 翟睿智.非饱和土的弹性波动特性研究[D].兰州:兰州理工大学,2018.